CHOUSHUI XUNENG DIANZHAN TONGYONG ZAOJIA

抽水蓄能电站通用造价

输水系统分册

国网新源控股有限公司　组编

中国电力出版社
CHINA ELECTRIC POWER PRESS

内容提要

本书为进一步提升抽水蓄能电站标准化建设水平，深入总结工程建设管理经验，提高工程建设质量和管理效益，国网新源控股有限公司组织有关研究机构、设计单位和专家，在充分调研、精心设计、反复论证的基础上，编制完成了《抽水蓄能电站通用造价》系列丛书，本丛书共5个分册。

本书为《输水系统分册》，主要内容有4篇17章，第一篇总论，包括概述、通用造价编制与应用总体原则、通用造价编制工作过程；第二篇输水系统工程典型方案通用造价，包括编制说明、典型方案说明、典型方案一、典型方案二、典型方案三、典型方案四、典型方案五、典型方案六；第三篇单位造价指标和工程单价区间，包括单位造价指标作用与说明、工程单价；第四篇通用造价使用调整方法及工程示例，包括典型方案造价汇总、使用方法、调整方法、工程示例等内容。附录为单价分析表。

本丛书适合抽水蓄能电站设计、建设、运维等有关技术人员阅读使用，其他相关人员可供参考。

图书在版编目（CIP）数据

抽水蓄能电站通用造价．输水系统分册／国网新源控股有限公司组编．—北京：中国电力出版社，2020.7

ISBN 978-7-5198-4263-5

Ⅰ．①抽…　Ⅱ．①国…　Ⅲ．①抽水蓄能水电站－给水工程－工程造价　Ⅳ．①TV743

中国版本图书馆CIP数据核字（2020）第025669号

出版发行：中国电力出版社
地　　址：北京市东城区北京站西街19号
邮政编码：100005
网　　址：http://www.cepp.sgcc.com.cn
责任编辑：孙建英（010-63412369）　董艳荣
责任校对：黄　蓓　朱丽芳
装帧设计：赵姗姗
责任印制：吴　迪

印　　刷：三河市百盛印装有限公司
版　　次：2020年7月第一版
印　　次：2020年7月北京第一次印刷
开　　本：787毫米×1092毫米　横16开本
印　　张：9.5
字　　数：313千字
印　　数：0001—1000册
定　　价：90.00元

编　委　会

前　　言

抽水蓄能电站运行灵活、反应快速，是电力系统中具有调峰、填谷、调频、调相、备用和黑启动等多种功能的特殊电源，是目前最具经济性的大规模储能设施。随着我国经济社会的发展，电力系统规模不断扩大，用电负荷和峰谷差持续加大，电力用户对供电质量要求不断提高，随机性、间歇性新能源大规模开发，对抽水蓄能电站发展提出了更高要求。2014 年国家发展改革委下发“关于促进抽水蓄能电站健康有序发展有关问题的意见”，确定“到 2025 年，全国抽水蓄能电站总装机容量达到约 1 亿 kW，占全国电力总装机的比重达到 4%左右”的发展目标。

抽水蓄能电站建设规模持续扩大，大力研究和推广抽水蓄能电站标准化设计，是适应抽水蓄能电站快速发展的客观需要。国网新源控股有限公司作为全球最大的调峰调频专业运营公司，承担着保障电网安全、稳定、经济、清洁运行的基本使命，经过多年的工程建设实践，积累了丰富的抽水蓄能电站建设管理经验。为进一步提升抽水蓄能电站标准化建设水平，深入总结工程建设管理经验，提高工程建设质量和管理效益，国网新源控股有限公司组织有关研究机构、设计单位和专家，在充分调研、精心设计、反复论证的基础上，编制完成了《抽水蓄能电站通用造价》系列丛书，包括地下厂房、上下水库、输水系统、机电设备安装、筹建期工程五个分册。

本通用造价坚持“安全可靠、技术先进、保护环境、投资合理、标准统一、运行高效”的设计原则，追求统一性与可靠性、先进性、经济性、适应性和灵活性的协调统一。该书凝聚了抽水蓄能行业诸多专家和广大工程技术人员的心血和智慧，是公司推行抽水蓄能电站标准化建设的又一重要成果。希望本书的出版和应用，能有力促进和提升我国抽水蓄能电站建设发展，为保障电力供应、服务经济社会发展做出积极的贡献。

由于编者水平有限，不妥之处在所难免，敬请读者批评指正。

编者

2019 年 12 月

目　　录

第三篇 单位造价指标和工程单价区间

第四篇 通用造价使用调整方法及工程示例

附录 单价分析表

第一篇 总 论

第1章 概 述

1.1 通用造价目的和意义

为深入贯彻党的十九大精神，全面对接国家电网有限公司（简称国家电网公司）“建设具有中国特色国际领先的能源互联网企业”的战略目标，国网新源控股有限公司（简称国网新源公司）坚持和丰富安全健康发展理念，以推进管理提升为主线，着力提升电网服务能力、核心竞争力和行业引导力，按照“集团化运作、集约化发展、精益化管理、标准化建设”的要求，不断强化抽水蓄能电站建设管理，国网新源公司在通用设计和典型工程的基础上，通过深入广泛地调查研究，根据现行水电行业造价相关规定标准，组织编制完成了《抽水蓄能电站通用造价》丛书。

国网新源公司作为专业的抽水蓄能电站建设和运行管理公司，处在高速发展期，目前管理60家单位，其中基建单位占比较大。无论前期方案投资决策、招标阶段控制价确定和投标报价合理性判断，还是实施阶段造价管控，都需要一套参考标准，为广大造价管理人员提供评判尺度。抽水蓄能电站工程造价涉及国网新源公司经济效益和长远发展，建立工程造价标准化体系，合理控制工程造价，提高投资效益，既是抽水蓄能发展方式转变的具体措施，也是抽水蓄能快速发展关键时期的基本保障。

《抽水蓄能电站通用造价》丛书是国网新源公司标准化建设成果的重要组成部分，为国网新源公司各部门提供科学的依据和客观的标准，既可规范工程建设市场行为，又有利于通用设计的推广与应用。

（1）编制通用造价是全面贯彻党的十九大精神、深刻认识发展抽水蓄能的重要意义、全面提高工作质量和水平、为我国能源转型做出积极贡献的具体行动。

（2）编制通用造价是抽水蓄能大发展关键时期对造价工作的具体要求，也是国网新源公司作为抽水蓄能电站建设领域引导者的责任和使命。

（3）编制通用造价是国网新源公司贯彻国家电网公司战略目标，建设具有中国特色国际领先的能源互联网企业的具体体现。

（4）编制通用造价既是基建标准化管理体系的重要建设内容，也是实现造价标准统一、内容深度统一的基础支撑。

（5）编制通用造价为抽水蓄能电站规划选点、预可行性研究、可行性研究、集中规模招标和工程竣工结算等工作的开展创造有利条件。

（6）编制通用造价为造价审查提供尺度，为造价编制和比较分析提供参考，加快设计、评审的进度，方便工程招标，提高抽水蓄能电站建设效率。

1.2 通用造价体系介绍

1.2.1 体系构成

《抽水蓄能电站通用造价》丛书包括五个分册，分别是筹建期工程分册、上下水库分册、输水系统分册、地下厂房分册、机电设备安装分册。《抽水蓄能电站通用造价》丛书按滚动开发方式编制，目前编制的版本为2019年版，各分册主要项目组成见图1-1。

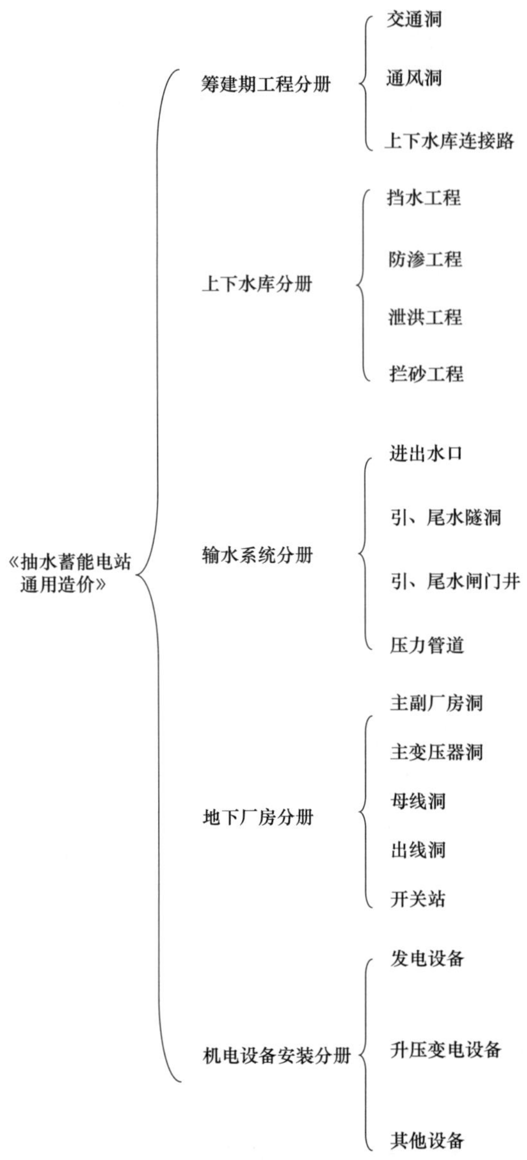

图 1-1 《抽水蓄能电站通用造价》主要项目组成

1.2.2 应用层次

《抽水蓄能电站通用造价》通过典型方案、基本模块和工程单价三个层次实现对项目的造价管理应用，以典型方案造价、基本模块造价和工程单价为基础，调整组合出不同方案的工程造价。

第一层次，典型方案。《抽水蓄能电站通用造价》各分册包含若干典型方案，通过对各分册典型方案的选取、调整和组合，构成目标电站建筑安装工程造价。

第二层次，基本模块。《抽水蓄能电站通用造价》各分册中典型方案由二级项目组成，将各典型方案二级项目的单位造价指标作为基本模块参数，以典型方案为基础，结合实际方案二级项目特征、建筑物尺寸，对二级项目替换、组合和调整，构成目标方案工程造价。

第三层次，工程单价。《抽水蓄能电站通用造价》各分册中给出了不同影响因素的工程造价调整方法，以典型方案工程单价为基础，调整影响工程单价的因素，编制目标工程单价。

1.2.3 各分册主要内容

《抽水蓄能电站通用造价》各分册主要内容包括：统一通用造价的编制条件；选取有代表性的典型方案，说明典型方案的主要技术条件；编制典型方案的工程造价；介绍通用造价的单位造价指标和工程单价；说明通用造价使用方法、单位造价指标和工程单价的主要影响因素及调整办法；编制参考工程示例。

1.2.4 适用范围

《抽水蓄能电站通用造价》适用于抽水蓄能电站从前期到实施各个阶段的造价管控，具体适用范围如下：

（1）适用于抽水蓄能电站规划选点投资匡算、预可行性研究投资估算、可行性研究设计概算、招标控制价、投标报价和工程变更的评审。

（2）适用于抽水蓄能电站可行性研究设计概算、招标控制价、投标报价和工程变更的编制。

（3）适用于不同项目地区、海拔高程、价格水平、岩石级别、断面尺寸和运距等影响因素的造价调整。

（4）常规水电站可参照使用。

第 2 章　通用造价编制与应用总体原则

2.1　编制总体原则

通用造价编制过程中，认真贯彻落实国家电网公司“安全可靠、优质适用、性价合理”的工程建设的总体标准，严格执行现行的水电行业概估算编制规定、取费标准和定额。通用造价的总体编制原则为：方案典型，造价合理，全面清晰，编制科学，简捷灵活，应用广泛。

（1）方案典型，结合实际。抽水蓄能电站通用造价编制采用的典型方案是以国网新源公司抽水蓄能电站通用设计和典型电站为基础，通过对国网新源公司近年开工建设项目的统计、筛选、分析，结合影响工程造价的主要技术条件，科学合理地选择典型方案。

（2）标准统一，造价合理。统一抽水蓄能电站通用造价的编制原则、依据和编制深度，按照国家电网公司和国网新源公司总体建设标准，综合考虑各地区工程建设实际情况，体现近年抽水蓄能电站造价的真实水平。

（3）模块全面，边界清晰。抽水蓄能电站通用造价编制贯彻模块化设计思想，明确模块划分的边界条件，每个分册编制了典型方案造价、基本模块造价和工程单价，各个分册构成了抽水蓄能电站通用造价体系，最大限度地满足抽水蓄能电站设计方案需要，增强通用造价的适应性和灵活性。

（4）总结经验，科学编制。本次通用造价编制工作通过分析影响工程造价的主要技术条件，提出既能满足当前建设要求又有一定代表性的典型方案，依据现行规程规范、建设标准和现行的概算编制依据，符合现实条件，使通用造价更合理、更科学。

（5）使用灵活，简捷适用。抽水蓄能电站通用造价各分册包括典型方案、基本模块和调整方法。通过分册间和分册内部的灵活组合，计算出与各类实际工程相对应的工程造价，同时为分析其他工程的造价合理性提供依据。

（6）阶段全面，应用广泛。抽水蓄能电站通用造价编制以设计概算为桥梁，通过不同阶段的造价调整办法，将规划选点投资匡算、预可行性研究投资估算、可行性研究设计概算、招标阶段控制价和建议合同价格联系在一起，便于不同阶段的造价管理控制。

2.2　应用总体原则

抽水蓄能电站通用造价在推广应用中应与通用设计相协调，从工程实际出发，充分考虑抽水蓄能电站技术进步、国家政策和项目自身特点等影响工程造价的各类因素，有效控制工程造价。

（1）处理好与通用设计的关系。通用造价在通用设计的基础上，按照工程造价管理要求，合理调整、完善了典型方案种类，进一步明确了方案的编制依据。抽水蓄能电站通用造价补充了部分基本模块。通用造价与通用设计的侧重点不同，但编制原则、技术条件一致，因此，在应用中可根据两者的特点，相互补充利用。

（2）因地制宜，加强对影响工程造价各类费用的控制。通用造价按照水电行业现行概估算编制规定计算了每个典型方案及基本模块的具体造价，对于计价依据明确的费用，在实际工程设计、评审、管理中须严格把关；对于与通用造价差异较大、计价依据未明确的费用，应进行合理的比较、分析、控制。对于基本模块的选用，要根据项目特点选择，并根据通用造价调整办法对与基本模块差异的部分进行分析调整。

（3）尊重客观实际，合理选择调整方式。对于招标文件或合同文件中明确规定了合同单价或变更单价调整办法的项目，宜根据工程实际条件，具体问题具体分析，编制相应工程单价，不宜简单机械地选用典型工程单价。

（4）加强通用造价的全面推广应用工作。国网新源公司系统内各项目单位在抽水蓄能电站规划选点、预可行性研究、可行性研究、招标、施工、评审和其他造价管理等工作中，要应用通用造价进行工程投资分析、比较，切实发挥通用造价在造价管理中的作用。

（5）滚动开发，与时俱进。根据国家有关工程造价文件修订、抽水蓄能电站工程技术进步、通用设计的修订及完善和典型电站的变化情况，建立通用造价滚动修订机制，不断更新、补充和完善，与时俱进，使通用造价及时体现工程技术进步和市场变化，不断满足工程建设实际工作需要。

2.3 编制与应用特点

《抽水蓄能电站通用造价》丛书在通用设计和典型工程的基础上进行编制，应用简捷灵活，主要特点如下：

（1）方案全面通用。《抽水蓄能电站通用造价》方案选择紧密结合通用设计和工程实际，对通用设计方案覆盖率达100%，包括全部影响抽水蓄能电站造价的主要技术条件，样本齐全，方案典型，通用性强。

（2）模块形式多样，组合灵活。《抽水蓄能电站通用造价》各分册的典型方案造价、二级项目造价和工程单价构成了通用造价体系的基础模块，分册间典型方案造价可组合出整座电站的建筑安装工程造价，二级项目造价可组合出分册项目范围对应的各实际方案造价，工程单价的组合可适用多种实际条件变化。理论上，基础模块样本全面，可进行无限组合，覆盖所有实际情况。

（3）通用造价使用方法宏观和微观相结合，兼顾准确性和便捷性。通用造价使用方便，计算快速准确，提供了单位造价指标法和工程单价法两种使用方法。单位造价指标法属于宏观使用方法，侧重便捷性，适用于二级项目和方案调整；工程单价法属于微观使用方法，侧重准确性，适用于精度要求较高的造价调整。

（4）引入相对概念，消除项目间差异。由于装机规模、地形地貌、枢纽布置条件和建筑物尺寸等差异影响，抽水蓄能电站间相似度不高，采用投资绝对数额，样本数量有限且不利推广应用；引入单位造价指标相对数量的概念，能有效避免项目间差异因素影响，方便灵活组合，克服样本数量不多的限制，有利于通用造价推广应用。

（5）包含造价主要影响因素，调整方法全面。通用造价调整因素包含项目构成差异、尺寸变化、岩石级别差异、价格水平调整、项目地区差异、海拔高程等影响造价的主要因素，并提供了相应的调整方法。调整方法全面，操作简便。

（6）工程阶段全面，适合全过程造价管理。通用造价通过不同阶段的调整方法，可以为抽水蓄能电站规划选点投资匡算、预可行性研究投资估算、可行性研究设计概算、招标控制价和施工变更结算等提供编制参考和评审尺度。

（7）适合各级人员使用。通用造价不但包括单位千瓦、单位体积和单位延米等宏观指标，还包括可具体操作的工程单价，可为管理决策人员提供决策参考和依据，也可为造价管理执行人员提供控制尺度。

第3章　通用造价编制工作过程

3.1 工作方式

《抽水蓄能电站通用造价》总体工作方式是：统一组织、分工明确、广泛调研、方案典型、定期协调、严格把关。通用造价以通用设计和典型工程方案为基础，以控制工程造价为核心，建立滚动修订机制，不断更新、补充和完善。

（1）统一组织。由国网新源公司统一组织编制通用造价，提出抽水蓄能电站通用造价指导性意见，统一协调进度安排，统一组织推广应用，统一组织滚动修订。

（2）分工明确。对通用造价编制工作进行明确分工，山东沂蒙抽水蓄能有限公司组织通用造价实施，中国电建集团北京勘测设计研究院有限公司负责通用造价具体编制及修改工作，国网新源公司系统造价专家对通用造价的质量进行把关和评审。

（3）广泛调研。为了保证通用造价的代表性和典型性，在通用造价编制的过程中，开展深入和广泛的调研工作，在不同阶段充分征求各方的意见和建议，与实际工程建设紧密结合。

（4）方案典型。对典型方案的代表性、科学性、合理性、灵活性进行分析是通用造价编制的重点工作之一，重点确定影响抽水蓄能电站通用造价水平的技术条件，选择通用设计各方案的典型电站和典型施工方法。

（5）定期协调。为了保证通用造价的进度，定期召开协调会，检查工作进展，推进整个编制工作的顺利开展，确保通用造价编制工作在统一的技术原则下进行，按期完成。

（6）严格把关。为保证通用造价编制工作的质量与效率，对通用造价的技术条件、编制依据等关键环节进行严格把关，对每个关键环节组织专家研讨与评审，通过对每一步工作质量的把关，确保通用造价最终成果的科学性、合理性。

3.2 编制过程

《抽水蓄能电站通用造价》编制工作于2018年3月启动，2019年12月形成最终成果，期间召开5次协调评审会，明确各阶段工作任务，对技术方案进行把关，对编制依据、方法和内容进行评审，提高通用造价科学性、正确性和合理性。具体编制过程如下：

2018年3月15日，在北京召开《抽水蓄能电站通用造价研究科技项目》启动会，会议明确了通用造价编制的总体思路、原则、工作方案、各单位分工和下阶段工作目标。

2018年5月11日，在北京召开《抽水蓄能电站通用造价编制细则》审查会，会议对编制细则进行评审，确定通用造价各分册编制办法和各典型方案代表项目。

2018年8月7日，在北京召开抽水蓄能电站通用造价科技项目推进会，会议对抽水蓄能电站通用造价科技项目进行了进度检查，并提出增加通用造价筹建期工程分册要求。

2018年9月26日，在北京召开抽水蓄能电站通用造价地下厂房分册中间成果检查会，进一步明确工作内容和成果要求。

2018年10月16日，在北京召开抽水蓄能电站通用造价地下厂房分册成果评审会。

2019年4月2日，在北京召开抽水蓄能电站通用造价筹建期工程分册、上下水库分册、输水系统分册和机电设备安装分册中间成果检查会，进一步明确工作内容和成果要求。

2019年6月20日，在北京召开抽水蓄能电站通用造价上下水库分册和输水系统分册初稿讨论会。

2019年7月18日，在北京召开抽水蓄能电站通用造价上下水库分册和输水系统分册成果评审会。

2019年11月13日，在北京召开抽水蓄能电站通用造价机电设备安装分册和筹建期工程分册成果评审会。

第二篇

输水系统工程典型方案通用造价

第 4 章　编　制　说　明

《抽水蓄能电站通用造价》编制严格执行国家有关法律法规，水电行业基本建设管理制度，水电造价相关编制规定、取费标准和配套定额，结合实际工程情况，确定通用造价编制依据，价格水平为 2019 年四季度，以典型电站可行性研究阶段设计工程量为基础。通用造价的编制深度、内容、项目划分和表格形式按现行《水电工程设计概算编制规定（2013 年版）》（简称水电 2013 年版编规）要求编制。

4.1　编制依据

（1）《国家电网公司抽水蓄能电站工程通用设计　输水系统进/出水口分册》。

（2）《国网新源控股有限公司抽水蓄能电站工程通用设计丛书》。

（3）可再生定额〔2014〕54 号文《水电工程设计概算编制规定（2013 年版）》及《水电工程费用构成及概（估）算费用标准（2013 年版）》。

（4）可再生定额〔2019〕14 号文《关于调整水电工程、风电场工程及光伏发电工程计价依据中建筑安装工程增值税税率及相关系数的通知》。

（5）可再生定额〔2018〕16 号文《关于调整水电工程计价依据中建筑安装工程增值税税率及相关系数的通知》。

（6）可再生定额〔2016〕25 号文《关于发布〈关于建筑业营业税改征增值税后水电工程计价依据调整实施意见〉的通知》。

（7）可再生定额〔2008〕5 号文《水电建筑工程概算定额（2007 年版）》。

（8）原国家经济贸易委员会公告 2003 年第 38 号《水电设备安装工程概算定额（2003 年版）》。

（9）水电规造价〔2004〕0028 号文《水电工程施工机械台时费定额（2004 年版）》。

（10）2019 年四季度山东地区材料价格信息。

（11）通用设计各典型方案的代表工程的可研、招标、合同和结算资料。

（12）典型电站的可研、招标、合同和结算资料。

（13）典型的施工方案和施工方法。

（14）其他相关资料。

4.2　条件设定说明

国网新源公司项目所属区域范围较广，站址地质类别多样，地形条件复杂，水文和施工条件不同，且所属区域社会、经济发展不平衡，实际工程的费用选取存在较大差别。通用造价输水系统分册编制工作中通过广泛调研，明确了输水系统技术条件，确定了编制依据、材料价格编制原则、取费假定条件等，从而使不同地区、不同站址条件的输水系统典型方案造价建立在相同的造价平台上，同时各典型方案造价也具备了横向可比性。通用造价输水系统分册编制过程中进行了必要的、适当的条件设定和取费标准设定。具体如下：

（1）根据正在实施的电站资料分析，选用实际工程作为通用造价输水系统分册的典型方案。

（2）各典型方案的工程量采用所选工程核准的可研报告设计概算中的工程量。

（3）各典型方案相同项目采用同一施工组织设计。

（4）各典型方案的价格水平相同，统一按 2019 年四季度考虑。

（5）各典型方案采用相同的定额和取费标准，定额中缺项的工程单价，参考其他行业定额及类似实际工程单价计列。

（6）海拔高程按高程 2000m 以下的一般地区考虑。

（7）人工预算单价计算标准采用一般地区，冬雨季施工增加费费率采用中南、华东地区费率，夜间施工增加费费率取中值。

（8）土方工程按Ⅲ类土考虑，石方明挖岩石级别按Ⅸ～Ⅹ、石方洞挖岩石级别按Ⅺ～Ⅻ考虑。

（9）假定进/出水口地基为岩基，进/出水口边坡稳定，不考虑特殊地质条件下的基础处理措施。

（10）进/出水口型式主要有侧式闸门竖井式、侧式岸塔式、竖井式闸门布置在山体内（简称为竖井式）3 种。

（11）为了保持范围相同，单位造价指标计算时，对不同方案的二级项目进行了归类合并。

4.3 典型方案代表工程选择和工程量

4.3.1 典型方案代表工程选择

通过广泛调研，收集了 11 个国网新源公司正在实施的项目可研及招标资料，涉及华北、东北、华中、华东、西南、西北六大地区，通过对 11 个电站的资料进行深入研究和分析，重点考虑地区类别、围岩类别和影响工程造价的主要技术条件等因素，最终选出涵盖华北、东北、华中、华东、西南五大地区，输水系统长度为 2237～3616m，额定水头为 375～600m，装机容量为 1200MW（4 个电站）和 1800MW（2 个电站）的六个抽水蓄能电站作为输水系统分册的典型方案代表工程，输水系统通用造价各典型设计方案的主要特征参数见表 4-1。

表 4-1　典型设计方案的主要特征参数

特征参数	方案一	方案二	方案三	方案四	方案五	方案六
围岩类别	围岩以Ⅱ～Ⅲ类为主，局部洞、井受断层影响，以Ⅳ类为主	围岩类别以Ⅱ～Ⅲ类为主，局部为Ⅳ类	围岩类别以Ⅱ类为主	围岩类别以Ⅲ～Ⅳ类为主，Ⅲ类占 70%以上	围岩类别以Ⅱ～Ⅲ类为主，局部为Ⅳ～Ⅴ类	围岩类别以Ⅱ～Ⅲ类为主，局部为Ⅳ～Ⅴ类
岩性	片麻状闪长岩、花岗闪长岩、二长花岗岩，隧洞位于天然地下水位以下，岩体呈弱～微透水性	华力西晚期白岗花岗岩，岩脉岩质坚硬，岩体较完整。洞身属微透水岩体	基岩为混合花岗岩类和混合花岗片麻岩类，岩石致密坚硬，微新岩体呈块状结构，完整性较好	以白垩系夹关组中～细粒砂岩、含砾粗砂岩为主，夹砾岩、泥岩、粉砂岩等	微风化中粗粒花岗岩，围岩以次块状结构为主，完整性相对较好	块状～次块状（似）斑状花岗岩，岩体完整～较完整
地下水类型	基岩裂隙水	基岩裂隙水	基岩裂隙水	基岩裂隙水	基岩裂隙水	基岩裂隙水
输水系统长度（m）	2833	3037	3616	2237	3212	2809
额定水头（m）	375	410	510	428	425	600
供水方式	一管两机	一管两机	引水系统一管两机，尾水一管一机	引水系统一管两机，尾水一管一机	一管两机	一管两机
进/出水口结构型式	上：竖井式，下：侧式闸门竖井式	上：侧式闸门竖井式，下：侧式岸塔式	均为侧式闸门竖井式	均为侧式岸塔式	均为侧式闸门竖井式	均为侧式闸门竖井式
压力管道衬砌型式	钢板衬砌	钢筋混凝土衬砌	钢筋混凝土衬砌和钢板衬砌	钢筋混凝土衬砌和钢板衬砌	钢板衬砌	钢板衬砌
拦污设施	设拦污栅，设临时启闭机	上水库进出水口设活动式拦污栅，不设启闭机；下水库进出水口设四扇拦污栅，一台门式启闭机	设拦污栅，设一台门式启闭机	设拦污栅，卷扬式启闭机	上库拦污栅未设永久启闭机，下库设拦污栅，设一台永久门式启闭机	设拦污栅，卷扬式启闭机
装机台数（台）	4	4	4	4	6	6

4.3.2 工程量

通用造价输水系统分册各典型方案项目划分按水电 2013 年版编规划分，项目出项和工程量与各典型方案代表工程核准的可行性研究设计概算中的项目出项和工程量保持一致。各典型方案详细工程量见第 7～12 章内容，各典型方案工程量汇总见表 4-2。

表 4-2　　各典型方案工程量汇总表

编号	项目名称	单位	方案一	方案二	方案三	方案四	方案五	方案六
1	土方开挖	m^3	128136	35953	244272	37200	617732	166996
2	石方明挖	m^3	271806	83889	1194198	787000	878755	1258364
3	石方洞挖	m^3	504045	484906	407675	249261	718090	498711
4	土石方回填	m^3	—	45420	—	—	24806	12670
5	浆砌石	m^3	—	4010	—	—	2619	—
6	混凝土	m^3	189253	156959	166641	141030	273687	196963
7	钢筋及钢材	t	9700	9680	12073	9971	17168	13234
8	止水	m	11676	15442	—	3063	21134	—
9	喷混凝土	m^3	15925	6879	25234	14309	45121	25014
10	锚杆	根	69677	13611	98887	40725	207834	158005
11	锚索	束	17	5	500	241	240	65
12	帷幕灌浆钻孔	m	8716	4600	5940	1355	3445	1373
13	帷幕灌浆	t	436	163	594	95	172	82
14	固结灌浆钻孔	m	69406	46801	209398	132951	84612	356081
15	固结灌浆	t	2776	2158	18340	13193	4231	45080
16	回填灌浆	m^2	57012	60166	56388	28826	78840	54224
17	接触灌浆	m^2	12152	5308	16341	11691	9464	7458
18	排水孔	m	12425	37940	76292	38300	94278	42100

4.4 基础价格

4.4.1 人工预算单价

抽水蓄能电站通用造价人工预算单价根据《水电工程费用构成及概（估）算费用标准（2013 年版）》计算，各典型方案人工预算单价计算标准统一采用一般地区标准，人工预算价格见表 4-3。

表 4-3　　人 工 预 算 单 价

编号	项目名称	预算价格（元/工时）	备注
1	高级熟练工	10.26	
2	熟练工	7.61	
3	半熟练工	5.95	
4	普工	4.90	

4.4.2 材料预算价格

材料预算价格由材料原价、运杂费、运输保险费和采购及保管费等组成，以不含增值税进项税额的价格计算。主要材料预算价格超过“可再生定额〔2016〕25 号文”所规定的最高限额价格时，按最高限额价格计算工程直接费、间接费和利润等，超出最高限额价格部分以补差形式计入相应工程单价，并计算税金。主要材料预算价格见表 4-4。

表 4-4　　主 要 材 料 预 算 价 格

编号	名称及规格	单位	预算价格（元）	限额价（元）	备注
1	钢筋	t	4047	3400	
2	水泥 42.5	t	503	440	
3	原木	m^3	1540		
4	板枋材	m^3	2099		
5	柴油	t	7076		
6	汽油	t	8427		
7	炸药	t	10751	6800	
8	钢板 Q345R	t	5081		
9	钢板 600MPa	t	7121		
10	钢板 800MPa	t	8185		
11	钢岔管 800MPa	t	124385		

其他材料预算价格参考同类工程资料分析确定。

4.4.3 电、水、风、砂石料价格

电、水、风、砂石料价格根据典型施工组织设计方案计算。施工用电以电网供电为主，柴油发电机发电为辅；施工用水按多级供水考虑，水价根据各级

用水比例综合计算；施工供风采取分区布置，集中设置空气压缩站与配备移动空气压缩机相结合方式；砂石料加工系统料源为其他部位开挖料。电、水、风、砂石料价格见表 4-5。

表 4-5　　　　电、水、风、砂石料价格

编号	名称及规格	单位	预算价格（元）	备注
1	施工用电	kWh	0.801	
2	施工用水	m^3	2.840	
3	施工用风	m^3	0.134	
4	碎石	m^3	40.85	
5	砂	m^3	69.99	

4.4.4　混凝土材料单价

混凝土材料价格根据类似工程混凝土配合比试验资料分析计算。

4.4.5　施工机械台时费

施工机械台时费按水电规造价〔2004〕0028 号颁发的《水电工程施工机械台时费定额》以及“可再生能源定额站〔2016〕25 号文”、“可再生定额〔2018〕16 号文”和“可再生定额〔2019〕14 号文”计算。

4.5　工程单价

建筑工程单价由直接费、间接费、利润、税金组成。根据典型施工组织设计、“可再生定额〔2016〕25 号文”“可再生定额〔2018〕16 号文”、“可再生定额〔2019〕14 号文”、《水电建筑工程概算定额（2007 年版）》《水电设备安装工程概算定额（2003 年版）》《水电施工机械台时费定额（2004 年版）》定额和《水电工程费用构成及概（估）算费用标准（2013 年版）》等计算，定额中缺项的工程单价，参考其他行业定额及类似实际工程单价计列。

4.5.1　施工组织设计

典型施工组织设计根据近年在抽水蓄能电站施工中广泛使用的施工方案和施工方法等确定。

（1）进/出水口施工。明挖采用自上而下的开挖施工程序，除部分采用手风钻钻孔爆破外，大部分采用潜孔钻钻孔，深孔梯段爆破，梯段高度为 6～10m，进水口永久边坡采用预裂爆破，$3m^3$ 挖掘机配 20t 自卸汽车出渣。竖井石方洞挖采用反井钻机形成直径 2m 的导井，再自下而上一次扩挖成直径 3m 的溜渣井后，二次自上而下扩挖成最终体型，石渣溜至井底，$3.1m^3$ 侧卸式装载机装 15t 自卸汽车经引水上支洞出渣。混凝土衬砌采用滑模施工，$6m^3$ 混凝土搅拌运输车运至竖井平台，转溜管入仓。

（2）引水上平段及尾水隧洞施工方法。石方洞挖采用气腿钻钻孔爆破，全断面开挖，周边光面爆破，$3m^3$ 侧卸式装载机装 15t 自卸车出渣，开挖出渣与锚喷支护平行交叉施工。引水隧洞混凝土衬砌采用钢模台车施工，$3m^3$ 混凝土搅拌运输车运至工作面，HB-30 型混凝土泵送入仓。

（3）引水系统竖井段施工。将压力管道竖井分为上、下两段施工，先钻设上竖井导井，然后进行上竖井扩挖，再钻设下竖井导井，最后完成下竖井人工扩挖。竖井开挖出渣通道为引水系统下平段及施工支洞。

（4）钢板衬砌段施工。压力钢管在工地现场加工，由平板拖车经引水系统上平段施工支洞运至上平段，再装台车用卷扬机牵引入位。钢管由里向外逐段进行安装，最后安装支洞交叉口处钢管。引水系统上平段混凝土回填与钢管安装交叉进行，混凝土由 $6m^3$ 搅拌运输车运输，混凝土泵送入仓。

（5）尾水事故闸门室（井）施工。上层开挖采用三臂液压凿岩台车钻孔，周边光面爆破。由 $3.1m^3$ 侧卸式装载机装 15t 自卸汽车出渣。下层开挖采用液压钻机钻孔，沿边线先打预裂孔，中部梯段毫秒爆破。采用 $3.1m^3$ 侧卸式装载机装 15t 自卸汽车出渣。

尾水事故闸门井石方开挖用反井钻机开挖导井，自上而下进行扩挖，手风钻钻孔，光面爆破，石渣经导井溜至井底，$3.1m^3$ 侧卸式装载机装 15t 自卸汽车出渣。

尾闸室混凝土衬砌采用 $6m^3$ 搅拌运输车运输混凝土，混凝土泵送入仓。竖井混凝土由 $6m^3$ 混凝土搅拌车运输，采用吊罐入仓，滑模施工，插入式振捣器振捣。

（6）下水库进/出水口石方明挖采用液压履带钻钻孔，潜孔钻和风钻配合，分层梯段爆破，梯段高度为 6～9m，$3m^3$ 装载机装 15t 自卸汽车出渣。混凝土采用 $6m^3$ 混凝土搅拌运输车运输混凝土，混凝土吊罐入仓，钢木模板施工。尾水检修闸门井采用反井钻机开挖，气腿风钻自上而下钻爆扩挖，石渣经导井溜至井底，$3.1m^3$ 侧卸式装载机装 15t 自卸汽车出渣。

各部位施工方法详见表 4-6。

表 4-6　　　　各部位施工方法

续表

编号	项目名称	施工方法
一	土方工程	
	土方开挖	118kW 推土机剥离集料，$3m^3$ 装载机装土，15t 自卸出渣，运距 2km
二	石方工程	
	石方井挖（上库进出水口）	反井钻机打导井，风钻扩挖，$3m^3$ 装载机装 15t 自卸汽车出渣，洞内运距为 0.6km，洞外运距为 1.5km
	石方明挖（上水库进/出水口工程）	采用 YQ-150 型潜孔钻机钻孔，分层梯段预裂爆破开挖，$3m^3$ 挖掘机装 20t 自卸汽车，132kW 推土机和少量手风钻辅助作业。弃渣运距为 2km
	平洞开挖（上水库进/出水口工程）	采用三臂凿岩台车钻孔爆破，$3m^3$ 装载机装 15t 自卸汽车运输出渣，洞内运距为 0.6km，洞外运距为 1.5km
	石方明挖（引水闸门井）	采用 YQ-150 型潜孔钻机钻孔，分层梯段预裂爆破开挖，$3m^3$ 挖掘机装 20t 自卸汽车，132kW 推土机和少量手风钻辅助作业。弃渣运距为 2km
	石方洞挖（引水闸门井）	LM—200 型反井钻机打导孔 $\phi216$，气腿钻扩挖至 $\phi3m$ 溜渣井，然后扩挖至设计开挖尺寸，$3m^3$ 装载机装 15t 自卸汽车出渣，洞内运距为 0.6km，洞外运距为 1.5km
	石方井挖（引水闸门井）	反井钻机打导井，风钻扩挖至 3m 溜渣井，$3m^3$ 装载机装 15t 自卸汽车出渣，洞内运距为 0.6km，洞外运距为 1.5km
	渐变段洞挖 $a>100m^2$（引水隧洞）	采用三臂凿岩台车钻孔爆破，$3m^3$ 装载机装 15t 自卸汽车运输出渣，洞内运距为 0.6km，洞外运距为 1.5km
	支洞石方洞挖（引水隧洞）	采用三臂凿岩台车钻孔爆破，$3m^3$ 装载机装 15t 自卸汽车运输出渣，洞内运距为 0.6km，洞外运距为 1.5km
	斜井石方洞挖（引水隧洞）	采用 LM-400 型反井钻机施工导井，气腿风钻自上而下扩挖，$3m^3$ 装载机装 15t 自卸汽车出渣，平均运距洞内为 0.6km，洞外为 1.5km
	石方洞挖平洞（引水隧洞）	采用三臂凿岩台车钻孔爆破，$3m^3$ 装载机装 15t 自卸汽车运输出渣，洞内运距为 0.6km，洞外运距为 1.5km
	石方洞挖平洞（压力管道）	采用三臂凿岩台车钻孔爆破，$3m^3$ 装载机装 15t 自卸汽车运输出渣，洞内运距为 2.0km，洞外运距为 2.6km
	石方井挖（压力管道竖井）	采用 LM-400 型反井钻机施工导井，气腿风钻自上而下扩挖，$3m^3$ 装载机装 15t 自卸汽车出渣，洞内运距为 2.0km，洞外运距为 2.6km
	斜井开挖（$a=30\sim50m^2$，压力管道）	采用 LM-400 型反井钻机施工导井，气腿风钻自上而下扩挖，$3m^3$ 装载机装 15t 自卸汽车出渣，平均运距洞内为 2.0km，洞外运距为 2.6km
	石方洞挖（尾水事故闸门室）	30%采用三臂凿岩台车开挖，其余 70%为竖井反井钻机开挖，$3m^3$ 装载机装 15t 自卸汽车出渣，平均运距洞内为 2.0km，洞外运距为 2.6km
	石方井挖（尾水事故闸门井）	采用正井法导井，气腿钻扩挖，洞内运距为 2.0km，洞外运距为 2.6km
	石方洞挖（尾水调压井）	反井钻机打导孔，气腿钻扩挖至 3m 溜渣井，$3m^3$ 装载机装 15t 自卸汽车出渣，洞内运距为 2.0km，洞外运距为 2.6km
	升管段井挖（$a<30m^2$）（尾水调压井）	LM-200 型反井钻机打导井，气腿钻扩挖至 3m 溜渣井，$3m^3$ 装载机装 15t 自卸汽车出渣。洞内运距为 2.0km，洞外运距为 2.6km
	竖井开挖 $a>100m^2$（尾水调压井）	LM-200 型反井钻机打导井，气腿钻扩挖至 3m 溜渣井，$3m^3$ 装载机装 15t 自卸汽车出渣。洞内运距为 2.0km，洞外运距为 2.6km
	石方洞挖（尾水隧洞）	采用三臂凿岩台车钻孔爆破，$3m^3$ 装载机装 15t 自卸汽车出渣；洞内运距为 2.0km，洞外运距为 2.6km
	斜井石方洞挖（尾水隧洞）	采用 LM-400 型反井钻机施工导井，气腿风钻自上而下扩挖，$3m^3$ 装载机装 15t 自卸汽车出渣，洞内运距为 2.0km，洞外运距为 2.6km
	石方井挖（尾水检修闸门井）	LM-200 型反井钻机打导井，气腿钻扩挖至 3m 溜渣井，$3m^3$ 装载机装 15t 自卸汽车出渣。洞内运距为 2.0km，洞外运距为 2.6km
	石方明挖（下库进/出水口）	采用 YQ-150 型潜孔钻机钻孔，分层梯段预裂爆破开挖，$3m^3$ 挖掘机装 20t 自卸汽车，132kW 推土机和少量手风钻辅助作业。弃渣运距为 2km
	石方洞挖（下库进/出水口）	采用气腿钻钻孔爆破，$3m^3$ 装载机装 15t 自卸汽车出渣。洞内运距为 2.0km，洞外运距为 2.6km
三	堆砌石工程	
	干砌石挡墙	人工从渣场拣石块，手推车运 100m，$2m^3$ 装载机装 10t 自卸汽车运输 1.0km，人工砌筑
	浆砌石排水沟	人工从渣场拣石块，手推车运 100m，$2m^3$ 装载机装 10t 自卸汽车运输 1.0km，人工砌筑
四	混凝土工程	
	平洞衬砌混凝土（C20 二级配，上水库进/出水口）	拌和楼拌制混凝土，$6m^3$ 混凝土搅拌运输车运混凝土运距为 0.5km，吊罐入仓，插入式振捣器振捣

续表

编号	项目名称	施工方法
	竖井衬砌混凝土（C20二级配，上水库进/出水口）	拌和楼拌制混凝土，$6m^3$混凝土搅拌运输车运混凝土运距为0.5km，吊罐入仓，插入式振捣器振捣
	洞外结构混凝土C20（上水库进/出水口）	拌和楼拌制混凝土，$6m^3$混凝土搅拌运输车运混凝土运距为0.5km，吊罐入仓，插入式振捣器振捣
	进/出水口混凝土C30（进/出水口）	拌和楼拌制混凝土，$6m^3$混凝土搅拌运输车运混凝土运距为0.5km，吊罐入仓，插入式振捣器振捣
	网格梁混凝土C25（上水库进/出水口）	拌和楼拌制混凝土，$6m^3$混凝土搅拌运输车运混凝土运距为0.5km，吊罐入仓，插入式振捣器振捣
	进水口混凝土C25（进出水口）	拌和楼拌制混凝土，$6m^3$混凝土搅拌运输车运混凝土0.5km，混凝土吊罐入仓，插入式振捣器振捣
	衬砌混凝土C25 F100二级配（引水闸门井）	拌和楼拌制混凝土，$6m^3$混凝土搅拌运输车运混凝土0.5km，溜槽入仓，插入式振捣器振捣
	混凝土平洞衬砌C25（引水闸门井）	拌和楼拌制混凝土，$6m^3$混凝土搅拌运输车运混凝土运距为0.5km，溜槽入仓，插入式振捣器振捣
	混凝土平台路面C20（引水闸门井）	拌和楼拌制混凝土，$6m^3$混凝土搅拌运输车运混凝土运距为0.5km，溜槽入仓，插入式振捣器振捣
	混凝土竖井衬砌C25（引水闸门井）	拌和楼拌制混凝土，$6m^3$混凝土搅拌运输车运混凝土运距为0.5km，溜槽入仓，插入式振捣器振捣
	置换混凝土C20 F50二级配	拌和楼拌制混凝土，$6m^3$混凝土搅拌运输车运混凝土，洞内运距为2.0km，洞外运距为0.5km，溜槽入仓，插入式振捣器振捣
	混凝土（$a=30\sim50m^2$，200号二级配，引水隧洞）	拌和楼拌制混凝土，$6m^3$混凝土搅拌运输车运混凝土，洞内运距为2km，洞外运距为0.5km，混凝土泵送入仓，插入式振捣器振捣
	混凝土（$a>100m^2$，200号二级配，引水隧洞）	拌和楼拌制混凝土，$6m^3$混凝土搅拌运输车运混凝土，洞内运距为2km，洞外运距为0.5km，混凝土泵送入仓，插入式振捣器振捣
	平洞衬砌混凝土C25（引水隧洞）	拌和楼拌制混凝土，$6m^3$混凝土搅拌运输车运混凝土，洞内运距为2km，洞外运距为0.5km，混凝土泵送入仓，插入式振捣器振捣
	斜井衬砌混凝土C25（引水隧洞）	拌和楼拌制混凝土，$6m^3$混凝土搅拌运输车运混凝土，洞内运距为2km，洞外运距为0.5km，混凝土泵送入仓，插入式振捣器振捣
	膨胀混凝土C15（引水隧洞）	拌和楼拌制混凝土，$6m^3$混凝土搅拌运输车运混凝土，洞内运距为2km，洞外运距为0.5km，混凝土泵送入仓，插入式振捣器振捣
	衬砌混凝土C25引水调压室（上室）	拌和楼拌制混凝土，$6m^3$混凝土搅拌运输车运混凝土，洞内运距为2km，洞外运距为0.5km，混凝土泵送入仓，插入式振捣器振捣

续表

编号	项目名称	施工方法
	衬砌混凝土C25 $a>100m^2$引水调压井	拌和楼拌制混凝土，$6m^3$混凝土搅拌运输车运混凝土，洞内运距为2km，洞外运距为0.5km，混凝土泵送入仓，插入式振捣器振捣
	衬砌混凝土C25 $a<30m^2$引水调压井	拌和楼拌制混凝土，$6m^3$混凝土搅拌运输车运混凝土，洞内运距为2km，洞外运距为0.5km，混凝土泵送入仓，插入式振捣器振捣
	隧洞衬砌C25混凝土（开挖断面$30m^2$衬砌厚50cm）	隧洞喷锚支护后衬砌，拌和楼拌制混凝土，$6m^3$混凝土搅拌运输车运混凝土，洞内运距为2.0km，洞外运距为0.5km，混凝土泵送入仓，插入式振捣器振捣
	隧洞衬砌C25混凝土（开挖断面$20m^2$衬砌厚70cm）	隧洞喷锚支护后衬砌，拌和楼拌制混凝土，$6m^3$混凝土搅拌运输车运混凝土，洞内运距为2.0km，洞外运距为0.5km。混凝土泵送入仓，插入式振捣器振捣
	平洞衬砌混凝土（C20二级配，压力管道）	拌和楼拌制混凝土，$6m^3$混凝土搅拌运输车运混凝土，洞内运距为2km，洞外运距为0.5km，混凝土泵送入仓，插入式振捣器振捣
	斜洞衬砌混凝土（C20二级配，压力管道）	拌和楼拌制混凝土，$6m^3$混凝土搅拌运输车运混凝土，洞内运距为2km，洞外运距为0.5km，混凝土泵送入仓，插入式振捣器振捣
	底板混凝土C25（尾水事故闸门室）	拌和楼拌制混凝土，$6m^3$混凝土搅拌运输车运混凝土，洞内运距为2km，洞外运距为0.5km，吊罐入仓，插入式振捣器振捣
	衬砌混凝土C25 F50二级配（尾水事故闸门室）	拌和楼拌制混凝土，$6m^3$混凝土搅拌运输车运混凝土，洞内运距为2.0km，洞外运距为0.5km，吊罐入仓，插入式振捣器振捣
	尾水事故闸门岩锚梁（尾水事故闸门室）	拌和楼拌制混凝土，$6m^3$混凝土搅拌运输车运混凝土，洞内运距为2km，洞外运距为0.5km，吊罐入仓，插入式振捣器振捣
	衬砌混凝土C25（尾水事故闸门井）	拌和楼拌制混凝土，$6m^3$混凝土搅拌运输车运混凝土，洞内运距为2km，洞外运距为0.5km，吊罐入仓，插入式振捣器振捣
	衬砌混凝土C25 F100二级配（尾水调压井）	拌和楼拌制混凝土，$6m^3$混凝土搅拌运输车运混凝土，洞内运距为2.0km，洞外运距为0.5km，溜槽入仓，插入式振捣器振捣
	升管段混凝土衬砌（C20二级配，尾水调压井）	拌和楼拌制混凝土，$6m^3$混凝土搅拌运输车运混凝土，洞内运距为2km，洞外运距为0.5km，溜槽入仓，插入式振捣器振捣
	竖井混凝土衬砌（C20二级配，尾水调压井）	拌和楼拌制混凝土，$6m^3$混凝土搅拌运输车运混凝土，洞内运距为2km，洞外运距为0.5km，溜槽入仓，插入式振捣器振捣
	衬砌混凝土C25 F100二级配（尾水隧洞）	拌和楼拌制混凝土，$6m^3$混凝土搅拌运输车运混凝土，洞内运距为2km，洞外运距为0.5km，混凝土泵送入仓，插入式振捣器振捣
	衬砌混凝土（C20二级配，尾水隧洞）	拌和楼拌制混凝土，$6m^3$混凝土搅拌运输车运混凝土，洞内运距为2km，洞外运距为0.5km，混凝土泵送入仓，插入式振捣器振捣
	斜井衬砌混凝土C25（尾水隧洞）	拌和楼拌制混凝土，$6m^3$混凝土搅拌运输车运混凝土，洞内运距为2km，洞外运距为0.5km，混凝土泵送入仓，插入式振捣器振捣

续表

编号	项目名称	施工方法
	洞外结构混凝土 C20（尾水检修闸门井）	拌和楼拌制混凝土，$6m^3$混凝土搅拌运输车运混凝土运距为 0.5km，吊罐入仓，插入式振捣器振捣
	衬砌混凝土 C25（尾水检修闸门井）	拌和楼拌制混凝土，$6m^3$混凝土搅拌运输车运混凝土运距为 0.5km，吊罐入仓，插入式振捣器振捣
	混凝土排污栅架 C25（下库进/出水口）	拌和楼拌制混凝土，$6m^3$混凝土搅拌运输车运混凝土运距为 0.5km，吊罐入仓，插入式振捣器振捣
	结构混凝土 C25 F100 二级配（下库进/出水口）	拌和楼拌制混凝土，$6m^3$混凝土搅拌运输车运混凝土运距为 0.5km，吊罐入仓，插入式振捣器振捣
	混凝土 C40（下库进/出水口）	拌和楼拌制混凝土，$6m^3$混凝土搅拌运输车运混凝土运距为 0.5km，吊罐入仓，插入式振捣器振捣
	底板拦砂坎混凝土 C20（下库进出水口）	拌和楼拌制混凝土，$6m^3$混凝土搅拌运输车运混凝土运距为 0.5km，吊罐入仓，插入式振捣器振捣
五	喷锚支护工程	
	露天锚杆 $\phi22/\phi25$ $L=4/6$m	风钻钻孔
	洞内锚杆 $\phi22/\phi25$ $L=4/6$m	65%气腿钻钻孔，35%三臂液压台车钻孔
	洞内锚杆 $\phi25$ $L=7$m	潜孔钻钻孔
	露天锚杆 $\phi32$ $L=8$m	潜孔钻钻孔
	预应力锚杆 $\phi28$ $L=9$m	地质钻钻孔
	锚索 1000kN/2000kN $L=20/40$m	无黏结式岩石预应力锚索，地质钻钻孔
	洞内 锚索 2000kN $L=40$m	无黏结式岩石预应力锚索，地质钻钻孔
	洞内 喷混凝土	机械湿喷，平洞支护，有钢筋网
	露天 喷混凝土	机械湿喷，地面护坡，有钢筋网
	洞内 喷钢纤维混凝土	机械湿喷，平洞支护
六	基础处理工程	
	排水廊道帷幕灌浆钻孔	地质钻钻岩石孔，孔深为 50～100m

续表

编号	项目名称	施工方法
	帷幕灌浆	帷幕灌浆，自下而上，水泥单位注入量为 50kg/m
	洞内固结灌浆钻孔	气腿钻钻孔，孔深 5m 以内
	隧洞固结灌浆	隧洞固结灌浆，水泥单位注入量为 40kg/m
	露天排水孔 5m 以内	手风钻钻孔，孔深 5m 以内
	洞内排水孔 5m 以内	气腿钻钻孔，孔深 5m 以内
	排水廊道洞内排水孔—50m	地质钻钻孔，孔深 50m

4.5.2 取费费率

取费费率根据《水电工程费用构成及概（估）算费用标准（2013 年版）》、“可再生定额〔2016〕25 号文”、“可再生定额〔2018〕16 号文”和“可再生定额〔2019〕14 号文”计取。其中，其他直接费中的冬雨季施工增加费费率采用中南、华东地区费率，夜间施工增加费费率取中值。建筑安装工程取费费率详见表 4-7。

表 4-7　　建筑安装工程取费费率

编号	工程或费用名称	计算基础	费率（%）	
			建筑工程	安装工程
一	其他直接费	基本直接费	6.75	8.25
二	间接费费率			
	土方工程	直接费	13.3	
	石方工程	直接费	22.4	
	混凝土工程	直接费	16.9	
	钢筋制作安装工程	直接费	8.41	
	喷锚支护工程	直接费	21.46	
	基础处理工程	直接费	19.04	
	其他工程	直接费	18.29	
	安装工程	人工费		138
三	利润	直接费+间接费	7	7
四	税金	直接费+间接费+利润	9	9

第 5 章　典型方案说明

根据通用造价编制和应用原则选定六个不同地区且在装机容量和供水方式等方面具有较强代表性的电站，在相同技术条件设定和相同造价平台计算其投资，最终得出总的造价指标和二级项目造价指标，以进行模块组合应用，得到新电站总投资。

为重点突出影响抽水蓄能电站造价的技术条件，输水系统分册典型方案在地下厂房分册典型方案的基础上增加了一个方案，共六个方案。

输水系统工程通用造价典型方案主要技术条件汇总表见表5-1。

表5-1　典型方案主要技术条件汇总表

编号	方案名称	装机容量（MW）	机组台数（台）	供水方式	压力管道衬砌型式	围岩类别
1	方案一	1200	4	一管两机	钢板衬砌	Ⅱ～Ⅲ类为主
2	方案二	1200	4	一管两机	钢筋混凝土衬砌	Ⅱ类为主
3	方案三	1200	4	一管两机	钢筋混凝土和钢板衬砌	Ⅱ～Ⅲ类为主
4	方案四	1200	4	一管两机	钢筋混凝土和钢板衬砌	Ⅲ～Ⅳ类为主
5	方案五	1800	6	一管两机	钢板衬砌	Ⅲ类偏好为主
6	方案六	1800	6	一管两机	钢板衬砌	Ⅲ类为主

第6章　典型方案一

6.1　主要技术条件

本典型方案为电站装设4台单机容量为300MW的单级立轴混流可逆式水泵水轮机组和发电电动机组，额定转速为375r/min，水头范围在330～452m；输水系统采用一管两机的供水方式，压力管道采用钢板衬砌。水道系统沿1号机组水道系统洞线总长为2818.6m，其中引水系统长度为1017.7m，尾水系统长度为1800.9m。沿4号机组总长为2847.2m，其中引水系统长度为956.3m，尾水系统长度为1890.9m。高压支管与尾水支管均与厂房轴线70°斜交。引水系统与厂房纵轴线夹角为65°～90°。典型方案一主要技术条件见表6-1。

表6-1　典型方案一主要技术条件

编号	项目名称	工程特征	备注
一	站址基本条件		
	围岩类别	整个水道系统围岩以Ⅱ～Ⅲ类为主，局部洞、井受断层影响，以Ⅳ类为主	
	岩性	片麻状闪长岩、花岗闪长岩、二长花岗岩，隧洞位于天然地下水位以下，岩体呈弱～微透水性	
	地下水类型	基岩裂隙水	

续表

编号	项目名称	工程特征	备注
二	土建尺寸		
	上水库进/出水口	竖井式。由拦污栅段、垂直喇叭口扩散段、垂直整流段、弯管段和洞身段组成。管径从20.92渐变至6.8m，竖井段高为66m	围岩以Ⅲ类为主
	引水事故闸门井	上室高为19.5m，内径为13m。井身内径为8m，高为92m	以Ⅲ、Ⅱ类围岩为主，强风化层及断层部位为Ⅳ类
	引水隧洞	共两条，平行布置，内径均为6.8m，长为276m，采用钢板衬砌	Ⅲ类围岩占87%，Ⅳ类围岩占13%
	压力管道	1号主管长639.2m，2号主管长577.3m。钢板衬砌，主管管径由6.2渐变至5.4m，上平67m、上弯47m、竖井320m、下弯47m和下平158m。支管管径为3.8m，长为61.8m	以Ⅱ、Ⅲ类围岩为主，局部为Ⅳ～Ⅴ类围岩
	尾水事故闸门室	尾闸室为城门洞型结构，净尺寸为146m×9.9m×20m（长×宽×高），4个竖井，每个竖井净尺寸为6.4m×8.3m（长×宽），竖井高为9m	以Ⅲ类为主，断层出露部位为Ⅳ～Ⅴ类
	尾水调压井	上室为城门洞型，净尺寸为107.5m×12m×14m（长×宽×高）；竖井为圆形，内径为12m，高为61m；尾调通风洞采用城门洞型，净尺寸为5m×5m（宽×高），长为525m	以Ⅱ类围岩为主，部分为Ⅲ类围岩，断层出露部位为Ⅳ类

续表

编号	项目名称	工程特征	备注
	尾水隧洞	钢筋混凝土衬砌，内径为 7.6m；1 号尾水隧洞长为 1610.4m，2 号尾水隧洞长为 1678.1m。尾水支管长为 119m，内径为 5m	Ⅱ类围岩占 52.7%，Ⅲ类围岩占 40.5%，Ⅳ～Ⅴ类围岩占 6.8%
	尾水检修闸门井	井身为圆形，高为 45.4m，内径为 8.6m	以Ⅲ类围岩为主，强风化层及断层部位为Ⅳ类
	下水库进/出水口	侧式闸门竖井式。进/出水口段和隧洞段全长为 132m，内径为 7.6m	围岩以Ⅳ类为主

6.2 项目组成处理

典型方案一项目组成包括上库进/出水口、引水事故闸门井、引水隧洞工程、压力管道、尾水事故闸门室、尾水调压井（室）工程、尾水隧洞工程、尾水（检修）闸门井和下库进/出水口等。

6.3 方案造价

根据第 4 章中拟定条件计算的工程单价编制输水系统典型方案一通用造价。典型方案一通用造价见表 6-2 和表 6-3。

表 6-2　　　　典型方案一建筑工程造价

编号	工程或费用名称	单位	数量	单价（元）	合计（万元）
	方案一建筑工程				34080.76
1	上水库进/出水口工程				2828.26
	石方井挖	m^3	27732.00	182.65	506.52
	进水口混凝土（C25、竖井式）	m^3	21183.00	551.86	1169.01
	洞内喷混凝土（C25、厚 15cm）	m^3	1043.00	942.50	98.30
	固结灌浆钻孔	m	9284.00	28.07	26.06
	固结灌浆	t	371.36	4338.42	161.11
	帷幕灌浆钻孔	m	1691.00	328.59	55.56
	帷幕灌浆	t	84.55	6058.75	51.23
	钢筋	t	895.00	6429.15	575.41

续表

编号	工程或费用名称	单位	数量	单价（元）	合计（万元）
	锚杆（ϕ22、L=4m、洞内）	根	3092.00	192.79	59.61
	挂网钢筋	t	14.00	6429.15	9.00
	橡胶止水	m	769.00	166.29	12.79
	铜止水	m	692.00	589.08	40.76
	细部结构	m^3	22226.00	28.30	62.90
2	引水事故闸门井				2086.82
	土方明挖	m^3	4867.00	15.60	7.59
	石方明挖	m^3	11357.00	43.04	48.88
	石方洞挖	m^3	26872.00	113.61	305.29
	混凝土（C25、F100、二级配）	m^3	9558.00	524.50	501.32
	置换混凝土（C20、F50、二级配）	m^3	1040.00	590.71	61.43
	喷混凝土（C25、厚 10cm）	m^3	718.00	971.50	69.75
	固结灌浆钻孔	m	7978.00	28.07	22.39
	固结灌浆	t	319.12	4338.42	138.45
	帷幕灌浆钻孔	m	3382.00	328.59	111.13
	帷幕灌浆	t	169.10	6058.75	102.45
	回填灌浆	m^2	199.00	106.37	2.12
	钢筋	t	844.00	6429.15	542.62
	锚杆（ϕ22、L=4m）	根	5976.00	192.79	115.21
	挂网钢筋	t	34.00	6429.15	21.86
	排水孔（ϕ50）	m	449.00	26.81	1.20
	橡胶止水	m	268.00	166.29	4.46
	细部结构	m^3	11316.00	27.10	30.67
3	引水隧洞				1448.33
	石方洞挖（平洞、D=8）	m^3	30016.00	117.61	353.02
	回填混凝土（C20、F50、二级配）	m^3	8526.00	561.00	478.31
	喷混凝土（C25、厚 8cm）	m^3	874.00	971.50	84.91
	固结灌浆钻孔	m	5181.00	28.07	14.54
	固结灌浆	t	207.24	4338.42	89.91
	帷幕灌浆钻孔	m	1584.00	328.59	52.05
	帷幕灌浆	t	79.20	6058.75	47.99
	回填灌浆	m^2	5187.00	106.37	55.17
	接触灌浆	m^2	5086.00	110.88	56.39

续表

编号	工程或费用名称	单位	数量	单价（元）	合计（万元）
	锚杆（ϕ22、L=4m）	根	4317.00	192.79	83.23
	挂网钢筋	t	15.00	6429.15	9.64
	贴壁排水钢材	t	154.00	6896.50	106.21
	排水孔（ϕ50）	m	364.00	26.81	0.98
	细部结构	m^3	9400.00	17.00	15.98
4	压力管道				4942.25
	石方洞挖、平洞（D=6.8）	m^3	27567.00	157.90	435.28
	石方井挖	m^3	38783.00	323.08	1253.00
	回填混凝土（C20、F50、二级配）	m^3	36164.00	591.88	2140.47
	喷混凝土（C25、厚 8cm）	m^3	2868.00	971.50	278.63
	固结灌浆钻孔	m	8887.00	28.07	24.95
	固结灌浆	t	355.48	4338.42	154.22
	帷幕灌浆钻孔	m	792.00	328.59	26.02
	帷幕灌浆	t	39.60	6058.75	23.99
	回填灌浆	m^2	8862.00	106.37	94.27
	接触灌浆	m^2	5363.00	110.88	59.46
	锚杆（ϕ22、L=4m）	根	11815.00	192.79	227.78
	挂网钢筋	t	48.00	6429.15	30.86
	贴壁排水钢材	t	154.00	6896.50	106.21
	排水孔（ϕ50）	m	7745.00	26.81	20.76
	细部结构	m^3	39032.00	17.00	66.35
5	尾水事故闸门室工程				2240.43
	石方洞挖	m^3	56004.00	139.35	780.42
	衬砌混凝土（C25、F50、二级配）	m^3	7974.00	746.08	594.92
	置换混凝土（C20、F50、二级配）	m^3	520.00	614.21	31.94
	喷混凝土（C25、厚 10cm）	m^3	1408.00	971.50	136.79
	固结灌浆钻孔	m	2380.00	28.07	6.68
	固结灌浆	t	95.20	4338.42	41.30
	回填灌浆	m^2	1734.00	106.37	18.44
	钢筋	t	609.00	6429.15	391.54
	锚杆（ϕ22、L=3m）	根	2085.00	144.56	30.14
	锚杆（ϕ25、L=6m）	根	4278.00	342.31	146.44
	挂网钢筋	t	51.00	6429.15	32.79

续表

编号	工程或费用名称	单位	数量	单价（元）	合计（万元）
	排水孔（ϕ50）	m	822.00	26.81	2.20
	细部结构	m^3	9902.00	27.10	26.83
6	尾水调压井工程				2443.90
	石方洞挖（D=13.2）	m^3	50981.00	163.48	833.44
	衬砌混凝土（C25、F100、二级配）	m^3	10768.00	614.60	661.80
	置换混凝土（C20、F50、二级配）	m^3	520.00	614.21	31.94
	喷混凝土（C25、厚 10cm）	m^3	1827.00	971.50	177.49
	固结灌浆钻孔	m	2883.00	28.07	8.09
	固结灌浆	t	115.32	4338.42	50.03
	回填灌浆	m^2	1212.00	106.37	12.89
	钢筋	t	760.00	6429.15	488.62
	锚杆（ϕ22、L=4m）	根	5968.00	192.79	115.06
	挂网钢筋	t	23.00	6429.15	14.79
	排水孔（ϕ50）	m	396.00	26.81	1.06
	橡胶止水	m	790.98	166.29	13.15
	细部结构	m^3	13115.00	27.10	35.54
7	尾水隧洞工程				13102.14
	石方洞挖（D=9）	m^3	236383.00	121.80	2879.14
	衬砌混凝土（C25、F100、二级配）	m^3	53159.00	881.44	4685.65
	回填混凝土（C20、F50、二级配）	m^3	10941.00	664.21	726.71
	置换混凝土（C20、F50、二级配）	m^3	520.00	619.60	32.22
	喷混凝土（C25、厚 8cm）	m^3	6544.00	971.50	635.75
	固结灌浆钻孔	m	30551.00	28.07	85.76
	固结灌浆	t	1222.04	4338.42	530.17
	帷幕灌浆钻孔	m	1267.00	328.59	41.63
	帷幕灌浆	t	63.35	6058.75	38.38
	回填灌浆	m^2	39640.00	106.37	421.65
	接触灌浆	m^2	1703.00	110.88	18.88
	钢筋	t	3476.00	6429.15	2234.77
	锚杆（ϕ22、L=3m）	根	28941.00	144.56	418.37
	挂网钢筋	t	109.00	6429.15	70.08
	贴壁排水钢材	t	36.00	6896.50	24.83
	排水孔（ϕ50）	m	2727.00	26.81	7.31

续表

编号	工程或费用名称	单位	数量	单价（元）	合计（万元）
	橡胶止水	m	7809.00	166.29	129.86
	细部结构	m^3	71164.00	17.00	120.98
8	尾水检修闸门井				814.17
	土方明挖	m^3	16640.00	15.60	25.96
	石方明挖	m^3	11648.00	43.04	50.13
	石方井挖（D=10.4m）	m^3	9707.00	212.97	206.73
	衬砌混凝土（C25）	m^3	3118.00	622.46	194.08
	置换混凝土（C20、F50、二级配）	m^3	520.00	616.44	32.05
	喷混凝土（C25 厚 10cm）	m^3	303.00	971.50	29.44
	固结灌浆钻孔	m	2262.00	28.07	6.35
	固结灌浆	t	90.48	4338.42	39.25
	回填灌浆	m^2	178.00	106.37	1.89
	钢筋	t	275.00	6429.15	176.80
	锚杆（ϕ22、L=4m）	根	1694.00	192.79	32.66
	挂网钢筋	t	5.00	6429.15	3.21
	排水孔（ϕ50）	m	135.00	26.81	0.36

续表

编号	工程或费用名称	单位	数量	单价（元）	合计（万元）
	橡胶止水	m	298.00	166.29	4.96
	细部结构	m^3	3800.00	27.10	10.30
9	下库进/出水口工程				4174.46
	土方明挖	m^3	106629.00	15.60	166.34
	石方明挖	m^3	248801.00	43.04	1070.84
	结构混凝土（C25 F100 二级配）	m^3	20748.00	634.75	1316.98
	置换混凝土（C20 F50 二级配）	m^3	3994.00	619.60	247.47
	喷混凝土（C25 厚 10cm）	m^3	340.00	971.50	33.03
	钢筋	t	1831.00	6289.22	1151.56
	锚杆（ϕ22、L=4m 边坡）	根	1511.00	151.56	22.90
	锚索（P=2000kN、L=25m）	根	17.00	31526.36	53.59
	挂网钢筋	t	3.00	6289.22	1.89
	排水孔：ϕ50	m	151.00	19.86	0.30
	橡胶止水	m	549.00	166.29	9.13
	铜止水	m	500.00	589.08	29.45
	细部结构	m^3	25082.00	28.30	70.98

表 6-3 **典型方案一安装工程造价**

编号	名称及规格	单位	数量	单价（元）		合价（万元）	
				制作费	安装费	制作费	安装费
	方案一安装工程					18078.03	5713.37
1	一般钢管制作及安装					15876.29	5610.56
	引水钢管（Q345R、直径≤7m、壁厚≤20mm）	t	3380.86	10537.65	4206.83	3562.63	1422.27
	引水钢管（Q345R、直径≤7m、壁厚≤32mm）	t	448.67	10296.91	3775.49	461.99	169.39
	引水钢管（Q345R、直径≤7m、壁厚≤40mm）	t	1051.88	10037.22	3773.87	1055.80	396.97
	引水钢管（07MnMoVR、直径≤7m、壁厚≤40mm）	t	1552.04	12438.71	3773.87	1930.54	585.72
	引水钢管（HT-80、直径≤7m、壁厚≤52mm）	t	4506.29	12379.53	3951.44	5578.58	1780.63
	引水钢管（Q345R、直径为 5m、壁厚为 22mm）	t	3139.29	10469.74	3999.54	3286.76	1255.57
2	钢岔管制作及安装					2201.74	102.81
	岔管（HT-80、直径为 5.4m、壁厚为 64mm）	t	144.00	152898.54	7139.59	2201.74	102.81

第 7 章　典型方案二

7.1　主要技术条件

本典型方案为电站装设 4 台单机容量为 300MW 的单级立轴混流可逆式水泵水轮机组和发电电动机组，额定转速为 428.6r/min，水头范围在 404.3～444.4m；输水系统采用两洞四机的布置方式，引水主洞、尾水主洞各两条，均为钢筋混凝土衬砌形式，洞径为 6.7m，引水、尾水支洞各 4 条，洞径为 4.7m，两条输水系统总长分别为 3024.30、3048.95m。引水系统与厂房纵轴线夹角为 65°～90°。典型方案二主要技术条件见表 7-1。

表 7-1　　典型方案二主要技术条件

编号	项目名称	工程特征	备注
一	站址基本条件		
	围岩类别	除上、下水库进（出）水口段为强、弱风化岩，围岩类别为Ⅲ、Ⅳ类外，其余洞段均为微风化或新鲜岩石，围岩类别为Ⅱ～Ⅲ类	
	岩性	华力西晚期白岗花岗岩，岩脉岩质坚硬，岩体较完整。洞身属微透水岩体	
	地下水类型	基岩裂隙水	
二	土建尺寸		
	上库进/出水口工程	侧式闸门竖井式。由进水明渠、拦污栅、两座检修闸门组成，明渠长 70m；井前输水隧洞长 83.5m，为 6.7m×6.7m 的方形断面，进/出水口洞室段共长 139.5m；检修闸门尺寸为 6.7m×6.7m，闸门井井筒高 28.80m	围岩类别为Ⅲ、Ⅳ类
	引水调压室	井直径为 18m，衬砌厚 1～1.2m，大井高为 53.50m；升管直径为 4.5m，高为 24m，衬砌厚度为 0.3m	围岩类别为Ⅱ类
	引水隧洞	直径为 6.7m，衬砌厚为 0.6m，1 号引水隧洞长为 680.47m，2 号引水隧洞长为 681.70m	围岩类别为Ⅱ、Ⅲ类

续表

编号	项目名称	工程特征	备注
	压力管道	直径为 6.7m，钢筋混凝土衬砌厚为 0.6m，单洞全长为 831.27m。其中上平段长为 61.66m，上斜段长为 185.55m，中平段长为 76.68m，下斜段长为 340.82m，下平段长为 79.49m。 4 条引水支洞，单条引水支洞长为 255.0m，采用钢板衬砌内径为 4.7m，外包素混凝土厚为 0.8m	围岩类别为Ⅱ、Ⅲ类
	尾水事故闸门室	100m×9.3m×27.8m（长×宽×高）	围岩类别为Ⅱ类
	尾水调压井	钢筋混凝土结构，升管高为 49.40m，直径为 4.5m，衬砌厚度为 0.3m，大井高为 54.70m，直径为 20.0m，衬砌厚为 1.2m	围岩类别为Ⅱ类
	尾水隧洞	洞径为 6.7m，钢筋混凝土衬砌厚为 0.6m，1 号尾水隧洞全长为 1047.37m，2 号尾水隧洞全长为 1070.79m。 4 条支洞长为 176.92m。尾水管出口至尾闸室前渐变段采用钢板衬砌，长度为 71.75m，外侧回填 0.8m 素混凝土；钢筋混凝土衬砌段长为 105.17m，内径为 4.7m，衬砌厚度为 0.5m，双层配筋	围岩类别为Ⅱ、Ⅲ类
	排水廊道	报告无单独介绍	
	下库进/出水口工程	侧式岸塔式。明渠段长为 60m，进/出水口共长 88.5m，拦污栅孔口尺寸为 5.5m×10.0m（宽×高）	围岩类别为Ⅲ、Ⅳ类

7.2　项目组成处理

为了与国网新源公司管理要求、行业标准《水电工程设计概算编制规定（2013 年版）》项目划分和可研阶段设计出项习惯保持一致，对典型方案二项目进行适当归类和合并。将引水支洞工程归入压力管道；将补气洞工程归入尾水调压井；将尾水支洞归入尾水隧洞工程；合并后本典型方案项目组成包括上库进/出水口、引水事故闸门井、引水调压井（室）工程、引水隧洞工程、压力管道、尾水事故闸门室、尾水调压井（室）工程、尾水隧洞工程、尾水检修闸门井、排水廊道和下库进/出水口等。

7.3 方案造价

根据输水系统通用设计典型方案二代表工程的可研阶段设计工程量和第 4 章中拟定条件计算的工程单价编制输水系统典型方案二通用造价。典型方案二通用造价见表 7-2 和表 7-3。

表 7-2　　典型方案二建筑工程造价

编号	工程或费用名称	单位	数量	单价（元）	合计（万元）
	方案二建筑工程				30395.58
1	上水库进/出水口工程				4033.21
	土方开挖	m^3	26675.00	15.60	41.61
	石方明挖	m^3	62241.00	40.25	250.52
	平洞开挖	m^3	18475.00	112.99	208.75
	石方井挖	m^3	10860.00	182.65	198.36
	土石方回填（利用）	m^3	31450.00	11.37	35.76
	干砌石	m^3	4010.00	126.14	50.58
	碎石垫层	m^3	1600.00	68.45	10.95
	土工膜	m^2	8400.00	36.00	30.24
	平洞衬砌混凝土（C20、二级配）	m^3	9660.00	542.91	524.45
	竖井衬砌混凝土（C20、二级配）	m^3	6507.00	563.31	366.55
	其他混凝土（C20、一级配）	m^3	270.00	554.51	14.97
	其他混凝土（C20、二级配）	m^3	8357.00	527.35	440.71
	其他混凝土（C20、F300 二级配）	m^3	8000.00	560.56	448.45
	喷混凝土 10cm 边坡	m^3	444.00	909.32	40.37
	钢筋	t	1824.00	6429.15	1172.68
	锚索（1000kN、$L=20$m）	根	5.00	19063.67	9.53
	锚杆（$\phi20$、$L=4$m、洞内）	根	374.00	179.29	6.71
	锚筋（$\phi25$、$L=6$m）	根	374.00	272.34	10.19
	锚筋（$\phi28$、$L=8$m）	根	373.00	850.65	31.73
	挂网钢筋	t	17.00	6429.15	10.93
	钢材	t	4.00	6896.50	2.76

续表

编号	工程或费用名称	单位	数量	单价（元）	合计（万元）
	混凝土冬季施工温控费	m^3	16167.00	20.00	32.33
	细部结构	m^3	33243.00	28.30	94.08
2	引水调压室				1740.98
	土方明挖	m^3	9278.00	15.60	14.47
	石方明挖	m^3	21648.00	43.04	93.17
	竖井开挖（$A<30m^2$）	m^3	1051.00	437.55	45.99
	竖井开挖（$A>100m^2$）	m^3	21441.00	172.08	368.96
	土石方回填	m^3	12370.00	11.37	14.06
	混凝土衬砌（$A<30m^2$、200 号二级配）	m^3	345.00	750.25	25.88
	混凝土衬砌（$A>100m^2$、200 号二级配）	m^3	7154.00	775.64	554.89
	喷混凝土（10cm）	m^3	215.00	971.50	20.89
	挂网钢筋	t	8.00	6429.15	5.14
	钢筋	t	515.00	6429.15	331.10
	固结灌浆钻孔	m	7637.00	28.07	21.44
	固结灌浆	t	352.00	4338.42	152.71
	锚杆（$\phi20$、$L=4$m）	根	374.00	179.29	6.71
	锚杆（$\phi25$、$L=6$m）	根	374.00	342.31	12.80
	锚杆（$\phi28$、$L=8$m）	根	373.00	977.02	36.44
	混凝土冬季施工温控费	m^3	7714.00	20.00	15.43
	细部结构	m^3	7714.00	27.10	20.90
3	引水隧洞				3506.98
	石方洞挖 平洞	m^3	61232.00	117.61	720.15
	渐变段洞挖 $A>100m^2$	m^3	5132.00	110.88	56.90
	混凝土（$A=30\sim50m^2$，200 号二级配）	m^3	17189.00	699.98	1203.20
	混凝土（$A>100m^2$，200 号二级配）	m^3	3449.00	691.12	238.37
	喷混凝土（C25 厚 8cm）	m^3	471.00	971.50	45.76
	钢筋制作安装	t	1282.00	6429.15	824.22
	固结灌浆钻孔	m	4328.00	28.07	12.15
	固结灌浆	t	200.00	4338.42	86.77
	回填灌浆	m^2	10821.00	106.37	115.10
	锚杆（$\phi20$、$L=4$m）	根	390.00	179.29	6.99
	锚杆（$\phi25$、$L=6$m、地下）	根	390.00	342.31	13.35
	锚筋（$\phi28$、$L=8$m）	根	389.00	977.02	38.01

续表

编号	工程或费用名称	单位	数量	单价（元）	合计（万元）
	挂网钢筋	t	28.00	6429.15	18.00
	止水带	m	3001.00	166.29	49.90
	混凝土冬季施工温控费	m^3	21109.00	20.00	42.22
	细部结构	m^3	21109.00	17.00	35.89
4	压力管道				6454.00
	石方洞挖（平洞、D=6.8）	m^3	22422.00	157.90	354.04
	斜洞开挖	m^3	63166.00	306.22	1934.27
	平洞衬砌混凝土（C20、二级配）	m^3	6292.00	741.16	466.34
	斜洞衬砌混凝土（C20、二级配）	m^3	17723.00	756.17	1340.16
	喷混凝土（C25、厚 8cm）	m^3	2193.00	971.50	213.05
	钢筋制作安装	t	2120.00	6429.15	1362.98
	固结灌浆钻孔	m	7563.00	28.07	21.23
	固结灌浆	t	349.00	4338.42	151.41
	回填灌浆	m^2	15126.00	106.37	160.90
	锚杆（ϕ20、L=4m）	根	807.00	179.29	14.47
	锚杆（ϕ25、L=6m）	根	807.00	342.31	27.62
	锚杆（ϕ28、L=8m）	根	806.00	977.02	78.75
	软式排水管 ϕ50	m	20400.00	30.00	61.20
	挂网钢筋	t	131.00	6429.15	84.22
	止水带	m	5195.00	166.29	86.39
	混凝土冬季施工温控费	m^3	26208.00	20.00	52.42
	细部结构	m^3	26208.00	17.00	44.55
5	引水压力钢支管段				2682.88
	石方洞挖	m^3	36991.00	220.29	814.87
	衬砌混凝土（C20、二级配）	m^3	4557.00	788.35	359.25
	压力管道回填混凝土 C20	m^3	9995.00	591.88	591.58
	固结灌浆钻孔	m	8889.00	28.07	24.95
	固结灌浆（普通水泥）	t	410.00	4338.42	177.88
	回填灌浆	m^2	8889.00	106.37	94.55
	帷幕灌浆钻孔	m	4600.00	328.59	151.15
	帷幕灌浆量	t	163.00	6058.75	98.76
	钢筋制作安装	t	402.00	6429.15	258.45
	接缝灌浆	m^2	3736.00	111.68	41.72

续表

编号	工程或费用名称	单位	数量	单价（元）	合计（万元）
	止水带	m	955.00	166.29	15.88
	混凝土冬季施工温控费	m^3	14552.00	20.00	29.10
	细部结构	m^3	14552.00	17.00	24.74
6	尾水事故闸门室工程				741.00
	石方洞挖	m^3	22000.00	139.35	306.57
	底板混凝土（C25）	m^3	2400.00	551.98	132.48
	喷混凝土（C25 厚 10cm）	m^3	1000.00	971.50	97.15
	钢筋	t	112.00	6429.15	72.01
	钢材	t	6.00	6896.50	4.14
	彩钢压型板	t	12.00	20000.00	24.00
	锚杆（ϕ20、L=2.6）	根	2700.00	116.39	31.43
	排水孔（ϕ50）	m	900.00	26.81	2.41
	软式排水管（ϕ50）	m	1600.00	30.00	4.80
	结构装饰	项	1.00	500000.00	50.00
	混凝土冬季施工温控费	m^3	3400.00	20.00	6.80
	细部结构	m^3	3400.00	27.10	9.21
7	尾水调压井工程				2119.67
	升管段井挖（A<30m^2）	m^3	2119.00	366.01	77.56
	竖井开挖（A>100m^2）	m^3	44689.00	190.92	853.20
	升管段混凝土衬砌（C20、二级配）	m^3	429.00	713.43	30.61
	竖井混凝土衬砌（C20、二级配）	m^3	9103.00	535.79	487.73
	喷混凝土（C25、厚 10cm）	m^3	401.00	971.50	38.96
	固结灌浆钻孔	m	2787.00	28.07	7.82
	固结灌浆	t	128.00	4338.42	55.53
	钢筋	t	655.00	6429.15	421.11
	锚杆（ϕ20、L=4m）	根	601.00	179.29	10.78
	锚杆（ϕ25、L=6m）	根	601.00	342.31	20.57
	锚杆（ϕ28、L=8m）	根	601.00	977.02	58.72
	挂网钢筋	t	16.00	6429.15	10.29
	混凝土冬季施工温控费	m^3	9933.00	20.00	19.87
	细部结构	m^3	9933.00	27.10	26.92
8	尾水调压井通风洞				675.87
	石方洞挖	m^3	34660.00	155.35	538.44

续表

编号	工程或费用名称	单位	数量	单价（元）	合计（万元）
	喷混凝土 C20	m^3	684.00	971.50	66.45
	钢筋网	t	13.00	6429.15	8.36
	锚杆（ϕ20、L=4m）	根	397.00	179.29	7.12
	锚杆（ϕ25、L=6m）	根	397.00	342.31	13.59
	锚杆（ϕ28、L=8m）	根	396.00	977.02	38.69
	混凝土冬季施工温控费	m^3	684.00	20.00	1.37
	细部结构	m^3	684.00	27.10	1.85
9	尾水隧洞工程				5963.51
	石方洞挖（D=9）	m^3	109016.00	121.80	1327.81
	衬砌混凝土（C20、二级配）	m^3	30604.00	843.01	2579.95
	喷混凝土（C25、厚 8cm）	m^3	1397.00	971.50	135.72
	固结灌浆钻孔	m	9633.00	28.07	27.04
	固结灌浆	t	444.00	4338.42	192.63
	回填灌浆	m^2	19266.00	106.37	204.93
	钢筋	t	1801.00	6429.15	1157.89
	锚筋（ϕ20、L=4m）	根	514.00	179.29	9.22
	锚筋（ϕ25、L=6m）	根	514.00	342.31	17.59
	锚筋（ϕ28、L=8m）	根	513.00	977.02	50.12
	挂网钢筋	t	83.00	6429.15	53.36
	橡胶止水	m	5343.00	166.29	88.85
	混凝土冬季施工温控费	m^3	32001.00	20.00	64.00
	细部结构	m^3	32001.00	17.00	54.40
10	尾水压力钢支管段				1563.98
	石方洞挖	m^3	23698.00	220.29	522.04
	衬砌混凝土（C20、二级配）	m^3	4525.00	788.35	356.73

续表

编号	工程或费用名称	单位	数量	单价（元）	合计（万元）
	压力管道回填混凝土（C20）	m^3	4208.00	591.88	249.06
	固结灌浆钻孔	m	5964.00	28.07	16.74
	固结灌浆（普通水泥）	t	275.00	4338.42	119.31
	回填灌浆	m^2	5964.00	106.37	63.44
	钢筋制作安装	t	266.00	6429.15	171.02
	接缝灌浆	m^2	1572.00	111.68	17.56
	止水带	m	948.00	166.29	15.76
	混凝土冬季施工温控费	m^3	8733.00	20.00	17.47
	细部结构	m^3	8733.00	17.00	14.85
11	排水廊道工程				260.19
	石方洞挖	m^3	7954.00	180.81	143.82
	喷混凝土（15cm）	m^3	74.00	942.50	6.97
	锚杆（ϕ22、L=3m、地下）	根	546.00	144.56	7.89
	钢筋网	t	3.00	6429.15	1.93
	洞内排水孔	m	37040.00	26.81	99.30
	混凝土冬季施工温控费	m^3	74.00	20.00	0.15
	细部结构工程	m^3	74.00	17.00	0.13
12	下库进/出水口工程				653.31
	混凝土（225.00 以下、C20 二级配）	m^3	3596.00	634.75	228.26
	混凝土（225.00 以下、C20F300 二级配）	m^3	2000.00	634.75	126.95
	进/出水口混凝土（C25）	m^3	596.00	581.63	34.67
	钢筋制作安装	t	372.52	6289.22	234.29
	钢材（水上）	t	9.60	6896.50	6.62
	砖砌体	m^3	100.00	500.00	5.00
	细部结构工程	m^3	6192.00	28.30	17.52

表 7-3　　**典型方案二安装工程造价**

编号	名称及规格	单位	数量	单价（元）		合价（万元）	
				制作费	安装费	制作费	安装费
	方案二安装工程					7024.61	2567.34
1	压力钢管制作及安装					7024.61	2567.34
	钢管制作与安装（D=4.7m、壁厚为 33～58mm）	t	3535.00	11050.86	4108.80	3906.48	1452.46
	钢管制作与安装（D=4.7m、壁厚为 16mm）	t	630.00	10842.43	4482.80	683.07	282.42
	压力钢管制作与安装（D=4.7m、壁厚为 26mm）	t	1158.00	10469.74	3999.54	1212.40	463.15
	压力钢管制作与安装（800MPa、D=4.7m、壁厚为 58mm）	t	785.00	13765.44	4108.80	1080.59	322.54
	压力钢管制作与安装（800MPa、D=2.5m、壁厚为 58mm）	t	100.00	14207.71	4677.45	142.08	46.77

第 8 章 典 型 方 案 三

8.1 主要技术条件

本典型方案为电站装设 4 台单机容量为 300MW 的单级立轴混流可逆式水泵水轮机组和发电电动机组，额定转速为 500r/min，水头范围在 565.1～637.3m；引水系统按一洞两机布置，尾水系统按一洞一机布置，采用斜进正出厂房方案，即引水支洞轴线与主厂房机组中心线的夹角为 75°，尾水管轴线垂直主厂房纵轴线。整个输水系统的轴线长度为 3616m，引水系统隧洞主洞长为 2988m，尾水隧洞长度约为 459m，引水系统与厂房纵轴线夹角为 65°～90°。典型方案三主要技术条件见表 8-1。

表 8-1　　典型方案三主要技术条件

编号	项目名称	工程特征	备注
一	站址基本条件		
	围岩类别	输水系统洞室围岩以Ⅱ类为主，稳定性好	
	岩性	混合花岗岩类和混合花岗片麻岩类	
	地下水类型	基岩裂隙水	
二	土建尺寸		
	上水库进/出水口	侧式闸门竖井式。进/出水口段总长为 125.5m。整流段为 14m，渐缩段为 40m，隧洞段为 51m，闸门后渐变段为 12.5m	
	引水事故闸门井	闸门孔为 4.7m×6.5m（宽×高），闸门段长为 7.5m，竖井高为 58m	
	引水调压室	高为 175m，直径为 8.7m，衬砌厚度为 0.8m	
	引水隧洞（含主洞、钢岔洞、支洞）	引水主洞长为 2988m，洞径为 6m。除上平洞 1621m、上斜井 393m 及中平洞上游段 187.244m 采用钢筋混凝土衬砌外，其余洞段均采用钢板衬砌型式，压力钢管长度为 1367m，直径为 6m	围岩采用Ⅱ、Ⅲ类围岩
	尾水隧洞	洞径为 4.88m，衬砌厚度为 0.6m，长度为 459m。下平段长为 252m（其中钢衬段长度为 102.0m，其余洞段采用钢筋混凝土衬砌），斜井长为 109m	围岩以Ⅱ类围岩为主
	尾水检修闸门井	闸门段长为 14.5m，闸门孔口尺寸为 4.0m×5.5m（宽×高），闸门竖井高为 39.0m	
	排水廊道	断面为 3.1m×3.55m（宽×高），中平洞排水廊道长为 682m，下平洞排水廊道长约 270m	
	下水库进/出水口	侧式闸门竖井式。整流段长为 11.5m，渐缩段长为 30m，隧洞段长为 28.5m（净尺寸为 4.0m×5.5m），闸门后接 8m 长渐变段	

8.2 项目组成处理

典型方案二项目组成包括上库进/出水口、引水事故闸门井、引水调压井（室）工程、引水隧洞工程、压力管道、尾水隧洞工程、尾水（检修）闸门井、排水廊道和下库进/出水口等。

8.3 方案造价

根据输水系统通用设计典型方案三代表工程的可研阶段设计工程量和第 4 章中拟定条件计算的工程单价编制输水系统典型方案三通用造价。典型方案三通用造价见表 8-2 和表 8-3。

表 8-2　　典型方案三建筑工程造价

编号	工程或费用名称	单位	数量	单价（元）	合计（万元）
	方案三建筑工程				44896.75
1	上水库进/出水口工程				7713.18
	土方开挖	m^3	81903.14	15.60	127.77
	石方明挖	m^3	737128.24	40.25	2966.94
	石方井挖	m^3	11156.10	182.65	203.77
	进水口混凝土（C25）	m^3	23495.43	551.86	1296.62

续表

编号	工程或费用名称	单位	数量	单价（元）	合计（万元）
	进/出水口混凝土（C30）	m^3	3605.00	606.29	218.57
	喷混凝土（C25、厚 15cm）	m^3	2839.96	942.50	267.67
	固结灌浆钻孔	m	2200.00	28.07	6.18
	固结灌浆	t	132.00	4338.42	57.27
	回填灌浆	m^2	1234.93	106.37	13.14
	钢筋	t	2821.93	6429.15	1814.26
	锚索（T=200t、L=40m）	束	100.00	46940.67	469.41
	锚杆（ϕ25、L=4m）	根	9553.00	174.53	166.73
	排水孔（L=5m）	m	5516.50	26.81	14.79
	挂网钢筋	t	8.29	6429.15	5.33
	细部结构	m^3	29940.39	28.30	84.73
2	引水事故闸门井				1009.59
	石方井挖	m^3	8334.80	261.71	218.13
	混凝土（C25、F100、二级配）	m^3	5375.90	524.50	281.97
	喷混凝土（C25、厚 10cm）	m^3	404.50	971.50	39.30
	固结灌浆钻孔	m	2420.00	28.07	6.79
	固结灌浆	t	145.20	4338.42	62.99
	钢筋	t	537.60	6429.15	345.63
	锚杆（ϕ25、L=4m）	根	1813.00	215.75	39.12
	细部结构	m^3	5780.40	27.10	15.66
3	引水调压室				2914.59
	土方明挖	m^3	7154.46	15.60	11.16
	石方明挖	m^3	28505.58	43.04	122.69
	竖井开挖（A>100m^2）	m^3	32950.83	172.08	567.02
	衬砌混凝土（C25）	m^3	11758.00	775.64	912.00
	喷混凝土（10cm）	m^3	1433.20	971.50	139.24
	钢筋	t	939.90	6429.15	604.28
	固结灌浆钻孔	m	10351.50	28.07	29.06
	固结灌浆	t	621.09	4338.42	269.45
	锚杆（ϕ25、L=4m、地下）	根	9158.00	215.75	197.58
	锚索（T=200t、L=40m）	束	10.00	19063.67	19.06
	排水孔	m	2722.50	26.81	7.30
	细部结构	m^3	13191.20	27.10	35.75

续表

编号	工程或费用名称	单位	数量	单价（元）	合计（万元）
4	引水隧洞				19101.61
	石方洞挖（平洞）	m^3	204497.55	117.61	2405.10
	斜井石方洞挖	m^3	52350.93	321.93	1685.33
	回填混凝土（C20、F50、二级配）	m^3	26542.59	561.00	1489.04
	平洞衬砌混凝土（C25）	m^3	38748.67	749.03	2902.39
	斜井衬砌混凝土（C25）	m^3	8256.86	771.02	636.62
	喷混凝土（C25、厚 8cm）	m^3	10631.56	971.50	1032.86
	钢筋制安	t	2910.23	6429.15	1871.03
	固结灌浆钻孔	m	160171.33	28.07	449.60
	固结灌浆	t	10429.93	4338.42	4524.94
	超细水泥灌浆钻孔	m	10245.67	28.07	28.76
	超细水泥灌浆	t	307.37	11744.86	361.00
	化学灌浆	m	660.00	1500.00	99.00
	帷幕灌浆钻孔	m	660.00	328.59	21.69
	帷幕灌浆	t	66.00	6058.75	39.99
	回填灌浆	m^2	45670.81	106.37	485.80
	接触灌浆	m^2	13773.25	110.88	152.72
	锚杆（ϕ25、L=6m、地下）	根	494.00	342.31	16.91
	锚杆（ϕ25、L=4m、地下）	根	1289.00	215.75	27.81
	锚杆（ϕ22、L=3m、地下）	根	47431.00	144.56	685.66
	细部结构	m^3	109035.68	17.00	185.36
5	尾水隧洞工程				3664.06
	石方洞挖（D=9）	m^3	31994.46	121.80	389.69
	斜井石方洞挖	m^3	13438.33	388.08	521.51
	衬砌混凝土（C25、F100、二级配）	m^3	6483.42	881.44	571.47
	斜井衬砌混凝土（C25）	m^3	3786.00	905.80	342.94
	回填混凝土（C20、F50、二级配）	m^3	4382.08	664.21	291.06
	喷混凝土（C25、厚 8cm）	m^3	2633.94	971.50	255.89
	固结灌浆钻孔	m	16053.00	28.07	45.06
	固结灌浆	t	1123.71	4338.42	487.51
	帷幕灌浆钻孔	m	880.00	328.59	28.92
	帷幕灌浆	t	88.00	6058.75	53.32
	回填灌浆	m^2	7970.18	106.37	84.78

续表

编号	工程或费用名称	单位	数量	单价（元）	合计（万元）
	接触灌浆	m^2	2568.00	110.88	28.47
	钢筋	t	616.17	6429.15	396.14
	锚杆（ϕ22、L=3m）	根	9071.00	144.56	131.13
	细部结构	m^3	21277.44	17.00	36.17
6	尾水检修闸门井				1836.55
	石方井挖（D=10.4m）	m^3	16311.20	212.97	347.38
	衬砌混凝土（C25）	m^3	9395.90	622.46	584.86
	喷混凝土（C25、厚 10cm）	m^3	705.80	971.50	68.57
	固结灌浆钻孔	m	4290.00	28.07	12.04
	固结灌浆	t	300.30	4338.42	130.28
	钢筋	t	939.60	6429.15	604.08
	锚杆（ϕ22、L=4m）	根	3214.00	192.79	61.96
	细部结构	m^3	10101.70	27.10	27.38
7	排水廊道工程				2102.59
	石方洞挖	m^3	27025.92	180.81	488.66
	衬砌混凝土（C25）	m^3	2098.03	830.86	174.32
	喷混凝土 15cm	m^3	1455.07	942.50	137.14
	锚杆（ϕ22、L=3m、地下）	根	4633.00	144.56	66.97
	洞内排水孔	m	59046.00	26.81	158.30

续表

编号	工程或费用名称	单位	数量	单价（元）	合计（万元）
	洞内帷幕灌浆（钻孔、孔深 60m）	m	4400.00	328.59	144.58
	隧洞帷幕灌浆（灌浆）	t	440.00	6058.75	266.58
	化学灌浆	m	4400.00	1500.00	660.00
	细部结构工程	m^3	3553.10	17.00	6.04
8	下库进/出水口工程				6554.58
	土方开挖	m^3	150637.99	15.60	235.00
	石方明挖	m^3	351488.64	43.04	1512.81
	石方洞挖	m^3	9457.53	125.94	119.11
	进/出水口混凝土（C25）	m^3	19383.71	581.63	1127.41
	进/出水口混凝土（C30）	m^3	3605.00	606.29	218.57
	喷混凝土（C25、厚 10cm）	m^3	3727.68	971.50	362.14
	钢筋制安	t	2564.94	6289.22	1613.15
	锚杆（ϕ25、L=4m、地面）	根	11812.00	174.53	206.15
	锚索（T=200t、L=40m）	束	200.00	46940.67	938.81
	挂网钢筋（ϕ6@200×200）	t	61.66	6289.22	38.78
	排水孔（L=5m）	m	9007.35	19.86	17.89
	平洞固结灌浆（钻孔、孔深 4m）	m	2534.00	28.07	7.11
	平洞固结灌浆（灌浆）	t	152.04	4338.42	65.96
	回填灌浆	m^2	1512.14	106.37	16.08
	细部结构工程	m^3	26716.39	28.30	75.61

表 8-3　　典型方案三安装工程造价

编号	名称及规格	单位	数量	单价（元）		合价（万元）	
				制作费	安装费	制作费	安装费
	方案三安装工程					20355.98	5387.95
1	压力钢管制作及安装					13836.04	5069.87
	引水主管压力钢管（610MPa、含加劲环钢材 Q345、直径≤7m、壁厚≤52mm）	t	9446.77	10924.56	3951.44	10320.18	3732.83
	引水支管压力钢管（610MPa、含加劲环钢材 Q345、直径≤5m、壁厚≤40mm）	t	1562.38	10247.19	4000.77	1601.00	625.07
	尾水压力钢管（16MnR、含加劲环钢材 Q345、直径≤5m、壁厚≤52mm）	t	1732.77	11050.86	4108.80	1914.86	711.96
2	钢岔管制作及安装					6519.94	318.09
	引水钢岔段压力钢管（780MPa、直径≤5m、壁厚≤52mm）	t	426.13	153003.56	7464.53	6519.94	318.09

第9章 典型方案四

9.1 主要技术条件

本典型方案为电站装设4台单机容量为300MW的单级立轴混流可逆式水泵水轮机组和发电电动机组，输水系统布置于蟠龙沟至两河口之间，总体呈北北西向。电站发电额定水头为428.00m，额定流量为81.00m^3/s；抽水工况最大扬程为473.61m、最小扬程为437.66m，最大抽水流量为67.60m^3/s。厂房采用尾部式布置方式，引水系统按一洞两机进行布置，上、下水库进/出水口之间整个输水系统的轴线长度为2263.64～2210.70m。尾水系统按一机一洞进行布置，采用斜进直出厂房的布置方式，引水支洞轴线与厂房纵轴线的夹角为65°。典型方案四主要技术条件见表9-1。

表9-1 典型方案四主要技术条件

编号	项目名称	工程特征	备注
一	站址基本条件		
	围岩类别	输水系统洞室围岩以Ⅲ～Ⅳ类为主，Ⅲ类占70%以上	
	岩性	以白垩系夹关组中～细粒砂岩、含砾粗砂岩为主，夹砾岩、泥岩、粉砂岩等	
	地下水类型	基岩裂隙水	
二	土建尺寸		
	上水库进/出水口	侧式岸塔式。拦污栅段长为14.20m，闸门段长为10.0m，扩散段长为40m	围岩以Ⅳ类为主
	引水调压室	阻抗式，大井直径为9.50m，衬砌厚度为1m，净高为58.00m，阻抗孔直径为3.3m，连接管高度约为42.0m，衬砌厚度为0.5m	围岩为Ⅲ～Ⅳ类，以Ⅲ类为主
	引水隧洞	直径为6.50m，长为781m，钢筋混凝土衬砌	围岩以Ⅳ类为主
	压力管道（含主洞、钢岔洞、支洞）	钢板衬砌，洞径为6.0～5.0m，上斜井长度分别为272.236、272.017m，中平洞长度分别为298.622、232.167m。引水支洞4条，长度为96m，直径为3.4m	下平段为Ⅳ类；高压岔洞与引水支洞围岩为Ⅳ～Ⅴ类，以Ⅳ类为主
	尾水隧洞	主洞长为302.53m，洞径为5.20m，下平段长度为193.665～225.163m，上平段长度为22.789m	围岩为Ⅲ～Ⅳ类，以Ⅳ类为主
	下水库进/出水口	侧式岸塔式。拦污栅段长为11.20m，闸门段长为11m，扩散段长为25m，每个进/出水口各设置一道事故闸门和一道检修闸门	围岩以Ⅳ类为主

9.2 项目组成处理

典型方案四项目组成包括上库进/出水口、引水调压井（室）工程、引水隧洞工程、压力管道、尾水隧洞工程、排水廊道和下库进/出水口等。

9.3 方案造价

根据输水系统通用设计典型方案四代表工程的可研阶段设计工程量和第4章中拟定条件计算的工程单价编制输水系统典型方案四通用造价。典型方案四通用造价见表9-2和表9-3。

表9-2 典型方案四建筑工程造价

编号	工程或费用名称	单位	数量	单价（元）	合计（万元）
	方案四建筑工程				35036.02
1	上水库进/出水口工程				5115.78
	土方开挖	m^3	37200.00	15.60	58.03
	石方明挖	m^3	334800.00	40.25	1347.57
	进水口混凝土（C25）	m^3	26223.00	551.86	1447.14
	喷混凝土（10cm）	m^3	1483.00	909.32	134.85
	固结灌浆钻孔	m	1764.00	28.07	4.95
	固结灌浆	t	123.48	4338.42	53.57
	钢筋	t	2441.00	6429.15	1569.36

续表

编号	工程或费用名称	单位	数量	单价（元）	合计（万元）
	锚索（T=200t、L=40m）	束	30.00	46940.67	140.82
	锚杆（ϕ25、L=6m）	根	1030.00	272.34	28.05
	锚杆（ϕ32、L=9m）	根	1498.00	1072.16	160.61
	预应力锚杆（ϕ32、L=9m）	束	126.00	3355.31	42.28
	排水孔（L=5m）	m	7193.00	26.81	19.28
	挂网钢筋	t	48.00	6429.15	30.86
	细部结构	m^3	27706.00	28.30	78.41
2	引水调压室				1189.06
	石方洞挖	m^3	13072.00	172.08	224.94
	衬砌混凝土（C25）	m^3	4322.00	775.64	335.23
	喷混凝土（15cm）	m^3	566.00	942.50	53.35
	挂网钢筋	t	22.00	6429.15	14.14
	钢筋	t	339.00	6429.15	217.95
	固结灌浆钻孔	m	6449.00	28.07	18.10
	固结灌浆	t	644.90	4338.42	279.78
	锚杆（ϕ22、L=3m）	根	226.00	144.56	3.27
	锚杆（ϕ32、L=9m）	根	232.00	1215.52	28.20
	排水孔	m	316.00	26.81	0.85
	细部结构	m^3	4888.00	27.10	13.25
3	引水上平段				8409.54
	石方洞挖	m^3	86804.00	117.61	1020.90
	衬砌混凝土（C25）	m^3	29460.00	749.03	2206.64
	喷混凝土（C20）	m^3	2595.00	971.50	252.10
	钢筋	t	2581.00	6429.15	1659.36
	锚杆（ϕ22、L=3m）	根	2865.00	144.56	41.42
	锚杆（ϕ25、L=6m）	根	8087.00	363.46	293.93
	止水铜片	m	2078.00	589.08	122.41
	固结灌浆钻孔	m	56479.00	28.07	158.54
	固结灌浆（普通水泥）	t	5647.90	4338.42	2450.30
	回填灌浆	m^2	14050.00	106.37	149.45
	细部结构	m^3	32055.00	17.00	54.49
4	引水中平洞及下平洞				2150.97
	石方洞挖	m^3	31778.00	117.61	373.74

续表

编号	工程或费用名称	单位	数量	单价（元）	合计（万元）
	压力管道回填混凝土（C20）	m^3	10175.00	591.88	602.24
	喷混凝土（C20）	m^3	2129.00	971.50	206.83
	固结灌浆钻孔	m	14568.00	28.07	40.89
	固结灌浆（普通水泥）	t	1456.80	4338.42	632.02
	回填灌浆	m^2	5489.00	106.37	58.39
	接触灌浆	m^2	3320.00	110.88	36.81
	挂网钢筋	t	82.00	6429.15	52.72
	锚杆（ϕ22、L—3m）	根	1837.00	144.56	26.56
	锚杆（ϕ25、L=6m）	根	2917.00	342.31	99.85
	细部结构	m^3	12304.00	17.00	20.92
5	引水隧洞工程（斜井段）				3908.51
	石方井挖（斜井）	m^3	48453.00	323.08	1565.42
	压力管道回填混凝土（C20）	m^3	14450.00	591.88	855.27
	喷混凝土（C20）	m^3	2674.00	971.50	259.78
	固结灌浆钻孔	m	21271.00	28.07	59.71
	固结灌浆（普通水泥）	t	2127.10	4338.42	922.83
	挂网钢筋	t	104.00	6429.15	66.86
	锚杆（ϕ22、L=3m）	根	2082.00	144.56	30.10
	锚杆（ϕ25、L=6m）	根	1134.00	342.31	38.82
	接触灌浆	m^2	5710.00	110.88	63.31
	细部结构	m^3	17124.00	27.10	46.41
6	引水压力钢支管段				877.38
	石方洞挖	m^3	8945.00	220.29	197.05
	衬砌混凝土（C20、二级配）	m^3	4730.00	788.35	372.89
	喷混凝土（C20）	m^3	403.00	971.50	39.15
	固结灌浆钻孔	m	3635.00	28.07	10.20
	固结灌浆（普通水泥）	t	363.50	4338.42	157.70
	回填灌浆	m^2	2223.00	106.37	23.65
	接触灌浆	m^2	1134.00	110.88	12.57
	钢筋制安	t	16.00	6429.15	10.29
	锚杆（ϕ22、L=3m）	根	3123.00	144.56	45.15
	细部结构	m^3	5133.00	17.00	8.73
7	尾水隧洞工程				4034.60

续表

编号	工程或费用名称	单位	数量	单价（元）	合计（万元）
	石方洞挖（$D=9$）	m^3	38048.00	121.80	463.42
	衬砌混凝土（C20、二级配）	m^3	6121.00	843.01	516.01
	衬砌混凝土（C25、F100、二级配）	m^3	10114.00	881.44	891.49
	喷混凝土（C25、厚 8cm）	m^3	1277.00	971.50	124.06
	固结灌浆钻孔	m	20037.00	28.07	56.24
	固结灌浆	t	2003.70	4338.42	869.29
	帷幕灌浆钻孔	m	1355.00	328.59	44.52
	帷幕灌浆	t	94.85	6058.75	57.47
	回填灌浆	m^2	7064.00	106.37	75.14
	接触灌浆	m^2	1527.00	110.88	16.93
	钢筋	t	880.00	6429.15	565.77
	锚杆（$\phi22$、$L=3m$）	根	8736.00	144.56	126.29
	挂网钢筋	t	49.00	6429.15	31.50
	止水铜片	m	657.00	589.08	38.70
	预应力锚索（$T=500kN$、$L=18m$）	束	71.00	18028.76	128.00
	细部结构	m^3	17512.00	17.00	29.77
8	尾水竖井				1255.28
	石方井挖	m^3	11219.00	323.08	362.46
	斜洞衬砌混凝土（C20、二级配）	m^3	3585.00	756.17	271.09
	喷混凝土（C25、厚 8cm）	m^3	670.00	971.50	65.09
	钢筋制安	t	264.00	6429.15	169.73
	固结灌浆钻孔	m	7124.00	28.07	20.00
	固结灌浆	t	712.40	4338.42	309.07
	锚杆（$\phi22$、$L=3m$）	根	756.00	192.79	14.57

续表

编号	工程或费用名称	单位	数量	单价（元）	合计（万元）
	挂网钢筋	t	26.00	6429.15	16.72
	止水铜片	m	328.00	589.08	19.32
	细部结构	m^3	4255.00	17.00	7.23
9	排水廊道工程				942.36
	石方洞挖	m^3	10942.00	180.81	197.84
	喷混凝土（15cm）	m^3	699.00	942.50	65.88
	锚杆（$\phi22$、$L=3m$、地下）	根	2407.00	144.56	34.80
	钢筋网	t	27.00	6429.15	17.36
	排水孔（200m）	m	22000.00	240.25	528.55
	排水管钢材	t	142.00	6896.50	97.93
10	下库进/出水口工程				7152.54
	石方明挖	m^3	452200.00	43.04	1946.27
	结构混凝土（C25、F100、二级配）	m^3	31850.00	634.75	2021.68
	喷混凝土（C20）	m^3	1813.00	909.32	164.86
	钢筋	t	2902.00	6289.22	1825.13
	锚杆（$\phi25$、$L=6m$）	根	1259.00	272.34	34.29
	锚杆（$\phi32$、$L=9m$）	根	2200.00	1072.16	235.88
	预应力锚杆（$\phi32$、$L=9m$）	根	210.00	3355.31	70.46
	锚索（$T=200t$、$L=40m$）	束	140.00	46940.67	657.17
	挂网钢筋	t	48.00	6289.22	30.19
	排水孔（$\phi50$）	m	8791.00	19.86	17.46
	平洞固结灌浆（钻孔、孔深 4m）	m	1624.00	28.07	4.56
	平洞固结灌浆（灌浆）	t	113.68	4338.42	49.32
	细部结构	m^3	33663.00	28.30	95.27

表 9-3　典型方案四安装工程造价

编号	名称及规格	单位	数量	单价（元）		合价（万元）	
				制作费	安装费	制作费	安装费
	方案四安装工程					27966.67	8506.15
1	压力钢管制作及安装					25392.85	8380.58
	一般钢管制作与安装（Q345R）	t	3807.97	10537.65	4206.83	4012.71	1601.95
	一般钢管制作与安装（600MPa）	t	8666.65	12379.53	3951.44	10728.91	3424.57
	一般钢管制作与安装（800MPa）	t	7482.06	14235.70	4482.80	10651.24	3354.06
2	钢岔管制作及安装					2573.83	125.57
	钢岔管制作与安装（800MPa、直径≤5m、壁厚为 68mm）	t	168.22	153003.56	7464.53	2573.83	125.57

第10章 典型方案五

10.1 主要技术条件

本典型方案为电站装设6台单机容量为300MW的单级立轴混流可逆式水泵水轮机组和发电电动机组，额定转速为428.6r/min，水头范围在385.9～458.9m；引水系统、尾水系统均采用一洞两机的布置形式，共有3套独立的水道系统。水道系统总长3212m，引水系统长2163m，尾水系统长1049m。高压管道采用钢板衬砌，3条高压主管平行布置，立面上采用双斜井布置，分为上平段、上斜井段、中平段、下斜井段和下平段，主管管径为5.8m→5.3m→4.8m。典型方案五主要技术条件见表10-1。

表10-1　　典型方案五主要技术条件

编号	项目名称	工程特征	备注
一	站址基本条件		
	围岩类别	输水系统洞室围岩类别以Ⅱ～Ⅲ类为主，局部为Ⅳ～Ⅴ类	
	岩性	微新中粗粒花岗岩	
	地下水类型	基岩裂隙水	
二	土建尺寸		
	上水库进/出水口	侧式闸门竖井式。含防涡梁段、调整段、扩散段、隧洞段，全长为141m，防涡梁段净断面尺寸为1.2m×2.0m，调整段净空为6.0m×9.5m，扩散段末端净空为7.5m×7.5m，衬砌厚度为1.5m，隧洞段内径为7.5m、长为38m	地基位于弱风化岩体，承载力满足要求
	引水事故闸门井	井身为圆形，内径为10m，高为59.5m，井座长为12.4m，内腔横断面为5.5m×7m；渐变段由矩形7.5m×7.5m渐变圆形内径为7.5m、长为10m	围岩以Ⅲ类为主
	引水调压室	阻抗式调压室，上室为圆形，内径为18m，高为9m；竖井部分位于地下，内径为10m，井身高为113m，衬砌厚度为0.8m	围岩以Ⅲ类为主，少部分为Ⅳ类
	引水隧洞	洞径均为7m，长度为952m，采用钢筋混凝土衬砌，Ⅲ类围岩段衬砌厚度为0.6m，Ⅳ类围岩段衬砌厚度为1m	围岩以Ⅲ类为主，少部分为Ⅳ类

续表

编号	项目名称	工程特征	备注
	压力管道（概算计入引水隧洞中）	高压管道钢衬内径由5.8m渐缩至4.8m，上平为91m，上斜为208m，中平为177m，下斜为274m，下平为82m，4个弯管段各28m，共944m。高压支管内径为3.4m，长为47m	上平段围岩以Ⅲ类为主，上斜、中平、下斜、下平段以Ⅲ类为主，9%～18%为Ⅳ类
	尾水事故闸门室	城门洞型，净尺寸为150.5m×13m×17.5m（长×宽×高），底部竖井净尺寸为10m×6.1m（长×宽），高为21.9m。尾水闸门室交通洞为7m×6.5m（宽×高），尾水闸门室通风洞为5m×5.5m（宽×高）	围岩类别为Ⅲ类
	尾水调压井	阻抗式结构，上室城门洞型，净尺寸为50m×10.5m×10.5m（长×宽×高），竖井圆形内径为10m，高为106m。尾调通气洞城门洞型，净尺寸为5m×5m（宽×高），长为445m	围岩类别主要为Ⅲ类
	尾水隧洞	洞径为7m，钢筋混凝土衬砌，长为797m，Ⅲ类围岩段衬砌厚度为0.6m，Ⅳ类围岩段衬砌厚度为1m。尾水支管共6条，钢衬$D=4.6$m，长为130m	围岩类别主要为Ⅲ类，断层出露部位为Ⅳ类（占比约16%）
	尾水检修闸门井	井身圆形，内径为10m，高为33.5m；井座长为12.4m，内腔横断面为5.5m×7m；隧洞段进/出水口与井座之间由矩形6m×7.5m渐变到5.5m×7m，长为23.4m；井座与尾水隧洞之间由5.5m×7m渐变圆形洞径为7m、长为10m	围岩类别主要为Ⅲ类
	排水廊道	两层排水廊道，净尺寸为3m×3m	
	下水库进/出水口	侧式闸门竖井式。防涡梁段、调整段、扩散段，全长为64m。防涡梁段净断面尺寸为1.2m×2.0m，调整段净空为6.0m×9.5m，扩散段末端净空为6m×7.5m，衬砌厚度为1.5m	地基为弱风化、微风化岩体，承载力满足要求

10.2 项目组成处理

典型方案五项目组成包括上水库进/出水口工程、引水事故闸门井、引水调压井（室）工程、引水隧洞、压力管道、尾水事故闸门室、尾水调压井（室）工程、尾水隧洞、尾水（检修）闸门井、排水廊道和下水库进/出水口等。

10.3 方案造价

根据输水系统通用设计典型方案五代表工程的可研阶段设计工程量和第4章中拟定条件计算的工程单价编制输水系统典型方案五通用造价。典型方案五通用造价见表10-2和表10-3。

表10-2　典型方案五建筑工程造价

编号	工程或费用名称	单位	数量	单价（元）	合计（万元）
	方案五建筑工程				60180.80
1	上水库进/出水口工程				7504.85
	土方开挖	m^3	352026.00	15.60	549.16
	石方明挖	m^3	385300.00	40.25	1550.83
	进水口混凝土（C25）	m^3	31203.00	551.86	1721.97
	网格梁混凝土（C25）	m^3	882.00	587.94	51.86
	置换混凝土（C15）	m^3	2162.00	521.84	112.82
	喷混凝土（10cm、边坡）	m^3	7847.00	909.32	713.54
	固结灌浆钻孔	m	3042.00	28.07	8.54
	固结灌浆	t	152.00	4338.42	65.94
	钢筋	t	2293.00	6429.15	1474.20
	锚索（1000kN、$L=20$m）	根	120.00	19063.67	228.76
	锚杆（$\phi22$、$L=3$m、洞内）	根	17319.00	144.56	250.36
	锚杆（$\phi25$、$L=6$m）	根	1924.00	272.34	52.40
	锚杆（$\phi25$、$L=4$m）	根	11991.00	174.53	209.28
	锚杆（$\phi32$、$L=8$m）	根	1201.00	888.22	106.68
	排水孔（$L=5$m）	m	25889.00	26.81	69.41
	挂网钢筋	t	182.00	6429.15	117.01
	橡胶止水	m	1196.00	166.29	19.89
	分流墩墩头钢板	t	79.00	6896.50	54.48
	浆砌石截水沟	m^3	1179.00	294.44	34.71
	细部结构	m^3	39932.00	28.30	113.01
2	引水事故闸门井				3143.20
	石方洞挖	m^3	39888.00	113.61	453.17
	混凝土平洞衬砌（C25）	m^3	6389.00	617.99	394.83
	混凝土平台路面（C20）	m^3	1386.00	459.81	63.73
	混凝土竖井衬砌（C25）	m^3	11508.00	507.41	583.93
	喷混凝土（C25、厚10cm）	m^3	682.00	971.50	66.26
	喷混凝土（15cm）	m^3	1038.00	942.50	97.83
	固结灌浆钻孔	m	4643.00	28.07	13.03
	固结灌浆	t	232.00	4338.42	100.65
	回填灌浆	m^2	2042.00	106.37	21.72
	钢筋	t	1630.00	6429.15	1047.95
	锚杆（$\phi22$、$L=3$m）	根	5920.00	144.56	85.58
	锚杆（$\phi25$、$L=6$m）	根	309.00	342.31	10.58
	挂网钢筋	t	29.00	6429.15	18.64
	橡胶止水	m	1220.00	166.29	20.29
	细部结构	m^3	60891.00	27.10	165.01
3	引水调压室				3113.75
	土方明挖	m^3	90398.00	15.60	141.02
	石方洞挖	m^3	44591.00	172.08	767.32
	衬砌混凝土（C25）	m^3	10787.00	775.64	836.68
	喷混凝土（10cm）	m^3	498.00	971.50	48.38
	喷混凝土（15cm）	m^3	2103.00	942.50	198.21
	挂网钢筋	t	60.00	6429.15	38.57
	钢筋	t	1058.00	6429.15	680.20
	固结灌浆钻孔	m	8019.00	28.07	22.51
	固结灌浆	t	401.00	4338.42	173.97
	锚杆（$\phi22$、$L=3$m）	根	6314.00	144.56	91.28
	锚杆（$\phi25$、$L=6$m）	根	1143.00	342.31	39.13
	排水孔	m	1581.00	26.81	4.24
	止水带	m	1350.00	166.29	22.45
	浆砌石截水沟	m^3	459.00	294.44	13.51
	细部结构	m^3	13388.00	27.10	36.28
4	引水隧洞				17941.35
	石方洞挖（平洞）	m^3	226089.00	117.61	2659.03
	斜井石方洞挖	m^3	72599.00	321.93	2337.18
	平洞衬砌混凝土（C25）	m^3	43668.00	749.03	3270.86
	膨胀混凝土（C15）	m^3	47354.00	610.81	2892.43

续表

编号	工程或费用名称	单位	数量	单价（元）	合计（万元）
	喷混凝土（C25、厚8cm）	m^3	14599.00	971.50	1418.29
	钢筋制安	t	3403.00	6429.15	2187.84
	固结灌浆钻孔	m	28304.00	28.07	79.45
	固结灌浆	t	1415.00	4338.42	613.89
	帷幕灌浆钻孔	m	1307.00	328.59	42.95
	帷幕灌浆	t	65.00	6058.75	39.38
	回填灌浆	m^2	40294.00	106.37	428.61
	接触灌浆	m^2	6264.00	110.88	69.46
	锚杆（ϕ22、L=3m、地下）	根	69904.00	144.56	1010.53
	挂网钢筋	t	107.00	6429.15	68.79
	钢支撑	t	161.00	6896.50	111.03
	贴壁排水钢材	t	208.00	6896.50	143.45
	排水孔（ϕ50）	m	22035.00	26.81	59.08
	止水带	m	7114.00	166.29	118.30
	混凝土冬季施工温控费	m^3	105621.00	20.00	211.24
	细部结构	m^3	105621.00	17.00	179.56
5	尾水事故闸门室工程				2102.53
	石方洞挖	m^3	49061.00	139.35	683.67
	混凝土岩锚梁（C25）	m^3	696.00	788.99	54.91
	衬砌混凝土（C25、F50、二级配）	m^3	3897.00	746.08	290.75
	喷混凝土（15cm）	m^3	1823.00	942.50	171.82
	固结灌浆钻孔	m	1010.00	28.07	2.84
	固结灌浆	t	51.00	4338.42	22.13
	回填灌浆	m^2	2154.00	106.37	22.91
	钢筋	t	541.00	6429.15	347.82
	锚杆（ϕ22、L=3m）	根	2132.00	144.56	30.82
	锚杆（ϕ25、L=5～7m）	根	3263.00	785.03	256.16
	锚杆（ϕ32、L=9.5m）	根	884.00	1431.72	126.56
	锚杆（ϕ28、L=7.5m）	根	442.00	1176.36	52.00
	挂网钢筋	t	20.00	6429.15	12.86
	排水孔（ϕ50）	m	3258.00	26.81	8.73
	止水带	m	70.00	166.29	1.16
	细部结构	m^3	6416.00	27.10	17.39
6	尾水调压井工程				3580.81
	石方洞挖（D=13.2）	m^3	69273.00	163.48	1132.48
	衬砌混凝土（C25、F100、二级配）	m^3	13281.00	614.60	816.25
	喷混凝土（C25、厚10cm）	m^3	1316.00	971.50	127.85
	喷混凝土（15cm）	m^3	1849.00	942.50	174.27

续表

编号	工程或费用名称	单位	数量	单价（元）	合计（万元）
	固结灌浆钻孔	m	9266.00	28.07	26.01
	固结灌浆	t	463.00	4338.42	200.87
	回填灌浆	m^2	2647.00	106.37	28.16
	钢筋	t	1207.00	6429.15	776.00
	锚杆（ϕ22、L=3m）	根	10021.00	144.56	144.86
	锚杆（ϕ25、L=6m）	根	1097.00	342.31	37.55
	挂网钢筋	t	53.00	6429.15	34.07
	排水孔（ϕ50）	m	2520.00	26.81	6.76
	橡胶止水	m	1871.00	166.29	31.11
	细部结构	m^3	16446.00	27.10	44.57
7	尾水隧洞工程				11549.61
	石方洞挖（D=9）	m^3	173056.00	121.80	2107.82
	衬砌混凝土（C25、F100、二级配）	m^3	42722.00	881.44	3765.69
	膨胀混凝土（C15）	m^3	9215.00	610.81	562.86
	喷混凝土（C25、厚8cm）	m^3	8205.00	971.50	797.12
	固结灌浆钻孔	m	24720.00	28.07	69.39
	固结灌浆	t	1236.00	4338.42	536.23
	帷幕灌浆钻孔	m	2138.00	328.59	70.25
	帷幕灌浆	t	107.00	6058.75	64.83
	回填灌浆	m^2	29324.00	106.37	311.92
	接触灌浆	m^2	3200.00	110.88	35.48
	钢筋	t	3353.00	6429.15	2155.69
	锚杆（ϕ22、L=3m）	根	43738.00	144.56	632.28
	挂网钢筋	t	96.00	6429.15	61.72
	排水孔（ϕ50）	m	4149.00	26.81	11.12
	橡胶止水	m	6420.00	166.29	106.76
	钢支撑	t	55.00	6896.50	37.93
	混凝土冬季施工温控费	m^3	60142.00	20.00	120.28
	细部结构	m^3	60142.00	17.00	102.24
8	尾水检修闸门井				2615.03
	石方井挖（D=10.4m）	m^3	24786.00	212.97	527.87
	衬砌混凝土（C25）	m^3	13197.00	622.46	821.46
	混凝土平台路面（C20）	m^3	1071.00	459.81	49.25
	喷混凝土（C25、厚10cm）	m^3	506.00	971.50	49.16
	喷混凝土（15cm）	m^3	584.00	942.50	55.04
	固结灌浆钻孔	m	2792.00	28.07	7.84
	固结灌浆	t	140.00	4338.42	60.74
	回填灌浆	m^2	989.00	106.37	10.52

续表

编号	工程或费用名称	单位	数量	单价（元）	合计（万元）
	钢筋	t	1426.00	6429.15	916.80
	锚杆（ϕ22、L=3m）	根	3591.00	144.56	51.91
	挂网钢筋	t	17.00	6429.15	10.93
	橡胶止水	m	715.00	166.29	11.89
	细部结构	m^3	15358.00	27.10	41.62
9	排水廊道工程				799.52
	石方洞挖	m^3	18747.00	180.81	338.96
	衬砌混凝土（C20）	m^3	1369.00	699.98	95.83
	喷混凝土（15cm）	m^3	1697.00	942.50	159.94
	锚杆 ϕ22、L=3m（地下）	根	1060.00	144.56	15.32
	钢筋网	t	7.00	6429.15	4.50
	钢筋	t	81.00	6429.15	52.08
	洞内排水孔	m	20600.00	26.81	55.23
	排水孔（200m）	m	2400.00	240.25	57.66
	回填灌浆	m^2	1390.00	106.37	14.79
	细部结构工程	m^3	3066.00	17.00	5.21
10	下库进/出水口工程				7830.15
	土方明挖	m^3	265706.00	15.60	414.50
	石方明挖	m^3	493455.00	43.04	2123.83

续表

编号	工程或费用名称	单位	数量	单价（元）	合计（万元）
	结构混凝土（C25、F100、二级配）	m^3	27425.00	634.75	1740.80
	混凝土排污栅架（C25）	m^3	3702.00	910.06	336.90
	网格梁混凝土（C25）	m^3	735.00	587.94	43.21
	喷混凝土（C25、厚 10cm）	m^3	3412.00	971.50	331.48
	钢筋	t	2574.00	6289.22	1618.85
	锚杆（ϕ22、L=3m、洞内）	根	6693.00	144.56	96.75
	锚杆（ϕ25、L=6m）	根	1673.00	272.34	45.56
	锚杆（ϕ22、L=4m）	根	16214.00	151.56	245.74
	锚杆（ϕ32、L=8m）	根	1001.00	888.22	88.91
	预应力锚索（1000kN、L=20m）	束	120.00	19063.67	228.76
	挂网钢筋	t	79.00	6289.22	49.68
	排水孔（ϕ50）	m	11846.00	19.86	23.53
	平洞固结灌浆（钻孔、孔深 4m）	m	2816.00	28.07	7.90
	平洞固结灌浆（灌浆）	t	141.00	4338.42	61.17
	橡胶止水	m	1178.00	166.29	19.59
	碎石回填	m^3	24806.00	68.45	169.80
	分流墩墩头钢板	t	79.00	6896.50	54.48
	浆砌石截水沟	m^3	981.00	294.44	28.88
	细部结构	m^3	35274.00	28.30	99.83

表 10-3 **典型方案五安装工程造价**

编号	名称及规格	单位	数量	单价（元）		合价（万元）	
				制作费	安装费	制作费	安装费
	方案五安装工程					27401.42	8052.71
1	压力钢管制作及安装					24463.75	7909.39
	500MPa 钢管制作及安装（D<7m、t=22～28mm）	t	3142.00	10296.91	3775.49	3235.29	1186.26
	500MPa 钢管制作及安装（D<7m、t=34mm）	t	1346.00	10037.22	3773.87	1351.01	507.96
	600MPa 钢管制作及安装（D<7m、t=32～40mm）	t	3538.00	12438.71	3773.87	4400.82	1335.20
	600MPa 钢管制作及安装（D<7m、t=42mm）	t	2169.00	12379.53	3951.44	2685.12	857.07
	800MPa 钢管制作及安装（D<7m、t=40～52mm）	t	2576.00	13639.14	3951.44	3513.44	1017.89
	800MPa 钢管制作及安装（D<7m、t=32～40mm）	t	1840.00	13698.31	3773.87	2520.49	694.39
	800MPa 钢管制作及安装（D<5m、t=32～40mm）	t	1032.00	13908.28	4000.77	1435.33	412.88
	800MPa 钢管制作及安装（D<5m、t=40～52mm）	t	1913.00	13765.44	4108.80	2633.33	786.01
	500MPa 钢管制作及安装（D<5m、t=20mm）	t	2480.00	10842.43	4482.80	2688.92	1111.73
2	钢岔管制作及安装					2937.67	143.32
	800MPa 岔管制作及安装（D<5m、t>52mm）	t	192.00	153003.56	7464.53	2937.67	143.32

第 11 章　典型方案六

11.1　主要技术条件

本典型方案为电站装设 6 台单机容量为 300MW 的单级立轴混流可逆式水泵水轮机组和发电电动机组，额定转速为 500r/min，水头范围在 550.0～650.0m；上、下库进/出水口之间输水管道总长度为 2809.1m（沿 6 号机输水系统长度），其中引水系统长为 1766.8m，尾水系统长为 1042.3m。

引水系统与厂房纵轴线夹角为 65°～90°。典型方案六主要技术条件见表 11-1。

表 11-1　　典型方案六主要技术条件

编号	项目名称	工程特征	备注
一	站址基本条件		
	围岩类别	输水系统洞室围岩类别以Ⅱ～Ⅲ类为主，局部为Ⅳ～Ⅴ类	
	岩性	块状～次块状（似）斑状花岗岩，岩体完整～较完整	
	地下水类型	基岩裂隙水	
二	土建尺寸		
	上库进/出水口	侧式闸门竖井式。由拦污栅段、扩散段、事故闸门井等组成，拦污栅孔口尺寸为 5.5m×9.0m（$b\times h$），长为 93m	为Ⅲ类围岩
	引水事故闸门井	闸门尺寸为 4.7m×6.0m（$b\times h$），高为 58m	围岩类别以Ⅲ类为主，局部为Ⅳ～Ⅴ类
	引水调压井	调压井大井直径为 10.0m，阻抗孔直径为 3.0m；大井净高为 70m，小井净高为 6.81m。上室采用城门洞形，结构尺寸为 40m×7.0m×7.0m（长×宽×高）。 引水调压井通风洞总长度约为 251m，断面为 4.5m×5.3m 的城门洞形，衬砌厚度为 0.5m	围岩类别主要为Ⅱ～Ⅲ类
	引水隧洞	长为 682m，洞径为 6.0m，钢筋混凝土结构，衬砌厚度为 0.8m	围岩以Ⅱ～Ⅲ类为主，局部为Ⅳ类
	压力管道	压力钢管长为 1084.5m，上斜井直径为 4.8m，中平洞直径为 4.8m，下斜井直径为 4.4m，下平洞直径为 4.4m，钢支管直径为 2.8m	围岩类别为Ⅱ～Ⅲ类为主，局部为Ⅳ类
	尾水事故闸门井	共 6 扇事故闸门，闸室为 145m×8.8m×20.3m（长×宽×高），闸门井高为 9m，断面为 3.1m×4.0m（$b\times h$）的矩形，采用钢衬结构	
	尾水调压井	调压室大井直径为 11.0m，净高为 52.5m；小井直径为 3.5m，净高 67.0m。上室采用城门洞形，结构尺寸为 40m×7.0m×7.0m（长×宽×高）。 尾水调压井通风洞长度约为 753m，断面为 4.5m×5.3m 的城门洞形	围岩类别主要为Ⅱ～Ⅲ类，局部为Ⅳ类
	尾水隧洞	尾水隧洞长为 1042m（含压力钢管段），洞径为 6.0m。尾水主管采用钢筋混凝土结构，衬砌厚度为 0.5m；尾水压力钢支管段长为 108m，洞径为 4.0m，回填混凝土厚度为 0.6m；尾水岔管两个支管直径为 4.0m，分岔段长度约为 22.40m，衬砌厚度为 70cm	围岩以Ⅱ～Ⅲ类为主，局部为Ⅳ～Ⅴ类
	尾水检修闸门井	闸门孔口尺寸为 4.7m×6.0m（$b\times h$），井高为 39m，闸门井净尺寸为 2.2m×6.1m（$b\times h$）	围岩以Ⅳ～Ⅴ类为主，局部为Ⅲ类
	排水廊道	断面为城门洞形，尺寸为 2.5m×3.0m（宽×高）	围岩类别以Ⅱ～Ⅲ类为主
	下库进/出水口	侧式闸门竖井式。拦污栅孔口尺寸为 5.5m×9.0m（$b\times h$）。扩散段长为 34.5m，扩散段后接 71.25m 长的调整段，共长 118.5m	Ⅳ～Ⅴ类围岩

11.2 项目组成处理

为了与国网新源公司管理要求、行业标准《水电工程设计概算编制规定（2013年版）》项目划分和可研阶段设计出项习惯保持一致，对典型方案六项目进行适当归类和合并。将引水调压井通风洞归入引水调压井；将引水上斜井段、引水中平段、引水下斜井段、引水下平段1、引水下平段2、引水压力钢支管段归入压力管道；将尾水调压井通风洞归入尾水调压井；将尾水压力钢支管段、尾水钢筋混凝土支管段、尾水岔管段归入尾水隧洞；合并后典型方案六项目组成包括上库进/出水口、引水事故闸门井、引水调压井（室）工程、引水隧洞工程、压力管道、尾水事故闸门室、尾水调压井（室）工程、尾水隧洞工程、尾水（检修）闸门井、排水廊道和下库进/出水口等。

11.3 方案造价

根据输水系统通用设计典型方案六代表工程的可研阶段设计工程量和第4章中拟定条件计算的工程单价编制输水系统典型方案六通用造价。典型方案六通用造价见表11-2和表11-3。

表11-2　　典型方案六通用造价

编号	工程或费用名称	单位	数量	单价（元）	合计（万元）
	方案六建筑工程				58674.50
1	上水库进/出水口工程				5711.54
	土方开挖	m^3	24967.00	15.60	38.95
	石方明挖	m^3	474382.00	40.25	1909.39
	平洞开挖	m^3	10514.00	112.99	118.80
	进水口混凝土（C25）	m^3	16520.00	551.86	911.67
	洞外结构混凝土（C20）	m^3	1287.00	527.35	67.87
	喷混凝土（10cm、边坡）	m^3	2774.00	909.32	252.25
	固结灌浆钻孔	m	18325.00	28.07	51.44
	固结灌浆	t	1465.99	4338.42	636.01
	回填灌浆	m^2	2002.00	106.37	21.30
	钢筋	t	1613.07	6429.15	1037.07
	预应力锚索（L=30m、P=100t）	束	51.00	26166.10	133.45
	锚杆（ϕ25、L=6m）	根	5630.00	272.34	153.33

续表

编号	工程或费用名称	单位	数量	单价（元）	合计（万元）
	锚杆（ϕ25、L=4.5m）	根	6409.00	198.98	127.53
	锚杆（ϕ25、L=5.0m）	根	2398.00	223.43	53.58
	预应力锚杆（ϕ28、L=9.0m）	根	317.00	4268.87	135.32
	排水孔（L=5m）	m	1991.00	26.81	5.34
	细部结构	m^3	20580.00	28.30	58.24
2	引水事故闸门井				1374.36
	石方井挖	m^3	7320.00	261.71	191.57
	混凝土平台路面	m^3	845.00	459.81	38.85
	混凝土竖井衬砌	m^3	5433.00	507.41	275.68
	喷混凝土（C25、厚10cm）	m^3	426.00	971.50	41.39
	固结灌浆钻孔	m	9979.00	28.07	28.01
	固结灌浆	t	798.34	4338.42	346.35
	钢筋	t	502.10	6429.15	322.81
	锚杆（ϕ25、L=4.5m）	根	2002.00	247.40	49.53
	柔性聚合物砂浆防渗垫层	m^3	4258.00	145.61	62.00
	细部结构	m^3	6704.00	27.10	18.17
3	引水调压室				3355.85
	竖井开挖（A>100m^2）	m^3	36337.00	172.08	625.29
	衬砌混凝土（C25）	m^3	9232.00	775.64	716.07
	喷混凝土（10cm）	m^3	1024.00	971.50	99.48
	钢筋	t	902.35	6429.15	580.13
	固结灌浆钻孔	m	28895.00	28.07	81.11
	固结灌浆	t	2311.58	4338.42	1002.86
	回填灌浆	m^2	383.00	106.37	4.07
	锚杆（ϕ25、L=4.5m）	根	1060.00	247.40	26.22
	锚杆（ϕ25、L=6m）	根	2055.00	342.31	70.34
	柔性聚合物砂浆防渗垫层	m^3	8412.00	145.61	122.49
	细部结构	m^3	10256.00	27.10	27.79
4	引水调压井通风洞				352.65
	土方明挖	m^3	3615.00	15.60	5.64
	石方明挖	m^3	5423.00	43.04	23.34
	石方洞挖	m^3	11456.00	155.35	177.97
	衬砌混凝土（C20）	m^3	425.00	788.35	33.50

续表

编号	工程或费用名称	单位	数量	单价（元）	合计（万元）
	喷混凝土（C20）	m^3	805.00	971.50	78.21
	锚杆（ϕ22、L=3.0m）	根	2121.00	144.56	30.66
	细部结构	m^3	1229.00	27.10	3.33
5	引水上平段				9640.10
	石方洞挖	m^3	79943.00	117.61	940.21
	衬砌混凝土（C25）	m^3	30117.00	749.03	2255.85
	喷混凝土（C20）	m^3	1403.00	971.50	136.30
	钢筋	t	2954.32	6429.15	1899.38
	锚杆（ϕ25、L=4.5m）	根	7045.00	247.40	174.29
	钢格栅	t	412.74	10000.00	412.74
	小导管	m	48451.00	150.00	726.76
	固结灌浆钻孔	m	47124.00	28.07	132.28
	固结灌浆（普通水泥）	t	2261.95	4338.42	981.33
	固结灌浆（超细水泥）	t	1507.97	11744.86	1771.09
	回填灌浆	m^2	14693.00	106.37	156.29
	细部结构	m^3	31519.00	17.00	53.58
6	引水上斜井段				3567.70
	石方井挖（斜井）	m^3	36417.00	323.08	1176.56
	压力管道回填混凝土（C20）	m^3	13110.00	591.88	775.95
	喷混凝土（C20）	m^3	2428.00	971.50	235.88
	锚杆（ϕ25、L=4.5m）	根	10966.00	247.40	271.30
	固结灌浆钻孔	m	28413.00	28.07	79.76
	固结灌浆（普通水泥）	t	2273.04	4338.42	986.14
	细部结构	m^3	15538.00	27.10	42.11
7	引水中平段				771.69
	石方洞挖	m^3	10550.00	117.61	124.08
	压力管道回填混凝土（C20）	m^3	4444.00	591.88	263.03
	喷混凝土（C20）	m^3	233.00	971.50	22.64
	锚杆（ϕ25、L=4.5m）	根	1112.00	247.40	27.51
	固结灌浆钻孔	m	7484.00	28.07	21.01
	固结灌浆（普通水泥）	t	598.75	4338.42	259.76
	回填灌浆	m^2	2441.00	106.37	25.96
	接触灌浆	m^2	1781.00	110.88	19.75

续表

编号	工程或费用名称	单位	数量	单价（元）	合计（万元）
	细部结构	m^3	4677.00	17.00	7.95
8	引水下斜井段				3340.80
	石方井挖（斜井）	m^3	31958.00	323.08	1032.50
	压力管道回填混凝土（C20）	m^3	12229.00	591.88	723.81
	喷混凝土（C20）	m^3	2283.00	971.50	221.79
	锚杆（ϕ25、L=4.5m）	根	10197.00	247.40	252.27
	固结灌浆钻孔	m	28552.00	28.07	80.15
	固结灌浆（普通水泥）	t	2284.13	4338.42	990.95
	细部结构	m^3	14512.00	27.10	39.33
9	引水下平段				843.00
	石方洞挖	m^3	9987.00	117.61	117.46
	压力管道回填混凝土（C20）	m^3	5523.00	591.88	326.90
	喷混凝土（C20）	m^3	318.00	971.50	30.89
	锚杆（ϕ25、L=4.5m）	根	1533.00	247.40	37.93
	固结灌浆钻孔	m	7455.00	28.07	20.93
	固结灌浆（普通水泥）	t	596.38	4338.42	258.73
	回填灌浆	m^2	2257.00	106.37	24.01
	接触灌浆	m^2	1463.00	110.88	16.22
	细部结构	m^3	5841.00	17.00	9.93
10	引水压力钢支管段				734.48
	石方洞挖	m^3	5802.00	220.29	127.81
	压力管道回填混凝土（C20）	m^3	3507.00	591.88	207.57
	喷混凝土（C20）	m^3	194.00	971.50	18.85
	锚杆（ϕ22、L=3.0m）	根	1001.00	144.56	14.47
	固结灌浆钻孔	m	7682.00	28.07	21.56
	固结灌浆（普通水泥）	t	614.59	4338.42	266.63
	回填灌浆	m^2	2031.00	106.37	21.60
	接触灌浆	m^2	1187.00	110.88	13.16
	帷幕灌浆钻孔	m	528.00	328.59	17.35
	帷幕灌浆量	t	31.68	6058.75	19.19
	细部结构	m^3	3701.00	17.00	6.29
11	尾水事故闸门室工程				1561.14
	石方洞挖	m^3	27563.00	139.35	384.09

续表

编号	工程或费用名称	单位	数量	单价（元）	合计（万元）
	底板混凝土（C25）	m^3	1123.00	551.98	61.99
	板梁柱混凝土（C25）	m^3	316.00	788.99	24.93
	衬砌混凝土（C25、F50、二级配）	m^3	3700.00	746.08	276.05
	喷混凝土（C25、厚 10cm）	m^3	962.00	971.50	93.46
	喷钢纤维混凝土	m^3	558.00	1553.91	86.71
	固结灌浆钻孔	m	602.00	28.07	1.69
	固结灌浆	t	30.09	4338.42	13.05
	回填灌浆	m^2	2211.00	106.37	23.52
	钢筋	t	479.00	6429.15	307.96
	钢材	t	2.00	6896.50	1.38
	锚杆（ϕ25、L=5m）	根	5286.00	279.04	147.50
	锚杆（ϕ25、L=6m）	根	1734.00	342.31	59.36
	排水孔（ϕ50）	m	3940.00	26.81	10.56
	软式排水管（ϕ50）	m	3377.00	30.00	10.13
	EVA 复合防水板（厚为 1.5mm）	m^2	7401.00	55.00	40.71
	细部结构	m^3	6659.00	27.10	18.05
12	尾水事故闸门井				557.91
	石方井挖（D=10.4m）	m^3	2994.00	401.78	120.29
	衬砌混凝土（C25）	m^3	2347.00	665.73	156.25
	喷混凝土（C20）	m^3	151.00	971.50	14.67
	固结灌浆钻孔	m	2534.00	28.07	7.11
	固结灌浆	t	202.75	4338.42	87.96
	钢筋	t	230.27	6429.15	148.04
	锚杆（ϕ25、L=4.5m）	根	680.00	247.40	16.82
	细部结构	m^3	2499.00	27.10	6.77
13	尾水调压井工程				3360.57
	竖井开挖（A>100m^2）	m^3	41575.00	190.92	793.75
	衬砌混凝土（C25、F100、二级配）	m^3	10609.00	614.60	652.03
	喷混凝土（15cm）	m^3	1332.00	942.50	125.54
	固结灌浆钻孔	m	25922.00	28.07	72.76
	固结灌浆	t	2073.72	4338.42	899.67
	回填灌浆	m^2	390.00	106.37	4.15
	钢筋	t	1008.77	6429.15	648.55
	锚杆（ϕ25、L=4.5m）	根	2589.00	247.40	64.05
	锚杆（ϕ25、L=6m）	根	1978.00	342.31	67.71
	细部结构	m^3	11942.00	27.10	32.36
14	尾水调压井通风洞				735.18
	土方明挖	m^3	1389.00	15.60	2.17

续表

编号	工程或费用名称	单位	数量	单价（元）	合计（万元）
	石方明挖	m^3	2084.00	40.25	8.39
	石方洞挖	m^3	27024.00	155.35	419.82
	衬砌混凝土（C20）	m^3	1002.00	788.35	78.99
	喷混凝土（C20）	m^3	1660.00	971.50	161.27
	锚杆（ϕ22、L=3.0m）	根	3966.00	144.56	57.33
	细部结构	m^3	2662.00	27.10	7.21
15	尾水隧洞工程				9513.29
	石方洞挖（D=9）	m^3	93324.00	121.80	1136.69
	衬砌混凝土（C25、F100、二级配）	m^3	24759.00	881.44	2182.36
	喷混凝土（C25、厚 8cm）	m^3	1803.00	971.50	175.16
	固结灌浆钻孔	m	115342.00	28.07	323.76
	固结灌浆	t	9227.33	4338.42	4003.20
	回填灌浆	m^2	18622.00	106.37	198.08
	钢筋	t	1943.02	6429.15	1249.20
	锚杆（ϕ25、L=4.5m）	根	8071.00	247.40	199.68
	细部结构	m^3	26563.00	17.00	45.16
16	尾水压力钢支管段				1788.64
	石方洞挖	m^3	18425.00	220.29	405.88
	压力管道回填混凝土（C20）	m^3	9871.00	591.88	584.24
	喷混凝土（C20）	m^3	438.00	971.50	42.55
	锚杆（ϕ22、L=3.0m）	根	2342.00	144.56	33.86
	固结灌浆钻孔	m	15028.00	28.07	42.18
	固结灌浆（普通水泥）	t	1202.26	4338.42	521.59
	回填灌浆	m^2	4585.00	106.37	48.77
	接触灌浆	m^2	3027.00	110.88	33.56
	帷幕灌浆钻孔	m	845.00	328.59	27.77
	帷幕灌浆量	t	50.69	6058.75	30.71
	细部结构	m^3	10309.00	17.00	17.53
17	尾水钢筋混凝土支管段				400.15
	石方洞挖	m^3	3062.00	180.81	55.36
	衬砌混凝土（C25）	m^3	1443.00	848.67	122.46
	喷混凝土（C20）	m^3	78.00	971.50	7.58
	钢筋	t	141.56	6429.15	91.01
	锚杆（ϕ22、L=3.0m）	根	433.00	144.56	6.26
	固结灌浆钻孔	m	2831.00	28.07	7.95
	固结灌浆（普通水泥）	t	226.51	4338.42	98.27
	回填灌浆	m^2	815.00	106.37	8.67
	细部结构	m^3	1521.00	17.00	2.59

续表

编号	工程或费用名称	单位	数量	单价（元）	合计（万元）
18	尾水岔管段				547.50
	石方洞挖	m^3	4509.00	170.03	76.67
	衬砌混凝土（C25）	m^3	1715.00	755.83	129.62
	喷混凝土（C20）	m^3	206.00	971.50	20.01
	钢筋	t	168.26	6429.15	108.18
	锚杆（ϕ25、L=4.5m）	根	1020.00	247.40	25.23
	固结灌浆钻孔	m	4646.00	28.07	13.04
	固结灌浆（普通水泥）	t	371.71	4338.42	161.26
	回填灌浆	m^2	961.00	106.37	10.22
	细部结构	m^3	1922.00	17.00	3.27
19	尾水检修闸门井				951.37
	石方井挖（D=10.4m）	m^3	5190.00	212.97	110.53
	衬砌混凝土（C25）	m^3	3863.00	622.46	240.46
	洞外结构混凝土（C20）	m^3	1058.00	907.69	96.03
	喷混凝土（C25、厚10cm）	m^3	302.00	971.50	29.34
	固结灌浆钻孔	m	5267.00	28.07	14.78
	固结灌浆	t	421.34	4338.42	182.79
	钢筋	t	356.01	6429.15	228.88
	锚杆（ϕ25、L=4.5m）	根	1391.00	247.40	34.41
	细部结构	m^3	5223.00	27.10	14.15
20	排水廊道工程				547.17
	石方洞挖	m^3	19908.00	180.81	359.96
	衬砌混凝土（C20）	m^3	995.00	699.98	69.65

续表

编号	工程或费用名称	单位	数量	单价（元）	合计（万元）
	喷混凝土（15cm）	m^3	158.00	942.50	14.89
	锚杆（ϕ22、L=3m、地下）	根	515.00	144.56	7.44
	洞内排水孔	m	34788.00	26.81	93.27
	细部结构工程	m^3	1153.00	17.00	1.96
21	下库进/出水口工程				9019.41
	土方明挖	m^3	137025.00	15.60	213.76
	石方明挖	m^3	776475.00	43.04	3341.95
	石方洞挖	m^3	14853.00	125.94	187.06
	混凝土（C40）	m^3	1407.00	688.66	96.89
	进/出水口混凝土（C25）	m^3	23977.00	581.63	1394.57
	底板拦砂坎混凝土（C20）	m^3	6106.00	477.36	291.48
	喷混凝土（C20、边坡）	m^3	5478.00	909.32	498.13
	钢筋	t	2520.46	6289.22	1585.17
	锚杆（ϕ25、L=4.5m）	根	8753.00	198.98	174.17
	锚杆（ϕ25、L=5.0m）	根	9172.00	223.43	204.93
	锚杆（ϕ25、L=6m）	根	7607.00	272.34	207.17
	预应力锚杆（ϕ28、L=9.0m）	根	171.00	4268.87	73.00
	预应力锚索（L=30m、P=100t）	束	14.00	26166.10	36.63
	排水孔（ϕ50）	m	1381.00	19.86	2.74
	平洞固结灌浆（钻孔、孔深4m）	m	15381.00	28.07	43.17
	平洞固结灌浆（灌浆）	t	1230.50	4338.42	533.84
	回填灌浆	m^2	2833.00	106.37	30.13
	细部结构	m^3	36969.00	28.30	104.62

表 11-3　　典型方案六安装工程造价

编号	名称及规格	单位	数量	单价（元）		合价（万元）	
				制作费	安装费	制作费	安装费
	方案六安装工程					22622.35	6907.01
1	压力钢管制作及安装					20417.24	6804.04
	压力钢管（D≤7m、Q345R、δ=14～36mm）	t	7428.03	10037.22	3773.87	7455.68	2803.24
	压力钢管（D≤7m、600MPa、δ=30～48mm）	t	6343.43	12379.53	3951.44	7852.87	2506.57
	压力钢管（D≤7m、800MPa、δ=40～60mm）	t	2561.41	13639.14	3951.44	3493.54	1012.13
	压力钢管（D≤5m、800MPa、δ=40～60mm）	t	1173.34	13765.44	4108.80	1615.15	482.10
2	钢岔管制作及安装					2205.10	102.97
	压力钢岔管（D≤7m、800MPa、δ=40～60mm）	t	144.22	152898.54	7139.59	2205.10	102.97

第三篇

单位造价指标和工程单价区间

通用造价输水系统分册中各典型方案造价由三级项目构成，理论上每一级项目都可以作为造价组合的模块。但受水文地质、地形地貌、枢纽布置和建筑物尺寸等差异影响，抽水蓄能电站之间相似度不高；并且不同于工民建和输变电工程，抽水蓄能电站样本数量有限。因此，直接以一级项目（各典型方案）和二级项目（引水隧洞、高压管道、调压井等）的投资绝对数值作为造价组合模块，其代表性和通用性差，不利于推广应用。

为了保证模块的通用性，需要对各方案间一、二级项目寻找共性，并能进行差异化调整。由于一级项目是由二级项目组成的，只要二级项目满足具有通用属性，则一级项目通过二级项目的组合，自然就具备了通用的模块属性。

分析各典型方案二级项目的造价构成和影响因素，对导致造价差异的影响因素进行降维消元处理，造价模块由投资绝对数值调整为单位造价指标相对数值，从若干种单位造价指标中选取代表性好、相关性高、规律明显、离散小的造价指标作为通用造价典型方案造价指标；对不能量化降维消元部分，定性给出调整办法。

第 12 章　单位造价指标作用与说明

12.1　单位造价指标作用

抽水蓄能电站一方面样本数量有限，另一方面各建筑物特点鲜明、电站之间相似度不高、代表性弱，一、二级项目间采用投资绝对数值通用性差。

单位造价指标作为综合数值，有效地消除装机、尺寸等差异影响，增强抽水蓄能电站通用造价使用的灵活性、组合性和扩展性，可快速地组合出不同方案的造价。作为相对关系的单位造价指标，为不同方案及二级项目之间架起桥梁，具有了横向可比性，使个性鲜明的方案和二级建筑物具备了样本的代表属性，变相地丰富了样本数量，有利于通用造价推广应用。

12.2　单位造价指标汇总

影响输水系统造价的主要技术因素包括装机规模、建筑物尺寸和围岩类别等，对项目特征参数与造价进行相关性分析，提炼相关性和代表性较好的方案和二级项目单位造价指标，并以二级项目单位造价指标作为基本模块参数，结合实际方案二级项目建筑物尺寸，计算出相应二级项目造价，实现方案组合。

通用造价各典型方案及二级项目单位造价指标见表 12-1 和表 12-2。根据各方案二级项目装机容量，通过造价汇总计算出单位千瓦造价指标。在进行投资计算引用此表指标时需结合第 4 章 4.3 节和第 5 章的各典型方案特征综合选择。

表 12-1 **单位千瓦造价指标汇总**

编号	项目名称	单位	单位造价指标					
			方案一	方案二	方案三	方案四	方案五	方案六
一	典型方案汇总	元/kW	482	333	589	596	531	490

表 12-2 **单位体积/长度造价指标汇总**

编号	项目名称		单位	单位造价指标					
				方案一	方案二	方案三	方案四	方案五	方案六
1	上水库进/出水口工程		元/m^3	1273	1213	2576	1846	1879	2775
2	引水事故闸门井		元/m^3	777	—	1211	—	788	1878
3	引水调压井（室）		元/m^3	—	774	880	910	698	776
4	引水隧洞	衬砌混凝土段	元/m^3	—	528	671	969	551	1206
5		回填混凝土段	元/m^3	483	—	—	—	—	—
6		压力钢管制作	元/m	42383	—	—	—	—	—
		压力钢管安装	元/m	16920	—	—	—	—	—
7	压力管道	衬砌混凝土段	元/m^3	—	754	845			
8		回填混凝土段	元/m^3	745	725	748	778	647	977
9		压力钢管制作	元/m	87397	62087	74716	111375	80978	64803
		压力钢管安装	元/m	25388	22366	19051	32209	23287	19451
10	尾水事故闸门室		元/m^3	400	337	—	—	429	693
11	尾水调压井（室）		元/m^3	479	343	—	—	517	597
12	尾水隧洞	衬砌混凝土段	元/m^3	545	582	891	1673	679	1037
13		回填混凝土段	元/m^3	—	420	568	577	—	971
14		压力钢管制作	元/m	—	24019	41468	45389	—	—
		压力钢管安装	元/m	—	9931	15418	18120	—	—
15	尾水（检修）闸门井		元/m^3	839		1126	—	1055	1833
16	下库进/出水口工程		元/m^3	1664	1055	2453	2125	2220	2440

注 上、下进/出水口按混凝土体积计算，其他洞室按开挖体积计算。

12.3 单位造价指标说明

表 12-1 中方案三单位千瓦投资偏大，主要原因为输水系统长度较长，压力管道和调压井投资较大，且尾水隧洞为一洞一机；方案四单位千瓦投资偏大原因为围岩条件相对较差。

表 12-2 中各典型方案二级项目个别单位造价指标存在差异，主要为如下原因：

（1）围岩类别不同产生的设计工程量差异造成。

（2）灌浆工程量较大。

（3）衬砌钢筋含量较高。

（4）结构型式不同。

在使用表 12-2 选择指标时，参照第 15 章使用说明，根据实际工程二级项目围岩类别、建筑物型式、尺寸等严谨选择最为相近的单位造价指标，选用造价指标计算出的投资为初始投资，还需根据实际情况进行岩石级别、海拔高程、价格水平等不同参数的调整，具体用法参见第 15～17 章。

第 13 章 工 程 单 价

13.1 工程单价作用

工程单价属于造价管理控制的基本层次和单位，与详细的工程量配合使用，为解决工程造价具体问题创造条件，其灵活性和组合性不受限制，应用广泛，能够因地制宜、具体问题具体分析，提高造价预测和控制的准确性和精度，是工程造价测算和单位造价指标提炼的基础。

工程单价是微观造价管理工具，为编制、比较分析造价提供参考，为造价评审提供尺度，是控制造价精度的重要方法，在抽水蓄能电站各阶段的造价编制、评审和投资决策中都有广泛应用。

13.2 工程单价汇总

为了满足多个阶段的造价管理需要，编制了不同水平的工程单价，构成单价区间。工程单价包括概算水平、预算水平和投标报价水平 3 个阶段。

概算水平工程单价为通用造价典型方案工程单价。

为了便于同招投标工程单价对比，预算水平工程单价分为预算水平一和预算水平二。预算水平一取费标准同通用造价工程单价取费标准；考虑招标时一般项目出项情况，预算水平二取费标准中不包含安全文明施工措施费，小型临时设施摊销费费率降低 0.5%，利润率降为 6%。

投标报价与招标条件、报价策略、技术水平和竞争激烈程度等因素有关，根据对水电市场投标报价水平的统计分析，将投标报价水平分为投标报价一和投标报价二。投标报价一为报价高限，投标报价二为报价低限。

各阶段工程单价采用相同的施工方法和基础价格，编制依据、施工方法和基础价格等边界条件见第 4 章。工程单价区间见表 13-1。

表 13-1 工 程 单 价 区 间

编号	项目名称	单位	概算水平	预算水平一	预算水平二	投标报价一	投标报价二
一	土方工程						
1	土方开挖	m^3	15.60	15.15	14.66	13.21	11.76

续表

编号	项目名称	单位	概算水平	预算水平一	预算水平二	投标报价一	投标报价二
二	石方工程						
1	土石方回填	m^3	11.37	11.04	10.68	9.64	8.60
2	碎石垫层/回填（上水库进/出水口）	m^3	68.45	68.28	66.06	65.51	64.95
3	石方井挖（上水库进/出水口）	m^3	182.65	179.73	174.05	164.63	155.21
4	石方明挖（上水库进/出水口工程）	m^3	40.25	39.99	38.77	37.93	37.10
5	平洞开挖（上水库进/出水口工程）	m^3	112.99	111.65	108.21	103.89	99.56
6	石方明挖（引水闸门井）	m^3	43.04	42.76	41.43	40.52	39.60
7	石方井挖（引水闸门井）	m^3	113.61	112.18	108.69	104.07	99.46
8	石方井挖（引水闸门井）	m^3	261.71	257.75	249.55	236.77	223.98
9	石方洞挖（平洞、引水隧洞）	m^3	117.61	116.17	112.60	107.97	103.34
10	支洞石方洞挖（引水隧洞）	m^3	220.29	216.18	209.37	196.11	182.85
11	斜井石方洞挖（引水隧洞）	m^3	321.93	316.76	306.68	290.01	273.34
12	渐变段洞挖（$a>100m^2$、引水隧洞）	m^3	110.88	109.57	106.19	101.96	97.73
13	石方洞挖（引水调压室）	m^3	91.27	90.25	87.47	84.16	80.85
14	石方井挖（引水调压井、$a>100m^2$）	m^3	172.08	169.49	164.12	155.74	147.37
15	石方井挖（引水调压井、$a<30m^2$）	m^3	437.55	431.00	417.15	396.00	374.85
16	石方洞挖 平洞（压力管道）	m^3	157.90	155.49	150.63	142.84	135.04
17	石方井挖（压力管道）	m^3	323.08	318.25	308.08	292.52	276.96
18	石方洞挖（$a=20m^3$、风钻）	m^3	180.81	177.65	172.09	161.91	151.73
19	斜洞开挖（$a=30\sim50m^3$、压力管道）	m^3	306.22	301.48	291.89	276.62	261.35
20	石方井挖（尾水事故闸门室）	m^3	139.35	137.41	133.12	126.84	120.57
21	石方井挖（尾水事故闸门井）	m^3	401.78	395.76	383.07	363.67	344.26
22	石方井挖（尾水调压井）	m^3	163.48	161.05	155.97	148.14	140.30
23	升管段井挖（$a<30m^2$、尾水调压井）	m^3	366.01	360.53	348.99	331.33	313.67
24	竖井开挖（$a>100m^2$、尾水调压井）	m^3	190.92	188.00	182.05	172.63	163.20
25	石方洞挖（调压井通风洞）	m^3	155.35	153.37	148.63	142.26	135.89
26	石方洞挖（尾水隧洞）	m^3	121.80	120.44	116.72	112.35	107.98
27	斜井石方洞挖（尾水隧洞）	m^3	388.08	382.03	369.82	350.30	330.79
28	石方井挖（尾水检修闸门井）	m^3	212.97	209.80	203.15	192.93	182.72

续表

编号	项目名称	单位	概算水平	预算水平一	预算水平二	投标报价一	投标报价二
29	石方明挖（下水库进/出水口）	m^3	40.25	39.99	38.77	37.93	37.10
30	石方洞挖（下水库进/出水口）	m^3	125.94	124.51	120.67	116.06	111.46
三	砌石工程						
1	浆砌石（排水沟）	m^3	294.44	289.40	280.23	276.98	241.30
2	干砌石（上水库进/出水口）	m^3	126.14	122.39	118.40	115.98	103.29
四	混凝土工程						
1	地沟盖板制安	m^3	924.15	912.17	883.16	844.56	823.16
2	橡胶止水	延米	166.29	165.85	160.45	159.04	143.18
3	铜止水	延米	589.08	587.63	568.51	563.83	507.22
4	平洞衬砌混凝土（C20、二级配、上水库进/出水口）	m^3	542.91	541.50	524.57	520.02	483.86
5	竖井衬砌混凝土（C20、二级配、上水库进/出水口）	m^3	563.31	561.66	544.12	538.80	502.06
6	其他混凝土（C20、一级配、上水库进/出水口）	m^3	554.51	553.46	536.16	532.78	494.20
7	其他混凝土（C20、二级配、上水库进/出水口）	m^3	527.35	526.30	509.80	506.43	469.95
8	其他混凝土（C20、F300、二级配、上水库进/出水口）	m^3	560.56	559.51	541.93	538.55	499.51
9	进/出水口混凝土（C30、进/出水口）	m^3	606.29	604.88	586.03	581.50	540.39
10	网格梁混凝土（C25、上水库进/出水口）	m^3	587.94	585.94	567.74	561.30	524.10
11	置换混凝土（C15、上水库进/出水口）	m^3	521.84	521.06	504.67	502.16	464.99
12	进水口混凝土（C25、进出水口、竖井式）	m^3	551.86	550.58	533.40	529.27	491.87
13	混凝土（C25、F100、二级配、引水闸门井）	m^3	524.50	523.17	506.88	502.62	467.51
14	置换混凝土（C20、F50、二级配、引水闸门井）	m^3	590.71	589.93	571.47	568.96	526.44
15	混凝土平洞衬砌（C25、引水闸门井）	m^3	617.99	616.32	597.10	591.70	550.82
16	混凝土平台路面（C20、引水闸门井）	m^3	459.81	455.96	441.79	429.40	409.84
17	混凝土竖井衬砌（C25、引水闸门井）	m^3	507.41	506.07	490.35	486.02	452.31
18	回填混凝土（C20、F50、二级配、引水隧洞）	m^3	561.00	560.20	542.88	540.30	500.16
19	混凝土（$a=30\sim50$，200 号二级配、引水隧洞）	m^3	699.98	698.15	676.34	670.46	623.86

续表

编号	项目名称	单位	概算水平	预算水平一	预算水平二	投标报价一	投标报价二
20	混凝土（$a>100$、200 号二级配、引水隧洞）	m^3	691.12	689.34	667.79	662.05	615.95
21	平洞衬砌混凝土（C25、引水隧洞）	m^3	749.03	747.22	723.96	718.12	667.66
22	斜井衬砌混凝土（C25、引水隧洞）	m^3	771.02	769.05	745.14	738.79	687.28
23	膨胀混凝土（C15、引水隧洞）	m^3	610.81	609.72	590.30	586.76	544.05
24	衬砌混凝土（C25、$a>100$、引水调压井）	m^3	775.64	774.11	749.92	745.00	691.29
25	衬砌混凝土（C25、$a<30$、引水调压井）	m^3	750.25	748.43	725.14	719.26	668.76
26	衬砌混凝土（C20、$a=30$、厚度为 50）	m^3	788.35	786.20	761.58	754.64	702.57
27	平洞衬砌混凝土（C20、二级配、压力管道）	m^3	741.16	739.19	716.06	709.72	660.52
28	斜洞衬砌混凝土（C20、二级配、压力管道）	m^3	756.17	754.11	730.52	723.86	673.92
29	隧洞衬砌（C25 混凝土、开挖断面 30m^2 衬砌、厚 50cm）	m^3	848.67	846.51	820.10	813.16	756.41
30	隧洞衬砌（C25 混凝土、开挖断面 20m^2 衬砌、厚 70cm）	m^3	755.83	753.99	730.53	724.59	673.73
31	回填混凝土（C20、F50、二级配、压力管道）	m^3	591.88	590.79	572.50	568.99	527.67
32	排水廊道衬砌（C25）	m^3	830.86	828.67	802.85	795.81	740.57
33	衬砌混凝土（C25、F50、二级配、尾水事故闸门室）	m^3	746.08	744.49	721.02	715.91	664.75
34	底板混凝土（C25、尾水事故闸门室）	m^3	551.98	550.53	533.41	528.73	492.03
35	尾水事故闸门岩锚梁（尾水事故闸门室）	m^3	788.99	787.13	762.20	756.20	702.88
36	衬砌混凝土（C25、尾水事故闸门井）	m^3	665.73	663.78	643.03	636.74	593.33
37	置换混凝土（C20、F50、二级配、尾水调压井）	m^3	614.21	613.43	594.21	591.70	547.37
38	衬砌混凝土（C25、F100、二级配、尾水调压井）	m^3	614.60	612.86	593.72	588.12	547.77
39	升管段混凝土衬砌（C20、二级配、尾水调压井）	m^3	713.43	711.16	688.85	681.55	635.76
40	竖井混凝土衬砌（C20、二级配、尾水调压井）	m^3	535.79	534.38	517.69	513.14	477.53
41	衬砌混凝土（C20、二级配、尾水隧洞）	m^3	843.01	841.04	814.59	808.25	751.18
42	斜井衬砌混凝土（C25、尾水隧洞）	m^3	905.80	903.74	875.45	868.79	807.26
43	衬砌混凝土（C25、F100、二级配、尾水隧洞）	m^3	881.44	879.49	851.95	845.66	785.53
44	回填混凝土（C20、F50、二级配、尾水隧洞）	m^3	664.21	662.88	642.30	638.02	592.10
45	置换混凝土（C20、F50、二级配、尾水隧洞）	m^3	619.60	618.82	599.42	596.91	552.16

续表

编号	项目名称	单位	概算水平	预算水平一	预算水平二	投标报价一	投标报价二
46	洞外结构混凝土（C20、尾水检修闸门井）	m^3	907.69	906.41	877.65	873.51	808.59
47	衬砌混凝土（C25、尾水检修闸门井）	m^3	622.46	620.71	601.32	595.66	554.78
48	置换混凝土（C20、F50、二级配、尾水检修闸门井）	m^3	616.44	615.66	596.36	593.85	549.35
49	混凝土排污栅架（C25、下水库进/出水口）	m^3	910.06	908.58	879.68	874.92	810.62
50	结构混凝土（C25、F100、二级配、下水库进/出水口）	m^3	634.75	633.17	613.34	608.24	565.68
51	置换混凝土（C20、F50、二级配、下水库进/出水口）	m^3	619.60	618.82	599.42	596.91	552.16
52	底板混凝土 C40（下水库进/出水口）	m^3	688.66	686.80	665.65	659.67	614.05
53	底板拦砂坎混凝土 C20（下水库进/出水口）	m^3	477.36	475.76	460.92	455.76	425.47
54	进/出水口混凝土 C25（下水库进/出水口）	m^3	581.63	580.22	562.09	557.57	518.38
五	钢筋制作安装工程						
1	地面 钢筋制安	t	6289.23	6265.66	6085.15	6009.16	5803.25
2	地下 钢筋制安	t	6429.14	6401.38	6216.45	6126.93	5931.86
六	喷锚支护工程						
1	洞内 喷混凝土（10cm）	m^3	971.50	961.59	931.50	921.91	884.62
2	露天 喷混凝土（10cm）	m^3	909.32	900.65	872.50	864.12	828.03
3	洞内 喷钢纤维混凝土（70kg）	m^3	1553.91	1545.76	1496.66	1488.78	1414.26
4	洞内喷混凝土（厚 15cm）	m^3	942.50	933.46	904.28	895.53	858.25
5	喷素混凝土	m^3	959.33	949.60	919.88	910.47	873.53
6	露天 锚杆（ϕ32、L=9m、潜孔钻）	根	1072.16	1056.16	1021.90	970.31	788.40
7	露天 锚杆（ϕ22、L=4m、风钻）	根	151.56	149.79	144.92	139.20	111.44
8	露天 锚杆（ϕ25、L=4.5m、风钻）	根	198.98	196.89	190.49	183.74	146.31
9	露天 锚杆（ϕ25、L=6m、风钻）	根	272.34	269.29	260.54	250.72	200.25
10	洞内 锚杆（ϕ20、L=4m、风钻）	根	179.29	176.48	170.74	161.69	131.83
11	洞内 锚杆（ϕ22、L=4m、风钻）	根	192.79	189.99	183.81	174.76	141.76
12	露天 预应力锚杆（ϕ28、L=9m）	根	4268.87	4204.60	4068.44	3861.14	3139.52
13	露天 锚杆（ϕ28、L=8、潜孔钻）	根	850.65	836.88	809.73	765.32	625.52
14	洞内 锚杆（ϕ22、L=3m、风钻）	根	144.56	142.50	137.87	131.23	106.29
15	洞内 锚杆（ϕ22、L=2m、风钻）	根	96.31	95.00	91.92	87.69	70.82
16	洞内 锚杆（ϕ25、L=4m、风钻）	根	215.75	212.95	206.02	196.97	158.64
17	洞内 锚杆（ϕ25、L=5m、风钻）	根	279.04	275.18	266.23	253.78	205.17
18	洞内 锚杆（ϕ32、L=9.5m、潜孔钻）	根	1431.72	1410.81	1365.03	1297.60	1052.79
19	洞内 锚杆（ϕ25、L=7m、潜孔钻）	根	785.03	770.62	745.58	699.12	577.24
20	洞内 锚杆（ϕ25、L=6m、风钻）	根	363.46	358.02	346.38	328.83	351.64
21	洞内 锚杆（ϕ28、L=8m、潜孔钻）	根	977.02	960.02	928.86	874.06	718.43
22	洞内 锚杆（ϕ32、L=9m、潜孔钻）	根	1215.52	1195.87	1157.06	1093.67	893.82
23	洞内 锚杆（ϕ20、L=4.0、风钻）	根	179.29	176.48	170.74	161.69	131.83
24	洞内 锚杆（ϕ25、L=4.5、风钻）	根	247.40	244.06	236.13	225.38	181.91
25	洞内 锚杆（ϕ25、L=6m、风钻）	根	342.31	337.40	326.43	310.59	251.70
26	露天 锚索（2000kN、L=40m、地质钻机）	束	46940.67	46311.26	44806.48	44197.50	42690.45
27	露天 锚索（2000kN、L=25m、地质钻机）	束	31526.37	31109.89	30099.87	29696.95	28672.57
28	露天 锚索（1000kN、L=20m、地质钻机）	束	19063.66	18805.14	18195.58	17945.48	17338.88
29	洞内 锚索（2000kN、L=40m、地质钻机）	束	47046.42	46413.86	44905.75	44293.71	42786.66
30	露天 锚索（1000kN、L=30m、地质钻机）	束	26166.09	25813.34	24975.70	24634.45	23797.94
31	露天 锚杆（ϕ32、L=8m、潜孔钻）	根	888.22	874.45	846.07	801.67	653.14
32	露天 锚杆（ϕ25、L=5m、风钻）	根	223.43	221.03	213.84	206.07	164.29
33	露天 锚杆（ϕ25、L=4m、风钻）	根	174.53	172.75	167.14	161.41	128.33
34	洞内 锚杆（ϕ20、L=2.6m、风钻）	根	116.39	114.63	110.91	105.24	85.58
35	洞内 锚杆（ϕ28、L=7.5m、潜孔钻）	根	1176.36	1160.62	1122.91	1072.15	864.98
36	洞内 预应力锚杆（ϕ32、L=9m）	根	3355.32	3288.73	3182.38	2967.64	2467.80
七	基础处理工程						
1	帷幕灌浆钻孔（洞内）	m	328.59	323.59	313.06	296.94	276.57
2	帷幕灌浆	t	6058.75	5930.05	5739.83	5324.83	5102.15
3	洞内固结灌浆钻孔（风钻）	m	28.07	27.33	26.44	25.97	24.44
4	隧洞固结灌浆（40kg/m）	t	4338.42	4255.27	4119.52	3851.34	3822.05
5	隧洞回填灌浆	m^2	106.37	104.99	101.73	97.30	89.66
6	露天 排水孔	m	19.86	19.36	18.73	18.41	17.29
7	洞内 排水孔（5m 以内）	m	26.81	26.10	25.25	24.80	23.34
8	接触灌浆	m^2	110.88	110.11	106.56	104.07	96.57
9	排水廊道洞内 排水孔－50m	m	240.25	236.04	228.36	225.65	220.81
10	洞内 超细水泥灌浆	t	11744.86	11547.30	11171.48	10534.32	10226.38
11	柔性砂浆防渗垫层	m^2	145.61	144.78	140.07	137.40	126.78

国家电网公司
STATE GRID
CORPORATION OF CHINA

第四篇

通用造价使用调整方法及工程示例

第14章　典型方案造价汇总

14.1　方案造价

方案造价为第二篇中第6～11章六个方案投资汇总，其中压力管道尾水隧洞等含钢管投资，见表14-1。

表14-1　　方　案　造　价　　单位：万元

编号	项目名称	方案一	方案二	方案三	方案四	方案五	方案六
一	输水系统投资	57872	39987	70641	71509	95635	88204
1	上水水库进/出水口工程	2828	4033	7713	5116	7505	5712
2	引水事故闸门井	2087	0	1010	0	3143	1374
3	调压井（室）工程	—	1741	2915	1189	3114	3709
4	引水隧洞（方案一含钢管）	4841	3507	8405	8410	7894	9640
5	压力管道（含钢管）	22347	17751	34120	38090	42515	36670

续表

编号	项目名称	方案一	方案二	方案三	方案四	方案五	方案六
6	尾水事故闸门室工程	2240	741	—	—	2103	2119
7	尾水调压井（室）工程	2444	2796	—	—	3581	4096
8	尾水隧洞工程（方案二、三、四、六含钢管）	16096	8505	5985	10610	14536	14367
9	尾水（检修）闸门井	814	—	1837	—	2615	951
10	排水廊道工程	—	260	2103	942	800	547
11	下水库进/出水口工程	4174	653	6555	7153	7830	9019

14.2　单位造价指标

根据各方案二级项目不同部位、不同围岩类别、不同衬砌型式等特征，通过造价汇总计算出单位体积或长度造价指标。计算结果见表14-2～表14-7。

表14-2　　单项工程单位造价指标—上水库进/出水口工程

编号	项目名称	单位	上水库进/出水口工程					
			竖井式		岸塔式	岸坡侧式		
			方案一	方案二	方案四	方案三	方案五	方案六
1	围岩类别		以Ⅲ类为主	Ⅲ、Ⅳ类围岩	以Ⅳ类为主	中等风化岩体	弱风化岩体	Ⅲ类围岩
2	造价指标（按混凝土体积计算）	元/m³	1273	1213	1846	2576	1879	2775

表 14-3 **单项工程单位造价指标—下水库进/出水口工程**

编号	项目名称	单位	下水库进/出水口工程					
			岸坡侧式				岸塔式	
			方案一	方案三	方案五	方案六	方案二	方案四
1	围岩类别		以Ⅳ类为主	中等风化岩体	弱风化、微风化岩体	Ⅳ～Ⅴ类围岩	以Ⅲ、Ⅳ类为主	以Ⅳ类为主
2	造价指标（按混凝土体积计算）	元/m³	1664	2453	2220	2440	1055	2125

表 14-4 **单项工程单位造价指标—井/室工程**

编号	项目名称	单位	井/室工程					
			方案一	方案二	方案三	方案四	方案五	方案六
1	引水事故闸门井							
1.1	围岩类别		以Ⅲ、Ⅱ类围岩为主		中等风化及新鲜岩体		以Ⅲ类为主	以Ⅲ类为主，局部为Ⅳ～Ⅴ类/灌浆量大
1.2	造价指标（按开挖体积计算）	元/m³	777	—	1211	—	788	1878
2	引水调压井（室）							
2.1	围岩类别			Ⅱ类围岩	以Ⅱ、Ⅲ类围岩为主	Ⅲ～Ⅳ类，以Ⅳ类为主	以Ⅲ类为主，少部分为Ⅳ类	以Ⅱ～Ⅲ类为主
2.2	型式						半地下结构	
2.3	造价指标（按开挖体积计算）	元/m³	—	774	880	910	698	776
3	尾水事故闸门室							
3.1	围岩类别		以Ⅲ类为主	Ⅱ类围岩			Ⅲ类围岩	以Ⅱ～Ⅲ类为主，局部为Ⅳ类
3.2	造价指标（按开挖体积计算）	元/m³	400	337	—	—	429	693
4	尾水调压井（室）							
4.1	围岩类别		以Ⅱ类围岩为主，部分为Ⅲ类围岩	Ⅱ类围岩			以Ⅲ类为主	以Ⅱ～Ⅲ类为主，局部为Ⅳ类
4.2	造价指标（按开挖体积计算）	元/m³	479	337	—	—	517	597
5	尾水（检修）闸门井							
5.1	围岩类别		以Ⅲ类围岩为主		以Ⅱ、Ⅲ类围岩为主		以Ⅲ类为主	以Ⅳ～Ⅴ类为主，局部为Ⅲ类
5.2	造价指标（按开挖体积计算）	元/m³	839	—	1126	—	1055	1833

表 14-5 **单项工程单位造价指标—引水隧洞工程**

编号	项目名称	参数		造价指标			
				衬砌混凝土段（按开挖体积计算）	回填混凝土段（按开挖体积计算）	压力钢管制作（按钢衬段长度计算）	压力钢管安装（按钢衬段长度计算）
		地质条件	衬砌型式	元/m³	元/m³	元/m	元/m
1	方案一	Ⅲ类围岩占87%，Ⅳ类围岩占13%	钢板衬砌，洞径为6.8m；钢板板厚为20mm	—	483	42383	16920

续表

编号	项目名称	参数		造价指标			
				衬砌混凝土段（按开挖体积计算）	回填混凝土段（按开挖体积计算）	压力钢管制作（按钢衬段长度计算）	压力钢管安装（按钢衬段长度计算）
		地质条件	衬砌型式	元/m^3	元/m^3	元/m	元/m
2	方案二	Ⅱ、Ⅲ类围岩	钢筋混凝土衬砌，洞径为6.7m	528	—	—	—
3	方案三	以Ⅱ、Ⅲ类围岩为主	钢筋混凝土衬砌，洞径为6m	671	—	—	—
4	方案四	以Ⅳ类为主	钢筋混凝土衬砌，洞径为6.5m	969	—	—	—
5	方案五	以Ⅲ类为主，少部分为Ⅳ类	钢筋混凝土衬砌，洞径为7m	551	—	—	—
6	方案六	以Ⅱ～Ⅲ类为主，局部为Ⅳ类/灌浆量大	钢筋混凝土衬砌，洞径为6m	1206	—	—	—

表14-6　单项工程单位造价指标—压力管道工程

编号	项目名称	参数			造价指标			
					衬砌混凝土段（按开挖体积计算）	钢衬段回填混凝土（按开挖体积计算）	压力钢管制作（按钢衬段长度计算）	压力钢管安装（按钢衬段长度计算）
		地质条件	布置型式	衬砌型式	元/m^3	元/m^3	元/m	元/m
1	方案一	以Ⅱ、Ⅲ类围岩为主	一管两机，钢岔管	钢板衬砌；主管洞径为6.2/5.4m，支管洞径为3.8m；钢板板厚为20～52mm	—	745	87397	25388
2	方案二	Ⅱ、Ⅲ类围岩	一管两机，钢筋混凝土岔管	主洞部分为钢筋混凝土衬砌，局部为钢板衬砌，支管钢板衬砌；主管洞径为6.7m，支管洞径为4.7m；钢板板厚为26～58mm	754	725	62087	22366
3	方案三	以Ⅱ、Ⅲ类围岩为主	一管两机，钢岔管	主洞部分为钢筋混凝土衬砌，部分为钢板衬砌，支管钢板衬砌；主洞洞径为6/5.4m，支管洞径为3.8m；钢板板厚为26～65mm	845	748	74716	19051
4	方案四	以Ⅳ类为主，局部为Ⅴ类	一管两机，钢岔管	钢板衬砌；主管洞径为6/5.5/5m，支管洞径为3.4m；钢板板厚为18～58mm	—	778	111375	32209
5	方案五	以Ⅲ类为主	一管两机，钢岔管	钢板衬砌；主管洞径为5.8/5.3/4.8m，支管洞径为3.4m；钢板板厚为20～50mm	—	647	80978	23287
6	方案六	以Ⅱ～Ⅲ类为主，局部为Ⅳ类	一管两机，钢岔管	钢板衬砌；主管洞径为4.8/4.4m，支管洞径为2.8m；钢板板厚为20～60mm	—	977	64803	19451

表 14-7　　单项工程单位造价指标—尾水隧洞工程

编号	项目名称	参数			造价指标			
					衬砌混凝土段（按开挖体积计算）	钢衬段回填混凝土（按开挖体积计算）	压力钢管制作（按钢衬段长度计算）	压力钢管安装（按钢衬段长度计算）
		地质条件	布置型式	衬砌型式	元/m^3	元/m^3	元/m	元/m
1	方案一	Ⅱ类围岩占52.7%，Ⅲ类围岩占40.5%，Ⅳ～Ⅴ类围岩占6.8%	尾水一管二机	主洞采用钢筋混凝土衬砌，洞径为7.6m；支管部分采用钢板衬砌，其余采用混凝土衬砌；钢板板厚为20mm	545	658	34064	13013
2	方案二	Ⅱ、Ⅲ类为主	尾水一管二机	主洞采用钢筋混凝土衬砌，洞径为6.7m；支管采用钢板衬砌，洞径为4.7m；钢板板厚为16mm	582	420	24019	9931
3	方案三	Ⅱ类围岩为主	尾水一管一机	部分采用钢衬，其余洞段全部采用钢筋混凝土衬砌，洞径为4.88m；钢板板厚为26mm	891	568	41468	15418
4	方案四	Ⅲ～Ⅳ类，以Ⅳ类为主	尾水一管一机	部分采用钢衬，其余洞段全部采用钢筋混凝土衬砌，洞径为5.2m；钢板板厚为28mm	1673	577	45389	18120
5	方案五	主要为Ⅲ类，断层出露部位为Ⅳ类（占比约16%）	尾水一管二机	主洞采用钢筋混凝土衬砌，洞径为7m；支管采用钢板衬砌，洞径为4.6m；钢板板厚为20mm	679	578	28019	10273
6	方案六	以Ⅱ～Ⅲ类为主，局部为Ⅳ类	尾水一管二机	主洞采用钢筋混凝土衬砌，洞径为6m；支管采用钢板衬砌，洞径为4m；钢板板厚为20mm	1037	971	23745	8928

14.3　主要工程单价

通用造价上下水库分册中主要工程单价按照典型方案的施工组织设计根据近年在抽水蓄能电站施工中广泛使用的施工方案和施工方法等确定，主要工程单价及施工方法详见表 14-8。

表 14-8　　主要工程单价及施工方法

编号	项目名称	单位	概算水平	预算水平一	预算水平二	投标报价一	投标报价二	工程特征	施工方法
一	土方工程								
1	土方开挖	m^3	15.60	15.15	14.66	13.21	11.76	Ⅲ类土	118kW推土机剥离集料，$3m^3$装载机装土，15t自卸出渣，运距为2km
二	石方工程								
1	土石方回填	m^3	11.37	11.04	10.68	9.64	8.60		40%利用开挖料填筑，60%倒运$3m^3$装载机装15t自卸汽车运输，运距为1.0km，振动碾碾压
2	碎石垫层/回填（上水库进/出水口）	m^3	68.45	68.28	66.06	65.51	64.95		原料来自砂石料加工系统，振动碾压实
3	石方井挖（上水库进/出水口）	m^3	182.65	179.73	174.05	164.63	155.21	岩石级别为Ⅺ～Ⅻ，开挖断面面积为$100m^2$	反井钻机打导井，风钻扩挖，$3m^3$装载机装15t自卸汽车出渣，洞内运距为0.6km，洞外运距为1.5km

续表

编号	项目名称	单位	概算水平	预算水平一	预算水平二	投标报价一	投标报价二	工程特征	施工方法
4	石方明挖（上水库进/出水口工程）	m^3	40.25	39.99	38.77	37.93	37.10	岩石级别为Ⅸ～Ⅹ	潜孔钻 150 型钻爆，$3m^3$挖掘机装 15t 自卸汽车运输出渣，运距为 2.0km
5	平洞开挖（上水库进/出水口工程）	m^3	112.99	111.65	108.21	103.89	99.56	岩石级别为Ⅺ～Ⅻ，开挖断面面积为 $75m^2$	采用三臂凿岩台车钻孔爆破，$3m^3$装载机装 15t 自卸汽车出渣；洞内运距为 0.6km，洞外运距为 1.5km
6	石方明挖（引水闸门井）	m^3	43.04	42.76	41.43	40.52	39.60	岩石级别为Ⅸ～Ⅹ	采用 YQ-150 型潜孔钻机钻孔，分层梯段预裂爆破开挖，$3m^3$挖掘机装 20t 自卸汽车，132kW 推土机和少量手风钻辅助作业。弃渣运距为 2km
7	石方井挖（引水闸门井）	m^3	113.61	112.18	108.69	104.07	99.46	岩石级别为Ⅺ～Ⅻ，开挖断面面积为 $72m^2$	反井钻机打导孔，气腿钻扩挖至 ϕ3m 溜渣井，再扩挖至设计开挖尺寸，$3m^3$装载机装 15t 自卸汽车出渣，洞内运距为 0.6km，洞外运距为 1.5km
8	石方井挖（引水闸门井）	m^3	261.71	257.75	249.55	236.77	223.98	岩石级别为Ⅺ～Ⅻ，开挖断面面积为 $50m^2$	反井钻机打导井，气腿风钻自上而下扩挖，$3m^3$装载机装 15t 自卸汽车出渣，洞内运距为 0.6km，洞外运距为 1.5km
9	石方洞挖 平洞（引水隧洞）	m^3	117.61	116.17	112.60	107.97	103.34	岩石级别为Ⅺ～Ⅻ，开挖断面面积为 $50m^2$	采用三臂凿岩台车钻孔爆破，$3m^3$装载机装 15t 自卸汽车运输出渣，洞内运距为 0.6km，洞外运距为 1.5km
10	支洞石方洞挖（引水隧洞）	m^3	220.29	216.18	209.37	196.11	182.85	岩石级别为Ⅺ～Ⅻ，开挖断面面积为 $12m^2$	风钻钻孔爆破，$3m^3$ 装载机装 15t 自卸汽车出渣；洞内运距为 0.6km，洞外运距为 1.5km
11	斜井石方洞挖（引水隧洞）	m^3	321.93	316.76	306.68	290.01	273.34	岩石级别为Ⅺ～Ⅻ，开挖断面面积为 $40m^2$	采用 LM-400 型反井钻机施工导井，气腿风钻自上而下扩挖，$3m^3$装载机装 15t 自卸汽车出渣，平均运距洞内为 0.6km，洞外为 1.5km
12	渐变段洞挖 $a>100m^2$（引水隧洞）	m^3	110.88	109.57	106.19	101.96	97.73	岩石级别为Ⅺ～Ⅻ，开挖断面面积为 $100m^2$	采用三臂凿岩台车钻孔爆破，$3m^3$装载机装 15t 自卸汽车出渣；洞内运距为 0.6km，洞外运距为 1.5km
13	石方洞挖 引水调压室	m^3	91.27	90.25	87.47	84.16	80.85	岩石级别为Ⅺ～Ⅻ	三臂液压台车钻孔爆破，$3m^3$装载机装 15t 自卸汽车出渣，洞内运距为 0.6km，洞外运距为 1.5km
14	石方井挖 引水调压井 $a>100m^2$	m^3	172.08	169.49	164.12	155.74	147.37	岩石级别为Ⅺ～Ⅻ，开挖断面面积为 $150m^2$	LM-400 型反井钻机打导井，气腿钻扩挖至 ϕ3m 溜渣井，$3m^3$装载机装 15t 自卸汽车出渣，洞内运距为 2.0km，洞外运距为 2.6km

续表

编号	项目名称	单位	概算水平	预算水平一	预算水平二	投标报价一	投标报价二	工程特征	施工方法
15	石方井挖 引水调压井 $a<30m^2$	m^3	437.55	431.00	417.15	396.00	374.85	岩石级别为Ⅺ～Ⅻ，开挖断面面积为$20m^2$	LM-400型反井钻机打导井，气腿钻扩挖至ϕ3m溜渣井，$3m^3$装载机装15t自卸汽车出渣，洞内运距为2.0km，洞外运距为2.6km
16	石方洞挖 平洞（压力管道）	m^3	157.90	155.49	150.63	142.84	135.04	岩石级别为Ⅺ～Ⅻ，开挖断面面积为$36m^2$	三臂凿岩台车钻孔爆破，$3m^3$装载机装15t自卸汽车运输出渣，洞内运距为2.0km，洞外运距为2.6km
17	石方井挖（压力管道）	m^3	323.08	318.25	308.08	292.52	276.96	岩石级别为Ⅺ～Ⅻ，开挖断面面积为$36m^2$	采用LM-400型反井钻机施工导井，气腿风钻自上而下扩挖，$3m^3$装载机装15t自卸汽车出渣，洞内运距为2.0km，洞外运距为2.6km
18	石方洞挖 $a=20m^3$风钻	m^3	180.81	177.65	172.09	161.91	151.73	岩石级别为Ⅺ～Ⅻ，开挖断面面积为$30m^2$	采用风钻钻孔爆破，$3m^3$装载机装15t自卸汽车运输出渣，洞内运距为2.0km，洞外运距为2.6km
19	斜洞开挖（$a=30\sim50m^3$）（压力管道）	m^3	306.22	301.48	291.89	276.62	261.35	岩石级别为Ⅺ～Ⅻ	采用LM-400型反井钻机施工导井，气腿钻扩挖至3m溜渣井，$3m^3$装载机装15t自卸汽车出渣，平均运距洞内为2.0km，洞外为2.6km
20	石方井挖（尾水事故闸门室）	m^3	139.35	137.41	133.12	126.84	120.57	岩石级别为Ⅺ～Ⅻ，开挖断面面积为$80m^2$	30%采用三臂凿岩台车开挖，其余70%为竖井反井钻机开挖，$3m^3$装载机装15t自卸汽车出渣，平均运距洞内为2.0km，洞外为2.6km
21	石方井挖（尾水事故闸门井）	m^3	401.78	395.76	383.07	363.67	344.26	岩石级别为Ⅺ～Ⅻ，开挖断面面积为$80m^2$	30%采用三臂凿岩台车开挖，其余70%为竖井反井钻机开挖，$3m^3$装载机装15t自卸汽车出渣，平均运距洞内为2.0km，洞外为2.6km
22	石方井挖（尾水调压井）	m^3	163.48	161.05	155.97	148.14	140.30	岩石级别为Ⅺ～Ⅻ，开挖断面面积为$140m^2$	反井钻机打导孔，气腿钻扩挖至ϕ3m溜渣井，$3m^3$装载机装15t自卸汽车出渣，洞内运距为2.0km，洞外运距为2.6km
23	升管段井挖（$a<30m^2$）（尾水调压井）	m^3	366.01	360.53	348.99	331.33	313.67	岩石级别为Ⅺ～Ⅻ	LM-400型反井钻机打导井，气腿钻扩挖至3m溜渣井，$3m^3$装载机装15t自卸汽车出渣。洞内运距为2.0km，洞外运距为2.6km
24	竖井开挖 $a>100m^2$（尾水调压井）	m^3	190.92	188.00	182.05	172.63	163.20	岩石级别为Ⅺ～Ⅻ	LM-400型反井钻机打导井，气腿钻扩挖至3m溜渣井，$3m^3$装载机装15t自卸汽车出渣。洞内运距为2.0km，洞外运距为2.6km
25	石方洞挖（调压井通风洞）	m^3	155.35	153.37	148.63	142.26	135.89	岩石级别为Ⅺ～Ⅻ，开挖断面面积为$25m^2$	采用三臂凿岩台车钻孔爆破，$3m^3$装载机装15t自卸汽车出渣；洞内运距为2.0km，洞外运距为2.6km
26	石方洞挖（尾水隧洞）	m^3	121.80	120.44	116.72	112.35	107.98	岩石级别为Ⅺ～Ⅻ，开挖断面面积为$63m^2$	采用三臂凿岩台车钻孔爆破，$3m^3$装载机装15t自卸汽车出渣；洞内运距为2.0km，洞外运距为2.6km

续表

编号	项目名称	单位	概算水平	预算水平一	预算水平二	投标报价一	投标报价二	工程特征	施工方法
27	斜井石方洞挖（尾水隧洞）	m^3	388.08	382.03	369.82	350.30	330.79	岩石级别为Ⅺ～Ⅻ，开挖断面面积为 $33m^2$	采用LM-400型反井钻机施工导井，气腿钻扩挖至3m溜渣井，$3m^3$ 装载机装15t自卸汽车出渣，洞内运距为2.0km，洞外运距为2.6km
28	石方井挖（尾水检修闸门井）	m^3	212.97	209.80	203.15	192.93	182.72	岩石级别为Ⅺ～Ⅻ，开挖断面面积为 $84m^2$	LM-400型反井钻机打导孔，气腿钻扩挖至 ϕ3m溜渣井，$3m^3$ 装载机装15t自卸汽车出渣，洞内运距为2.0km，洞外运距为2.6km
29	石方明挖（下水库进/出水口）	m^3	40.25	39.99	38.77	37.93	37.10	岩石级别为Ⅸ～Ⅹ	潜孔钻150型钻爆，$3m^3$ 挖掘机装15t自卸汽车运输出渣，运距为2.0km
30	石方洞挖（下水库进/出水口）	m^3	125.94	124.51	120.67	116.06	111.46	岩石级别为Ⅺ～Ⅻ，开挖断面面积为 $51m^2$	采用气腿钻钻孔爆破，$3m^3$ 装载机装15t自卸汽车出渣。洞内运距为2.0km，洞外运距为2.6km
三	砌石工程								
1	浆砌石（排水沟）	m^3	294.44	289.40	280.23	276.98	241.30		人工从渣场拣石块，手推车运100m，$2m^3$ 装载机装10t自卸汽车运输1.0km，人工砌筑
2	干砌石（上水库进/出水口）	m^3	126.14	122.39	118.40	115.98	103.29		人工从渣场拣石块，手推车运100m，$2m^3$ 装载机装10t自卸汽车运输1.0km，人工砌筑
四	混凝土工程								
1	地沟盖板制安	m^3	924.15	912.17	883.16	844.56	823.16		预制板体积≤$0.6m^3$，运距为1～5km
2	橡胶止水	延米	166.29	165.85	160.45	159.04	143.18		
3	铜止水	延米	589.08	587.63	568.51	563.83	507.22		
4	平洞衬砌混凝土（C20、二级配、上水库进/出水口）	m^3	542.91	541.50	524.57	520.02	483.86	洞口衬砌，衬砌厚度为1.1m	拌和楼拌制混凝土，$6m^3$ 混凝土搅拌运输车运混凝土运距为0.5km，吊罐入仓，插入式振捣器振捣
5	竖井衬砌混凝土（C20、二级配、上水库进/出水口）	m^3	563.31	561.66	544.12	538.80	502.06	衬砌厚度为0.9m	拌和楼拌制混凝土，$6m^3$ 混凝土搅拌运输车运混凝土运距为0.5km，吊罐入仓，插入式振捣器振捣
6	其他混凝土（C20、一级配、上水库进/出水口）	m^3	554.51	553.46	536.16	532.78	494.20		拌和楼拌制混凝土，$6m^3$ 混凝土搅拌运输车运混凝土运距为0.5km，吊罐入仓，插入式振捣器振捣
7	其他混凝土（C20、二级配、上水库进/出水口）	m^3	527.35	526.30	509.80	506.43	469.95		拌和楼拌制混凝土，$6m^3$ 混凝土搅拌运输车运混凝土运距为0.5km，吊罐入仓，插入式振捣器振捣
8	其他混凝土（C20、F300、二级配、上水库进/出水口）	m^3	560.56	559.51	541.93	538.55	499.51		拌和楼拌制混凝土，$6m^3$ 混凝土搅拌运输车运混凝土运距为0.5km，吊罐入仓，插入式振捣器振捣
9	进/出水口混凝土（C30、进/出水口）	m^3	606.29	604.88	586.03	581.50	540.39		拌和楼拌制混凝土，$6m^3$ 混凝土搅拌运输车运混凝土运距为0.5km，吊罐入仓，插入式振捣器振捣

续表

编号	项目名称	单位	概算水平	预算水平一	预算水平二	投标报价一	投标报价二	工程特征	施工方法
10	网格梁混凝土（C25、上水库进/出水口）	m^3	587.94	585.94	567.74	561.30	524.10		拌和楼拌制混凝土，$6m^3$混凝土搅拌运输车运混凝土运距为0.5km，吊罐入仓，插入式振捣器振捣
11	置换混凝土（C15、上水库进/出水口）	m^3	521.84	521.06	504.67	502.16	464.99		拌和楼拌制混凝土，$6m^3$混凝土搅拌运输车运混凝土运距为0.5km，吊罐入仓，插入式振捣器振捣
12	进水口混凝土（C25、进/出水口、竖井式）	m^3	551.86	550.58	533.40	529.27	491.87		拌和楼拌制混凝土，$6m^3$混凝土搅拌运输车运混凝土运距为0.5km，吊罐入仓，插入式振捣器振捣
13	混凝土（C25、F100、二级配、引水闸门井）	m^3	524.50	523.17	506.88	502.62	467.51	衬砌厚度为0.8m	拌和楼拌制混凝土，$6m^3$混凝土搅拌运输车运混凝土运距为0.5km，溜槽入仓，插入式振捣器振捣
14	置换混凝土（C20、F50、二级配、引水闸门井）	m^3	590.71	589.93	571.47	568.96	526.44		拌和楼拌制混凝土，$6m^3$混凝土搅拌运输车运混凝土，运距洞内为2.0km、洞外为0.5km，溜槽入仓，插入式振捣器振捣
15	混凝土平洞衬砌（C25、引水闸门井）	m^3	617.99	616.32	597.10	591.70	550.82	衬砌厚度为0.9m	拌和楼拌制混凝土，$6m^3$混凝土搅拌运输车运混凝土运距为0.5km，溜槽入仓，插入式振捣器振捣
16	混凝土平台路面（C20、引水闸门井）	m^3	459.81	455.96	441.79	429.40	409.84	路面厚度为0.2m	拌和楼拌制混凝土，$6m^3$混凝土搅拌运输车运混凝土运距为0.5km，溜槽入仓，插入式振捣器振捣
17	混凝土竖井衬砌（C25、引水闸门井）	m^3	507.41	506.07	490.35	486.02	452.31	衬砌厚度为0.8m	拌和楼拌制混凝土，$6m^3$混凝土搅拌运输车运混凝土运距为0.5km，溜槽入仓，插入式振捣器振捣
18	回填混凝土（C20、F50、二级配、引水隧洞）	m^3	561.00	560.20	542.88	540.30	500.16	衬砌厚度为1.1m	拌和楼拌制混凝土，$6m^3$混凝土搅拌运输车运混凝土，运距洞内为2.0km、洞外为0.5km，泵送入仓，插入式振捣器振捣
19	混凝土（$a=30\sim50$，200号二级配，引水隧洞）	m^3	699.98	698.15	676.34	670.46	623.86	衬砌厚度为0.7m	拌和楼拌制混凝土，$6m^3$混凝土搅拌运输车运混凝土，运距洞内为2km、洞外为0.5km，混凝土泵送入仓，插入式振捣器振捣
20	混凝土（$a>100$，200号二级配，引水隧洞）	m^3	691.12	689.34	667.79	662.05	615.95	衬砌厚度为0.7m	拌和楼拌制混凝土，$6m^3$混凝土搅拌运输车运混凝土，运距洞内为2km、洞外为0.5km，混凝土泵送入仓，插入式振捣器振捣
21	平洞衬砌混凝土（C25、引水隧洞）	m^3	749.03	747.22	723.96	718.12	667.66	衬砌厚度为0.7m	拌和楼拌制混凝土，$6m^3$混凝土搅拌运输车运混凝土，运距洞内为2km、洞外为0.5km，混凝土泵送入仓，插入式振捣器振捣
22	斜井衬砌混凝土（C25、引水隧洞）	m^3	771.02	769.05	745.14	738.79	687.28	衬砌厚度为0.7m	拌和楼拌制混凝土，$6m^3$混凝土搅拌运输车运混凝土，运距洞内为2km、洞外为0.5km，混凝土泵送入仓，插入式振捣器振捣
23	膨胀混凝土（C15、引水隧洞）	m^3	610.81	609.72	590.30	586.76	544.05	衬砌厚度为0.6m	拌和楼拌制混凝土，$6m^3$混凝土搅拌运输车运混凝土，运距洞内为2km、洞外为0.5km，混凝土泵送入仓，插入式振捣器振捣
24	衬砌混凝土（C25、$a>100$、引水调压井）	m^3	775.64	774.11	749.92	745.00	691.29	衬砌厚度为0.9m	拌和楼拌制混凝土，$6m^3$混凝土搅拌运输车运混凝土，运距洞内为2.0km、洞外为0.5km，泵送入仓，插入式振捣器振捣
25	衬砌混凝土（C25、$a<30$、引水调压井）	m^3	750.25	748.43	725.14	719.26	668.76	衬砌厚度为0.7m	拌和楼拌制混凝土，$6m^3$混凝土搅拌运输车运混凝土，运距洞内为2.0km、洞外为0.5km，泵送入仓，插入式振捣器振捣

续表

编号	项目名称	单位	概算水平	预算水平一	预算水平二	投标报价一	投标报价二	工程特征	施工方法
26	衬砌混凝土（C20、a=30、厚度 50）	m^3	788.35	786.20	761.58	754.64	702.57	衬砌厚度为 0.5m	拌和楼拌制混凝土，$6m^3$ 混凝土搅拌运输车运混凝土，运距洞内为 2km、洞外为 0.5km，混凝土泵送入仓，插入式振捣器振捣
27	平洞衬砌混凝土（C20、二级配、压力管道）	m^3	741.16	739.19	716.06	709.72	660.52	衬砌厚度为 0.6m	拌和楼拌制混凝土，$6m^3$ 混凝土搅拌运输车运混凝土，运距洞内为 2km、洞外为 0.5km，混凝土泵送入仓，插入式振捣器振捣
28	斜洞衬砌混凝土（C20、二级配、压力管道）	m^3	756.17	754.11	730.52	723.86	673.92	衬砌厚度为 0.6m	拌和楼拌制混凝土，$6m^3$ 混凝土搅拌运输车运混凝土，运距洞内为 2km、洞外为 0.5km，混凝土泵送入仓，插入式振捣器振捣
29	隧洞衬砌混凝土（C25、开挖断面面积为 $30m^2$、衬砌厚度为 50cm）	m^3	848.67	846.51	820.10	813.16	756.41	衬砌厚度为 0.5m	隧洞喷锚支护后衬砌，拌和楼拌制混凝土，$6m^3$ 混凝土搅拌运输车运混凝土，运距洞内为 2.0km、洞外为 0.5km，混凝土泵送入仓，插入式振捣器振捣
30	隧洞衬砌混凝土（C25、开挖断面面积为 $20m^2$、衬砌厚度为 70cm）	m^3	755.83	753.99	730.53	724.59	673.73	衬砌厚度为 0.7m	隧洞喷锚支护后衬砌，拌和楼拌制混凝土，$6m^3$ 混凝土搅拌运输车运混凝土，运距洞内为 2.0km、洞外为 0.5km。混凝土泵送入仓，插入式振捣器振捣
31	回填混凝土（C20、F50、二级配、压力管道）	m^3	591.88	590.79	572.50	568.99	527.67	衬砌厚度为 0.6m	拌和楼拌制混凝土，$6m^3$ 混凝土搅拌运输车运混凝土，运距洞内为 2.0km、洞外为 0.5km，泵送入仓，插入式振捣器振捣
32	排水廊道衬砌（C25）	m^3	830.86	828.67	802.85	795.81	740.57	衬砌厚度为 0.5m	拌和楼拌制混凝土，$6m^3$ 混凝土搅拌运输车运混凝土，运距洞外为 0.5km、洞内为 2.0km。混凝土泵送入仓，插入式振捣器振捣
33	衬砌混凝土（C25、F50、二级配、尾水事故闸门室）	m^3	746.08	744.49	721.02	715.91	664.75	衬砌厚度为 0.7m	拌和楼拌制混凝土，$6m^3$ 混凝土搅拌运输车运混凝土，运距洞内为 2.0km、洞外为 0.5km，吊罐入仓，插入式振捣器振捣
34	底板混凝土（C25、尾水事故闸门室）	m^3	551.98	550.53	533.41	528.73	492.03		拌和楼拌制混凝土，$6m^3$ 混凝土搅拌运输车运混凝土，运距洞内为 2km、洞外为 0.5km，吊罐入仓，插入式振捣器振捣
35	尾水事故闸门岩锚梁（尾水事故闸门室）	m^3	788.99	787.13	762.20	756.20	702.88		拌和楼拌制混凝土，$6m^3$ 混凝土搅拌运输车运混凝土，运距洞内为 2km、洞外为 0.5km，吊罐入仓，插入式振捣器振捣
36	衬砌混凝土（C25、尾水事故闸门井）	m^3	665.73	663.78	643.03	636.74	593.33	衬砌厚度为 0.7m	拌和楼拌制混凝土，$6m^3$ 混凝土搅拌运输车运混凝土，运距洞内为 2km、洞外为 0.5km，吊罐入仓，插入式振捣器振捣
37	置换混凝土（C20、F50、二级配、尾水调压井）	m^3	614.21	613.43	594.21	591.70	547.37		拌和楼拌制混凝土，$6m^3$ 混凝土搅拌运输车运混凝土，运距洞内为 2.0km、洞外为 0.5km，溜槽入仓，插入式振捣器振捣
38	衬砌混凝土（C25、F100、二级配、尾水调压井）	m^3	614.60	612.86	593.72	588.12	547.77	衬砌厚度为 0.8m	拌和楼拌制混凝土，$6m^3$ 混凝土搅拌运输车运混凝土，运距洞内为 2.0km、洞外为 0.5km，溜槽入仓，插入式振捣器振捣
39	升管段混凝土衬砌（C20、二级配、尾水调压井）	m^3	713.43	711.16	688.85	681.55	635.76	衬砌厚度为 0.5m	拌和楼拌制混凝土，$6m^3$ 混凝土搅拌运输车运混凝土，运距洞内为 2km、洞外为 0.5km，溜槽入仓，插入式振捣器振捣
40	竖井混凝土衬砌（C20、二级配、尾水调压井）	m^3	535.79	534.38	517.69	513.14	477.53	衬砌厚度为 1.2m	拌和楼拌制混凝土，$6m^3$ 混凝土搅拌运输车运混凝土，运距洞内为 2km、洞外为 0.5km，溜槽入仓，插入式振捣器振捣

编号	项目名称	单位	概算水平	预算水平一	预算水平二	投标报价一	投标报价二	工程特征	施工方法
41	衬砌混凝土（C20、二级配、尾水隧洞）	m³	843.01	841.04	814.59	808.25	751.18	衬砌厚度为0.6m	拌和楼拌制混凝土，6m³混凝土搅拌运输车运混凝土，运距洞内为2km、洞外为0.5km，混凝土泵送入仓，插入式振捣器振捣
42	斜井衬砌混凝土（C25、尾水隧洞）	m³	905.80	903.74	875.45	868.79	807.26	衬砌厚度为0.6m	拌和楼拌制混凝土，6m³混凝土搅拌运输车运混凝土，运距洞内为2km、洞外为0.5km，混凝土泵送入仓，插入式振捣器振捣
43	衬砌混凝土（C25、F100、二级配、尾水隧洞）	m³	881.44	879.49	851.95	845.66	785.53	衬砌厚度为0.7m	拌和楼拌制混凝土，6m³混凝土搅拌运输车运混凝土，运距洞内为2.0km、洞外为0.5km，泵送入仓，插入式振捣器振捣
44	回填混凝土（C20、F50、二级配、尾水隧洞）	m³	664.21	662.88	642.30	638.02	592.10	衬砌厚度为0.5m	拌和楼拌制混凝土，6m³混凝土搅拌运输车运混凝土，运距洞内为2.0km、洞外为0.5km，泵送入仓，插入式振捣器振捣
45	置换混凝土（C20、F50、二级配、尾水隧洞）	m³	619.60	618.82	599.42	596.91	552.16		拌和楼拌制混凝土，6m³混凝土搅拌运输车运混凝土，运距洞内为2.0km、洞外为0.5km，泵送入仓，插入式振捣器振捣
46	洞外结构混凝土（C20、尾水检修闸门井）	m³	907.69	906.41	877.65	873.51	808.59		拌和楼拌制混凝土，6m³混凝土搅拌运输车运混凝土，运距为0.5km，吊罐入仓，插入式振捣器振捣
47	衬砌混凝土（C25、尾水检修闸门井）	m³	622.46	620.71	601.32	595.66	554.78	衬砌厚度为0.8m	拌和楼拌制混凝土，3m³混凝土搅拌运输车运混凝土，运距洞内为2.0km、洞外为0.5km，吊罐入仓，插入式振捣器振捣
48	置换混凝土（C20、F50、二级配、尾水检修闸门井）	m³	616.44	615.66	596.36	593.85	549.35		拌和楼拌制混凝土，3m³混凝土搅拌运输车运混凝土，运距洞内为2.0km、洞外为0.5km，泵送入仓，插入式振捣器振捣
49	混凝土排污栅架（C25、下水库进/出水口）	m³	910.06	908.58	879.68	874.92	810.62		拌和楼拌制混凝土，6m³混凝土搅拌运输车运混凝土，运距为0.5km，吊罐入仓，插入式振捣器振捣
50	结构混凝土（C25、F100、二级配、下水库进/出水口）	m³	634.75	633.17	613.34	608.24	565.68	衬砌厚度为0.6m	拌和楼拌制混凝土，6m³混凝土搅拌运输车运混凝土，运距为0.5km，吊罐入仓，插入式振捣器振捣
51	置换混凝土（C20、F50、二级配、下水库进/出水口）	m³	619.60	618.82	599.42	596.91	552.16		拌和楼拌制混凝土，6m³混凝土搅拌运输车运混凝土，运距洞内为2.0km、洞外为0.5km，泵送入仓，插入式振捣器振捣
52	底板混凝土C40（下水库进/出水口）	m³	688.66	686.80	665.65	659.67	614.05		拌和楼拌制混凝土，6m³混凝土搅拌运输车运混凝土，运距为0.5km，吊罐入仓，插入式振捣器振捣
53	底板拦砂坎混凝土C20（下水库进/出水口）	m³	477.36	475.76	460.92	455.76	425.47		拌和楼拌制混凝土，6m³混凝土搅拌运输车运混凝土，运距为0.5km，吊罐入仓，插入式振捣器振捣
54	进/出水口混凝土（C25、下水库进/出水口）	m³	581.63	580.22	562.09	557.57	518.38		拌和楼拌制混凝土，6m³混凝土搅拌运输车运混凝土，运距为0.5km，吊罐入仓，插入式振捣器振捣
五	钢筋制作安装工程								
1	地面 钢筋制安	t	6289.23	6265.66	6085.15	6009.16	5803.25		钢筋加工制安
2	地下 钢筋制安	t	6429.14	6401.38	6216.45	6126.93	5931.86		钢筋加工制安

编号	项目名称	单位	概算水平	预算水平一	预算水平二	投标报价一	投标报价二	工程特征	施工方法
六	喷锚支护工程								
1	洞内 喷混凝土 10cm	m^3	971.50	961.59	931.50	921.91	884.62		机械湿喷，平洞支护，有钢筋网
2	露天 喷混凝土 10cm	m^3	909.32	900.65	872.50	864.12	828.03		机械湿喷，地面护坡，有钢筋网
3	洞内 喷钢纤维混凝土 70kg	m^3	1553.91	1545.76	1496.66	1488.78	1414.26		机械湿喷，平洞支护，钢纤维掺量为 70kg/m^3
4	洞内喷混凝土厚 15cm	m^3	942.50	933.46	904.28	895.53	858.25		机械湿喷，平洞支护，有钢筋网
5	喷素混凝土	m^3	959.33	949.60	919.88	910.47	873.53		机械湿喷，平洞支护，无钢筋网
6	露天 锚杆（ϕ32、L=9m、潜孔钻）	根	1072.16	1056.16	1021.90	970.31	788.40	岩石级别为Ⅸ～Ⅹ	潜孔钻钻孔
7	露天 锚杆（ϕ22、L=4m、风钻）	根	151.56	149.79	144.92	139.20	111.44	岩石级别为Ⅸ～Ⅹ	风钻钻孔
8	露天 锚杆（ϕ25、L=4.5m、风钻）	根	198.98	196.89	190.49	183.74	146.31	岩石级别为Ⅸ～Ⅹ	风钻钻孔
9	露天 锚杆（ϕ25、L=6m、风钻）	根	272.34	269.29	260.54	250.72	200.25	岩石级别为Ⅸ～Ⅹ	风钻钻孔
10	洞内 锚杆（ϕ20、L=4m、风钻）	根	179.29	176.48	170.74	161.69	131.83	岩石级别为Ⅺ～Ⅻ	风钻钻孔
11	洞内 锚杆（ϕ22、L=4m、风钻）	根	192.79	189.99	183.81	174.76	141.76	岩石级别为Ⅺ～Ⅻ	风钻钻孔
12	露天 预应力锚杆（ϕ28、L=9m）	根	4268.87	4204.60	4068.44	3861.14	3139.52		风钻钻孔
13	露天 锚杆（ϕ28、L=8、潜孔钻）	根	850.65	836.88	809.73	765.32	625.52	岩石级别为Ⅸ～Ⅹ	潜孔钻钻孔
14	洞内 锚杆（ϕ22、L=3m、风钻）	根	144.56	142.50	137.87	131.23	106.29	岩石级别为Ⅺ～Ⅻ	风钻钻孔
15	洞内 锚杆（ϕ22、L=2m、风钻）	根	96.31	95.00	91.92	87.69	70.82	岩石级别为Ⅺ～Ⅻ	风钻钻孔
16	洞内 锚杆（ϕ25、L=4m、风钻）	根	215.75	212.95	206.02	196.97	158.64	岩石级别为Ⅺ～Ⅻ	风钻钻孔
17	洞内 锚杆（ϕ25、L=5m、风钻）	根	279.04	275.18	266.23	253.78	205.17	岩石级别为Ⅺ～Ⅻ	风钻钻孔
18	洞内 锚杆（ϕ32、L=9.5m、潜孔钻）	根	1431.72	1410.81	1365.03	1297.60	1052.79	岩石级别为Ⅺ～Ⅻ	潜孔钻钻孔
19	洞内 锚杆（ϕ25、L=7m、潜孔钻）	根	785.03	770.62	745.58	699.12	577.24	岩石级别为Ⅺ～Ⅻ	潜孔钻钻孔
20	洞内 锚杆（ϕ25、L=6m、风钻）	根	363.46	358.02	346.38	328.83	351.64	岩石级别为Ⅺ～Ⅻ	风钻钻孔
21	洞内 锚杆（ϕ28、L=8m、潜孔钻）	根	977.02	960.02	928.86	874.06	718.43	岩石级别为Ⅺ～Ⅻ	潜孔钻钻孔
22	洞内 锚杆（ϕ32、L=9m、潜孔钻）	根	1215.52	1195.87	1157.06	1093.67	893.82	岩石级别为Ⅺ～Ⅻ	潜孔钻钻孔
23	洞内 锚杆（ϕ20、L=4.0、风钻）	根	179.29	176.48	170.74	161.69	131.83	岩石级别为Ⅺ～Ⅻ	风钻钻孔
24	洞内 锚杆（ϕ25、L=4.5、风钻）	根	247.40	244.06	236.13	225.38	181.91	岩石级别为Ⅺ～Ⅻ	风钻钻孔
25	洞内 锚杆（ϕ25、L=6m、风钻）	根	342.31	337.40	326.43	310.59	251.70	岩石级别为Ⅺ～Ⅻ	风钻钻孔
26	露天 锚索（2000kN、L=40m、地质钻机）	束	46940.67	46311.26	44806.48	44197.50	42690.45		无黏结式岩石预应力锚索，地质钻钻孔
27	露天 锚索（2000kN、L=25m、地质钻机）	束	31526.37	31109.89	30099.87	29696.95	28672.57		无黏结式岩石预应力锚索，地质钻钻孔
28	露天 锚索（1000kN、L=20m、地质钻机）	束	19063.66	18805.14	18195.58	17945.48	17338.88		无黏结式岩石预应力锚索，地质钻钻孔

续表

编号	项目名称	单位	概算水平	预算水平一	预算水平二	投标报价一	投标报价二	工程特征	施工方法
29	洞内 锚索（2000kN、$L=40$m、地质钻机）	束	47046.42	46413.86	44905.75	44293.71	42786.66		无黏结式岩石预应力锚索，地质钻钻孔
30	露天 锚索（1000kN、$L=30$m、地质钻机）	束	26166.09	25813.34	24975.70	24634.45	23797.94		无黏结式岩石预应力锚索，地质钻钻孔
31	露天 锚杆（ϕ32、$L=8$m、潜孔钻）	根	888.22	874.45	846.07	801.67	653.14	岩石级别为Ⅸ～Ⅹ	潜孔钻钻孔
32	露天 锚杆（ϕ25、$L=5$m、风钻）	根	223.43	221.03	213.84	206.07	164.29	岩石级别为Ⅸ～Ⅹ	风钻钻孔
33	露天 锚杆（ϕ25、$L=4$m、风钻）	根	174.53	172.75	167.14	161.41	128.33	岩石级别为Ⅸ～Ⅹ	风钻钻孔
34	洞内 锚杆（ϕ20、$L=2.6$m、风钻）	根	116.39	114.63	110.91	105.24	85.58	岩石级别为Ⅺ～Ⅻ	风钻钻孔
35	洞内 锚杆（ϕ28、$L=7.5$m、潜孔钻）	根	1176.36	1160.62	1122.91	1072.15	864.98	岩石级别为Ⅺ～Ⅻ	潜孔钻钻孔
36	洞内 预应力锚杆（ϕ32、$L=9$m）	根	3355.32	3288.73	3182.38	2967.64	2467.80		
七	基础处理工程								
1	帷幕灌浆钻孔（洞内）	m	328.59	323.59	313.06	296.94	276.57	岩石级别为Ⅻ	地质钻钻岩石孔，孔深为50～100m
2	帷幕灌浆	t	6058.75	5930.05	5739.83	5324.83	5102.15		帷幕灌浆，自下而上，水泥单位注入量为50kg/m
3	洞内固结灌浆钻孔（风钻）	m	28.07	27.33	26.44	25.97	24.44	岩石级别为Ⅻ	潜孔钻钻岩石孔，孔深在12m以内
4	隧洞固结灌浆（40kg/m）	t	4338.42	4255.27	4119.52	3851.34	3822.05		洞内岩石固结灌浆，自下而上，水泥单位注入量为40kg/m
5	隧洞回填灌浆	m^3	106.37	104.99	101.73	97.30	89.66		
6	露天 排水孔	m	19.86	19.36	18.73	18.41	17.29		手风钻钻孔，孔深在5m以内
7	洞内 排水孔（5m以内）	m	26.81	26.10	25.25	24.80	23.34		气腿钻钻孔，孔深在5m以内
8	接触灌浆	m^2	110.88	110.11	106.56	104.07	96.57		风钻钻孔，灌浆泵灌浆
9	排水廊道洞内（排水孔—50m）	m	240.25	236.04	228.36	225.65	220.81		地质钻钻孔，孔深为50m
10	洞内（超细水泥灌浆）	t	11744.86	11547.30	11171.48	10534.32	10226.38		超细水泥灌浆 单位注入量为10～30 kg/m
11	柔性砂浆防渗垫层	m^2	145.61	144.78	140.07	137.40	126.78		砂浆拌制，6m^3混凝土搅拌运输车运输1km，溜槽运送，振动碾压实

第15章 使 用 方 法

15.1 单位造价指标

单位造价指标是通用造价的宏观管理应用工具，主要用于方案和二级项目的造价调整，可在抽水蓄能电站选点规划投资匡算、预可行性研究投资估算和可行性研究设计概算等的编制、评审和决策中广泛应用。

根据实际工程技术条件，合理选择典型方案通用造价、二级项目造价或单位造价指标，通过拼接、调整影响造价主要因素，快速计算工程造价。具体使用步骤如下：

（1）根据站址围岩条件，以14.2节单位造价指标表为基础，选择合适的通用造价典型方案作为基础方案。

（2）对基础方案的二级项目构成进行调整，使其与实际方案二级项目构成相同。

（3）根据实际方案二级项目围岩类别、建筑物型式、尺寸选择相近的单位造价指标。

（4）计算相应二级项目造价及合计投资。

（5）以各二级项目合计投资作为基数，乘以调整系数（岩石级别、价格水平、项目地区、海拔高程、设计阶段、综合调整）计算实际方案的工程造价。

15.2 工程单价

工程单价是通用造价的微观管理应用工具，是控制造价精度的重要方法，可在抽水蓄能电站各阶段的造价编制、评审和决策中广泛应用。

工程单价的使用方法：根据项目所处阶段，以 14.3 节工程单价区间表为基础，合理选择工程单价水平，调整运距、断面尺寸、岩石级别、项目地区、海拔高程等影响工程单价的主要因素，形成目标单价。

通用造价中工程单价主要目的是提供造价编制、分析和评审的参考，并提供快速计算工程单价的方法。对于招标文件或合同条款中有工程单价明确的计算条件或方法的情况，建议需结合实际情况具体分析，不宜简便选用。

第 16 章 调 整 方 法

16.1 单位造价指标

影响典型方案与实际方案造价差异的主要因素包括项目构成差异、建筑物尺寸变化、岩石级别差异、价格水平不同、项目地区差异和项目所处海拔高程等。影响造价的主要因素调整方法见本章 16.1.1～16.1.8。

调整方法中项目构成差异和尺寸变化，主要是调整二级项目，其他调整方法主要适用于方案调整，二级项目也可参照使用。

16.1.1 项目构成

实际方案与通用造价典型方案相比减少的二级项目，在通用造价典型方案中减去相应二级项目投资；实际方案与通用造价典型方案相比增加的二级项目，参照通用造价其他典型方案二级项目单位造价指标，并结合二级项目的特征参数计算相应投资。

16.1.2 尺寸变化

实际方案与通用造价典型方案建筑物尺寸、面积变化，比如洞室断面面积差异，可通过实际方案二级项目的特征尺寸和通用造价典型方案对应项目单位造价指标计算投资，替换典型方案相应造价。

16.1.3 岩石级别差异

典型方案通用造价石方洞挖、锚杆和灌浆钻孔岩石级别按Ⅺ～Ⅻ考虑，为了便于对岩石级别Ⅸ～Ⅹ和ⅩⅢ～ⅩⅣ的调整，通过计算岩石级别Ⅸ～Ⅹ和ⅩⅢ～ⅩⅣ方案的投资，分别与典型方案通用造价做比值，作为不同岩石级别的调整系数。通用造价各典型方案岩石级别调整系数见表 16-1。

表 16-1 典型方案岩石级别调整系数

编号	项目名称	Ⅺ～Ⅻ	Ⅸ～Ⅹ	ⅩⅢ～ⅩⅣ	备注
1	典型方案一	1.000	0.969	1.036	
2	典型方案二	1.000	0.962	1.057	
3	典型方案三	1.000	0.978	1.035	
4	典型方案四	1.000	0.982	1.031	
5	典型方案五	1.000	0.969	1.041	
6	典型方案六	1.000	0.976	1.036	
7	均值		0.973	1.039	

16.1.4 价格水平

实际方案与通用造价典型方案价格水平不同时，价格水平采用指数法进行调整。价格指数采用水电总院可再生能源定额站发布的价格指数，或者通过权重法计算，价格指数的权重法计算公式为

$$A+\left(B_1\times\frac{F_{t1}}{F_{o1}}+B_2\times\frac{F_{t2}}{F_{o2}}+B_3\times\frac{F_{t3}}{F_{o3}}+\cdots+B_n\times\frac{F_{tn}}{F_{on}}\right) \qquad (16\text{-}1)$$

式中 A——定值权重（即不调部分的权重）；

$B_1,B_2,B_3,\cdots,B_n$——各可调因子的变值权重（即可调部分的权重），为各可调因子单项工程造价中所占的比例；

$F_{t1},F_{t2},F_{t3},\cdots,F_{tn}$——各可调因子的调整期价格；

$F_{o1},F_{o2},F_{o3},\cdots,F_{on}$——各可调因子的通用造价编制期价格。

建筑工程部分可调因子包括高级熟练工、熟练工、半熟练工、普工、柴油、汽油、钢筋、水泥、炸药、砂石料、电水风等。

经分析方案一～六建筑工程定值权重分别为 22.86%、22.20%、

24.35%、22.61%、26.06%、25.44%，定值权重平均值为23.92%。

安装工程定值权重分别为2.67%、9.06%、4.49%、2.11%、1.74%、1.75%，定值权重平均值为3.63%。

可调因子的变值权重见表16-2和表16-3。

表16-2　建筑工程可调因子的变值权重　%

编号	项目名称	高级工	熟练工	半熟练工	普工	钢筋	水泥	柴油	炸药	板枋材	汽油	砂	碎石	电	水	风
1	典型方案一	1.10	5.62	4.60	3.68	15.89	20.97	6.01	3.76	0.78	0.34	4.17	3.40	2.67	1.16	2.98
2	典型方案二	1.19	5.87	5.23	3.99	19.10	17.91	5.27	3.88	0.93	0.35	3.76	3.13	2.60	1.04	3.55
3	典型方案三	1.01	6.70	5.12	3.94	15.35	17.46	6.80	4.10	0.71	0.50	2.91	2.23	3.17	2.24	3.41
4	典型方案四	1.07	7.09	5.27	3.93	16.93	18.12	5.77	3.38	0.84	0.61	3.04	2.42	3.46	2.59	2.88
5	典型方案五	1.04	5.37	4.53	3.70	18.21	17.01	6.86	3.76	0.86	0.37	2.96	2.37	2.42	0.94	3.54
6	典型方案六	1.04	7.63	5.52	4.27	13.23	17.19	6.04	3.60	0.51	0.58	2.61	2.02	3.59	3.09	3.66
7	均值	1.07	6.38	5.04	3.92	16.45	18.11	6.12	3.75	0.77	0.46	3.24	2.60	2.98	1.84	3.34

表16-3　安装工程可调因子的变值权重　%

编号	项目名称	高级工	熟练工	半熟练工	普工	柴油	板枋材	汽油（t）	电（kW·h）	钢板600MPa	钢板Q345R	钢板800MPa	钢岔管800MPa
1	典型方案一	1.91	17.06	7.69	3.26	1.23	0.20	0.64	7.00	24.72	23.35	0.00	10.27
2	典型方案二	2.07	18.28	8.35	3.54	1.33	0.19	0.63	7.79	0.00	38.44	10.30	0.00
3	典型方案三	1.67	14.49	6.66	2.89	0.94	0.14	0.41	5.96	0.00	34.29	0.00	28.07
4	典型方案四	1.82	16.43	7.36	3.13	1.25	0.23	0.71	6.57	23.07	7.23	22.26	7.82
5	典型方案五	1.84	15.94	7.27	3.10	1.13	0.17	0.56	6.65	15.63	13.62	23.17	9.18
6	典型方案六	1.92	16.36	7.54	3.24	1.08	0.16	0.47	6.79	20.86	17.43	14.12	8.28
7	均值	1.87	16.43	7.48	3.19	1.16	0.18	0.57	6.80	14.05	22.39	11.64	10.60

16.1.5　项目地区

典型方案通用造价取费按中南、华东的一般地区考虑，在此基础上根据2013版取费标准中其他直接费规定，分别计算出西南，华北，西北、东北、西藏等地区的方案造价，以上述地区的方案造价与通用造价的比值作为不同地区的调整系数，项目地区差异各方案计算结果相同，调整系数见表16-4。

表16-4　项目地区差异调整系数

地区差异名称	中南、华东	西南	华北	西北、东北、西藏
调整系数	1.000	1.004	1.009	1.022

16.1.6　海拔高程

典型方案通用造价按高程2000m以下的一般地区考虑，在此基础上根据定额高海拔地区调整系数分析计算2000～4000m各高程区间的方案造价，以各高程区间的方案造价与2000m以下方案造价的比值作为不同海拔高程调整系数，高海拔调整系数分档同《水电建筑工程概算定额（2007年版）》，海拔高程调整系数见表16-5。

表16-5　海拔高程调整系数

编号	项目名称	2000以内	2000～2500	2500～3000	3000～3500	3500～4000
1	典型方案一	1.00	1.06	1.08	1.10	1.13
2	典型方案二	1.00	1.05	1.08	1.10	1.12
3	典型方案三	1.00	1.05	1.08	1.10	1.12
4	典型方案四	1.00	1.05	1.07	1.09	1.11
5	典型方案五	1.00	1.06	1.08	1.11	1.13
6	典型方案六	1.00	1.05	1.07	1.09	1.12
	平均		1.05	1.08	1.10	1.12

16.1.7 设计阶段

典型方案通用造价按可研阶段深度考虑，在此基础上根据现行水电估算、匡算和工程量计算规定，分析计算规划和预可研阶段的方案造价，以规划和预可研阶段的方案造价与典型方案通用造价的比值作为规划和预可研阶段的设计阶段调整系数，设计阶段调整系数见表16-6。

表16-6　　设计阶段调整系数

设计阶段名称	可研	预可研	规划
调整系数	1.00	1.07	1.14

16.1.8 综合调整

实际方案与通用造价典型方案需要多个差异调整的情况，首先调整项目构成差异，然后调整尺寸变化，以调整后的造价作为其他调整系数的基数。对于多个系数同时调整的情况，综合调整系数按各调整系数之和，减去调整系数个数加1计算。

16.2 工程单价

实际工程单价可根据工程情况，选用合适的定额分析计算，但过程烦琐，工作量大。为了快速计算工程单价，本节在典型方案工程单价的基础上，根据影响工程单价的主要因素，给出简化调整计算办法。

影响典型方案工程单价与实际方案工程单价差异的主要因素包括运距、断面尺寸、岩石级别、价格水平、项目地区和海拔高程和设计阶段差异等。影响工程单价的主要因素调整方法见本章16.2.1～16.2.8。

调整方法是简化计算方法，目的是方便对工程单价参考使用，如果对工程单价精度要求较高，建议根据工程具体条件分析计算。

16.2.1 断面尺寸

抽水蓄能电站地下洞室断面尺寸多样，不同的断面尺寸影响石方开挖和混凝土衬砌工程单价，当进行新单价调整时，如遇到与表14-3中断面尺寸不同无法直接参考时，可按表16-7中单价进行插值计算。

表16-7　　断面尺寸调整

编号	项目名称	单位	概算水平	预算水平一	预算水平二	投标报价一	投标报价二
1	平洞开挖（风钻开挖断面≤10m²）洞内2km、洞外2.6km	m³	268.91	262.32	254.01	232.76	225.19
2	平洞开挖（风钻开挖断面20m²）洞内0.8km、洞外2km	m³	183.41	179.14	173.53	159.79	153.28
3	平洞开挖（风钻开挖断面40m²）洞内0.8km、洞外2km	m³	143.39	140.10	135.75	125.19	119.69
4	平洞开挖（三臂钻开挖断面40m²）洞内0.8km、洞外2km	m³	124.30	121.74	118.00	109.76	95.56
5	平洞开挖（三臂钻开挖断面60m²）洞内0.8km、洞外2km	m³	115.76	113.38	109.88	102.23	88.89
6	平洞开挖（三臂钻开挖断面100m²）洞内0.8km、洞外2km	m³	113.18	110.88	107.47	100.09	86.77
7	隧洞衬砌（开挖断面30m²衬砌厚50cm）洞外0.5km、洞内2km	m³	848.02	837.32	811.20	776.81	755.83
8	隧洞衬砌（开挖断面60m²衬砌厚50cm）洞外0.5km、洞内2km	m³	826.04	815.63	790.20	756.72	736.25
9	隧洞衬砌（开挖断面100m²衬砌厚70cm）洞外0.5km、洞内2km	m³	726.07	717.06	694.76	665.74	647.21

16.2.2 运距调整

典型方案工程单价按14.3节中运距计算，实际方案与典型方案运距不同时，在14.3节工程单价区间表基础上，工程单价按表16-8中基本运距单价和运距差值进行调整。

表16-8　　不同运距单价区间

编号	项目名称	单位	概算水平	预算水平一	预算水平二	投标报价一	投标报价二
1	土方运输（3m³装载机装15t自卸车每增运1km）	m³	1.81	1.76	1.70	1.52	1.35

续表

编号	项目名称	单位	概算水平	预算水平一	预算水平二	投标报价一	投标报价二
2	土方运输（$3m^3$装载装 20t 自卸车每增运 1km）	m^3	1.99	1.93	1.87	1.68	1.48
3	石方运输（$3m^3$装载机装 15t 自卸车明挖每增运 1km）	m^3	2.52	2.44	2.37	2.12	1.95
4	石方运输（$3m^3$装载机装 15t 自卸车洞内每增运 0.2km）	m^3	0.67	0.65	0.63	0.56	0.52
5	石方运输（$3m^3$装载机装 15t 自卸车洞外每增运 0.5km）	m^3	1.34	1.30	1.26	1.13	1.04
6	石方运输（$3m^3$装载机装 20t 自卸车明挖每增运 1km）	m^3	2.53	2.46	2.38	2.13	1.96
7	石方运输（$3m^3$装载机装 20t 自卸车洞内每增运 0.2km）	m^3	0.69	0.67	0.65	0.58	0.54
8	石方运输（$3m^3$装载机装 20t 自卸车洞外每增运 0.5km	m^3	1.32	1.28	1.24	1.11	1.02
9	混凝土运输（$3m^3$搅拌车洞外每增运 500m）	m^3	3.32	3.22	3.12	2.80	2.57
10	混凝土运输（$3m^3$搅拌车洞内每增运 500m）	m^3	4.18	4.06	3.93	3.52	3.24
11	混凝土运输（$6m^3$搅拌车洞外每增运 500m）	m^3	3.24	3.14	3.04	2.72	2.50
12	混凝土运输（$6m^3$ 搅拌车洞内每增运 500m）	m^3	4.13	4.00	3.87	3.47	3.19

16.2.3 岩石级别

典型方案工程单价石方开挖和锚杆钻孔岩石级别明挖按Ⅸ～Ⅹ考虑，洞挖按Ⅺ～Ⅻ考虑，岩石级别升降调整一档时，在 14.3 节工程单价区间表中工程单价基础上，按表 16-9 调整系数计算。

表 16-9　　工程单价岩石级别调整系数

编号	项目名称	Ⅸ～Ⅹ/Ⅺ～Ⅻ	Ⅺ～Ⅻ/ⅩⅢ～ⅩⅣ	Ⅴ～Ⅷ/Ⅸ～Ⅹ
1	石方明挖	1.00	1.16	0.92
2	石方洞挖（断面面积＞$40m^2$）	1.00	1.09	0.91
3	石方洞挖（断面面积≤$20m^2$）	1.00	1.24	0.82
4	石方竖井开挖	1.00	1.29	0.82
5	锚杆	1.00	1.12	0.9

16.2.4 价格水平

实际方案与典型方案的工程单价价格水平不同时，价格水平可采用指数法或系数法其中任意一种方法进行调整。

1. 价格指数法

价格指数法采用水电总院可再生能源定额站发布的价格指数，该价格指数每半年发布一次，可根据项目所在地区对工程单价分类别进行调整。价格指数查询可登录可再生能源工程造价信息网，查询网址：http://www.hydrocost.org.cn/price/priceIndex.jsp。

2. 系数法

系数法是指对柴油、水泥、钢筋、炸药及钢板五种主材价格的调整系数，当五种材料预算价格浮动时，分别按表 16-10～表 16-14 中对应的工程单价类别调整系数计算，当变化幅度与表格数据不同时，可进行内插计算。如遇到多个主材变化，例：石方工程单价中柴油和水泥价格同时上浮时，需计算综合调整系数，综合调整系数按上浮材料的调整系数之和，减去调整系数个数加 1 计算。

表 16-10　　柴油预算价格调整表

编号	项目名称	−20%	−10%	0%	+10%	+20%
1	土方工程	0.885	0.943	1.000	1.057	1.115
2	石方工程	0.963	0.982	1.000	1.018	1.037
3	砌石工程	0.975	0.988	1.000	1.012	1.025
4	混凝土工程	0.989	0.994	1.000	1.006	1.011
5	钢筋制作安装工程	0.999	0.999	1.000	1.001	1.001
6	基础处理工程	0.993	0.996	1.000	1.003	1.007
7	喷锚支护工程	0.988	0.994	1.000	1.006	1.012

表 16-11　　水泥预算价格调整表

编号	项目名称	−20%	−10%	0%	+10%	+20%
1	土方工程	1.000	1.000	1.000	1.000	1.000
2	石方工程	1.000	1.000	1.000	1.000	1.000
3	砌石工程	0.958	0.979	1.000	1.021	1.042
4	混凝土工程	0.935	0.968	1.000	1.032	1.065
5	钢筋制作安装工程	1.000	1.000	1.000	1.000	1.000
6	基础处理工程	0.969	0.985	1.000	1.015	1.031
7	喷锚支护工程	0.991	0.995	1.000	1.005	1.009

表 16-12 钢筋预算价格调整表

编号	项目名称	−20%	−10%	0%	+10%	+20%
1	土方工程	1.000	1.000	1.000	1.000	1.000
2	石方工程	1.000	1.000	1.000	1.000	1.000
3	砌石工程	1.000	1.000	1.000	1.000	1.000
4	混凝土工程	1.000	1.000	1.000	1.000	1.000
5	钢筋制作安装工程	0.858	0.929	1.000	1.071	1.142
6	基础处理工程	1.000	1.000	1.000	1.000	1.000
7	喷锚支护工程	0.936	0.968	1.000	1.033	1.065

表 16-13 炸药预算价格调整表

编号	项目名称	−20%	−10%	0%	+10%	+20%
1	土方工程	1.000	1.000	1.000	1.000	1.000
2	石方工程	0.980	0.990	1.000	1.010	1.020
3	砌石工程	1.000	1.000	1.000	1.000	1.000
4	混凝土工程	1.000	1.000	1.000	1.000	1.000
5	钢筋制作安装工程	1.000	1.000	1.000	1.000	1.000
6	基础处理工程	1.000	1.000	1.000	1.000	1.000
7	喷锚支护工程	1.000	1.000	1.000	1.000	1.000

表 16-14 钢板预算价格调整表

编号	项目名称	−20%	−10%	0%	+10%	+20%
1	压力钢管	0.868	0.934	1.000	1.065	1.131
2	钢岔管	0.808	0.904	1.000	1.096	1.191

16.2.5 项目地区

典型方案人工预算单价按一般地区选取，其他直接费取费按中南、华东地区考虑，人工预算单价和其他直接费取费地区不同时，在 14.3 节工程单价区间表中工程单价基础上，分别按表 16-15 和表 16-16 调整系数计算。

表 16-15 人工预算单价地区调整

续表

编号	项目名称	一般地区	一类地区	二类地区	三类地区	四类地区
1	土方工程	1.00	1.01	1.02	1.04	1.05
2	石方工程	1.00	1.03	1.05	1.08	1.11
3	砌石工程	1.00	1.06	1.12	1.19	1.25
4	混凝土工程	1.00	1.02	1.04	1.07	1.09
5	钢筋制作安装工程	1.00	1.01	1.02	1.04	1.05
6	基础处理工程	1.00	1.04	1.08	1.12	1.16
7	喷锚支护工程	1.00	1.03	1.05	1.09	1.11

表 16-16 其他直接费地区调整

编号	项目名称	中南、华东	西南	华北	西北、东北、西藏
1	土方工程	1.000	1.005	1.009	1.023
2	石方工程	1.000	1.004	1.009	1.023
3	砌石工程	1.000	1.004	1.009	1.022
4	混凝土工程	1.000	1.004	1.009	1.022
5	钢筋制作安装工程	1.000	1.004	1.009	1.022
6	基础处理工程	1.000	1.005	1.009	1.023
7	喷锚支护工程	1.000	1.005	1.009	1.023

16.2.6 海拔高程

典型方案工程单价按高程 2000m 以下的一般地区考虑，项目海拔高程不同时，在 14.3 节工程单价区间表中工程单价基础上，按表 16-17 调整系数计算。

表 16-17 海拔高程调整系数

编号	项目名称	2000 以内	2000～2500	2500～3000	3000～3500	3500～4000m
1	土方工程	1.00	1.24	1.33	1.43	1.52
2	石方工程	1.00	1.13	1.18	1.23	1.29
3	砌石工程	1.00	1.08	1.11	1.16	1.19
4	混凝土工程	1.00	1.04	1.06	1.08	1.09
5	钢筋制作安装工程	1.00	1.01	1.02	1.03	1.03
6	基础处理工程	1.00	1.02	1.04	1.05	1.06
7	喷锚支护工程	1.00	1.03	1.05	1.07	1.08

16.2.7　综合调整

工程单价需要多个差异调整的情况，首先调整断面尺寸差异，然后调整运距变化，以调整后的工程单价作为其他调整系数的基数。对于多个系数同时调整的情况，综合调整系数按各调整系数之和，减去调整系数个数加 1 计算。

第 17 章　工　程　示　例

在应用本册通用造价时，需了解通用造价应用总体原则和详细阅读第 13 章关于单位造价指标的介绍和说明，并尊重客观实际，合理选择调整方式，力求科学合理地计算出目标电站的投资。示例工程仅供参考，实际工程应做严格认真的分析。

17.1　单位造价指标

17.1.1　示例一

17.1.1.1　工程主要技术条件

某蓄能电站位于内蒙古东部赤峰市境内，项目处于可行性研究阶段，装机规模为 4×300MW，建筑物构成包括上水库进/出水口工程、引水闸门井、引水隧洞、引水调压井、压力管道、排水廊道、尾水隧洞、尾水事故兼检修闸门井、下水库进/出水口等，引水采用“一管两机”供水方式，尾水系统采用一机一洞布置方式，输水系统洞室围岩以Ⅲ类为主，局部为Ⅳ类，各建筑物工程特征详见表 17-1。价格水平为 2016 年下半年。

表 17-1　　示例一主要技术条件

编号	项目名称	工程特征	围岩类别
一	站址基本条件		
	围岩类别	洞室围岩主要以Ⅲ类为主，局部为Ⅳ～Ⅴ类围岩	
	岩性	弱～微风化流纹岩、熔岩角砾岩	
	地下水类型	基岩裂隙水	
二	土建尺寸		
	上水库进/出水口	井式进/出水口，全长为 63m，拦污栅孔口尺寸 8-7.0×3.5m（宽×高）隧洞段长为 241m，钢板衬砌，管径为 6.2m	Ⅲ类围岩约占 16.7%，Ⅳ～Ⅴ类围岩约占 83.3%

续表

编号	项目名称	工程特征	围岩类别
	引水闸门井	上室内径为 13m，高为 20m；井身内径为 8.4m，高为 95.3m；井座内腔尺寸为 4.9m×6.2m（宽×高），长为 13.6m	Ⅲ类围岩占 11.8～13.7%，Ⅳ～Ⅴ类围岩占 86.3～88.2%
	引水隧洞	长为 712.617m，洞径为 6.2m，钢板衬砌	Ⅲ类围岩约占 60%，Ⅳ～Ⅴ类围岩约占 40%
	引水调压室	上室高为 20m，竖井内径为 10m	洞室岩体弱风化上部和强风化部分围岩类别为Ⅳ～Ⅴ类，洞室岩体弱风化下部和微风化部分围岩类别为Ⅲ类
	压力管道	长为 1032m，直径为 6.2-5.6-4.8m，钢板衬砌	洞室围岩以Ⅲ类为主，局部为Ⅳ～Ⅴ类
	尾水隧洞	长为 463m，90m 范围为钢板衬砌，其余钢筋混凝土衬砌段直径为 5.6m	洞室围岩以Ⅲ类为主，局部为Ⅳ～Ⅴ类
	尾水事故兼检修闸门井	宽为 5.8m，高度为 51m。闸门孔口尺寸为 4.4m×5.6m（宽×高）	洞室围岩以Ⅲ类为主，局部为Ⅳ～Ⅴ
	下水库进/出水口	长为 65.22m，孔口尺寸为 4.5m×8.5m（宽×高）	

17.1.1.2　方案选择与造价调整

1. 方案选择

示例实际工程输水系统洞室围岩以Ⅲ类为主，局部为Ⅳ类，对比表 14-2、表 14-3 及 4-1 典型设计方案的主要特征参数，其主要围岩条件与通用造价典型方案五的最相近，选择通用造价典型方案五为基础方案。

2. 二级项目单位造价指标选择和造价计算

对比示例实际工程与 14.2 节单位造价指标表中典型方案二级项目的工程特征，各二级项目从六个典型方案中选择特征最接近的单位造价指标进行投资计算。二级项目单位造价指标选取和造价计算见表 17-2。

表 17-2　　示例一二级项目单位造价指标选取和造价计算

序号	项目名称	通用造价指标				示例工程		
		单位	造价指标	典型方案二级项目特征	指标来源	计算式	投资（万元）	二级项目特征
一	建筑工程						47535.87	
1	上水库进/出水口	元/m^3	1213	井式进/出水口；Ⅲ、Ⅳ类围岩	方案二	43129m^3×1213 元/m^3	5231.55	井式进/出水口；Ⅲ类围岩约占 16.7%，Ⅳ～Ⅴ类围岩约占 83.3%；混凝土为 43129m^3
2	引水事故闸门井	元/m^3	1878	以Ⅲ类为主，局部为Ⅳ～Ⅴ类/灌浆量大	方案六	27811m^3×1878 元/m^3	5222.91	Ⅲ类围岩占 11.8～13.7%，Ⅳ～Ⅴ类围岩占 86.3%～88.2%；上室 D=13m，L=20m，井身 D=8.4m，H=95.3m
3	引水隧洞	元/m^3	483	Ⅲ类围岩占 87%，Ⅳ类围岩占 13%；钢板衬砌，洞径为 6.8m	方案一	71157m^3×483 元/m^3	3436.88	Ⅲ类围岩约占 60%，Ⅳ～Ⅴ类围岩约占 40%；D=6.2m，L=713m
4	引水调压室	元/m^3	910	Ⅲ～Ⅳ类，以Ⅳ类为主	方案四	31869m^3×910 元/m^3	2900.08	洞室岩体弱风化上部和强风化部分围岩类别为Ⅳ～Ⅴ类，洞室岩体弱风化下部和微风化部分围岩类别为Ⅲ类；上室 D=18m，L=20m，井身 D=10m，H=94m。阻抗孔 D=10m，H=31.47m
5	压力管道	元/m^3	647	以Ⅲ类为主；一管两机，钢岔管；钢板衬砌；主管洞径为 5.8/5.3/4.8m，支管洞径为 3.4m	方案五	93749m^3×647 元/m^3	6065.56	洞室围岩以Ⅲ类为主，局部为Ⅳ～Ⅴ类；D=6.2/5.6/4.8m，L=1032m
6	尾水隧洞　衬砌段	元/m^3	1037	以Ⅱ～Ⅲ类为主，局部为Ⅳ类；尾水一管二机；主洞采用钢筋混凝土衬砌，洞径为 6m	方案六	57005m^3×1037 元/m^3	5911.46	洞室围岩以Ⅲ类为主，局部为Ⅳ～Ⅴ类；D=5.6m，L=373m 钢筋混凝土衬砌
	尾水隧洞　回填段	元/m^3	577	钢衬洞径为 5.2m	方案四	13372m^3×577 元/m^3	771.54	洞室围岩以Ⅲ类为主，局部为Ⅳ～Ⅴ类；D=5.6m、L=92m 回填混凝土衬砌
7	尾水事故兼检修闸门井	元/m^3	1055	以Ⅲ类为主	方案五	44336m^3×1055 元/m^3	4677.45	洞室围岩以Ⅲ类为主，局部为Ⅳ～Ⅴ；开挖断面面积为 131m^2，H=51m
8	下水库进/出水口	元/m^3	2220	岸边侧式进/出水口；弱风化、微风化岩体	方案五	59993m^3×2220 元/m^3	13318.45	岩质边坡，岩性为流纹岩，岩体内裂隙较发育，岩体完整性。混凝土为 59993m^3
二	安装工程						32258.48	
1	引水隧洞钢管（制作和安装）	元/m	59303	钢板衬砌，洞径为 6.8m；钢板板厚为 20m	方案一	1425.2m×(42383+16920) 元/m	8451.86	D=6.2m，钢板板厚为 16～20mm，L=712.6m×2
2	压力管道钢管（制作和安装）	元/m	104265	主管洞径为 5.8/5.3/4.8m，支管洞径为 3.4m；钢板板厚度为 20～50mm	方案五	2064m×（80978+23287）元/m	21520.30	主管洞径为 6.2/5.6/4.8m，支管洞径为 3.4m；钢板板厚度为 20～60mm；L=1032m×2
3	尾水隧洞钢管（制作和安装）	元/m	63509	钢衬洞径为 5.2m；钢板板厚为 28mm	方案四	360m×（45389+18120）元/m	2286.32	支管采用钢板衬砌，洞径为 5.6m；钢板板厚度为 30mm；L=90m×4
	合计						79794.35	

3. 建筑工程调整系数

（1）岩石级别差异：示例实际工程方案岩性流纹岩、熔岩角砾岩，岩石级别为Ⅺ～Ⅻ，与通用造价典型方案岩石级别相同，不需调整。

（2）价格水平不同：按价格指数的权重法计算。示例实际工程价格水平期价格为 2016 年下半年，人工预算单价地区类别为二类区，按 16.1.4 节方法计算所得综合调整系数为 0.945。

（3）项目地区差异：示例实际工程方案属华北地区，项目地区差异调整系数按 16.1.5 节方法计取，选择调整系数为 1.009。

（4）海拔高程：示例实际工程方案上水库坝顶高程 1599.20m，海拔高程调整系数按 16.1.6 节方法计取，选择典型方案五调整系数为 1.0。

（5）设计阶段调整：项目处于可行性研究阶段，设计阶段调整系数按 16.1.7 节方法计取，选择调整系数为 1.0。

建筑工程综合调整系数为

$$1+0.945+1.009+1.0+1.0-4=0.954$$

4. 安装工程调整系数

按价格指数权重法计算，按 16.1.4 节方法可计算调整系数为 0.978。

5. 实际方案造价

实际方案造价为调整后的基本方案造价乘以综合调整系数，经计算为

$$47535.87\times0.954+32258.48\times0.978=76898.02\text{（万元）}$$

17.1.2 示例二

17.1.2.1 示例工程主要技术条件

某蓄能电站位于安徽省金寨县境内，项目处于可行性研究阶段，装机规模为 4×300MW，建筑物构成包括上水库进/出水口工程、引水闸门井、引水隧洞、引水调压室、压力管道、尾水隧洞、尾水检修闸门井、排水廊道、下水库进/出水口等，输水系统洞室围岩以Ⅱ类为主，Ⅲ类次之，局部为Ⅳ类，各建筑物工程特征详见表 17-3。输水系统洞室岩石级别为Ⅻ，价格水平为 2013 年 2 季度。

表 17-3　　示例二主要技术条件

编号	项目名称	工程特征	围岩类别
一	站址基本条件		
	围岩类别	围岩类别以Ⅱ～Ⅲ类为主，断层破碎带为Ⅳ类	
	岩性	片麻岩	
	地下水类型	基岩裂隙性潜水和孔隙性潜水	
二	土建尺寸		
	上水库进/出水口	侧式进/出水口，拦污栅段和扩散段长 57m，隧洞段长 45.5m，隧洞段净断面面积为 6.4m×8.2m	围岩以Ⅱ～Ⅲ类为主
	引水事故闸门井	闸门尺寸为 6.4m×8.2m，高为 42m	围岩以Ⅱ～Ⅲ类为主
	引水隧洞	长为 2416m，洞径为 8.2m，钢筋混凝土衬砌	围岩以Ⅱ类为主，Ⅲ类次之，断层破碎带为Ⅳ类
	引水调压室	大井高为 94m，直径为 16m，衬砌厚度为 1m；阻抗孔直径为 5m，衬砌厚度为 0.5m	围岩以Ⅱ类为主，Ⅲ类次之，断层破碎带为Ⅳ类
	压力管道	长为 428.8m，钢筋混凝土衬砌段洞径为 7.2m，钢板衬砌段洞径为 6.2～5.6m，支管管径为 4.0m	围岩以Ⅲ类为主，局部为Ⅲ～Ⅳ类
	尾水隧洞	尾水隧洞长为 238m，洞径为 8.2m，钢筋混凝土衬砌。尾水支管长为 126m，洞径为 5.9m，钢衬段长度为 115m，钢筋混凝土衬砌段长为 11m	Ⅲ～Ⅱ类，F_{318}断层为Ⅳ类
	尾水事故闸门井	111m×8m×33m（长×宽×高）	以Ⅲ类为主，断层破碎带为Ⅳ类
	尾水检修闸门井	高为 48m，闸门孔口尺寸为 4.6m×5.9m，闸室段长为 9m	以Ⅲ类为主，断层破碎带为Ⅳ类
	下库进/出水口	侧式进/出水口，拦污栅段和扩散段长为 57m，隧洞段长为 50.5m，隧洞段净断面 6.4m×8.2m	以Ⅲ类为主，断层破碎带为Ⅳ类

17.1.2.2 方案选择与造价调整

1. 方案选择

示例实际工程输水系统洞室围岩以Ⅲ～Ⅱ类为主，断层破碎带为Ⅳ类，对比表 4.3-1 典型设计方案特征参数，其主要围岩条件与通用造价典型方案三的最相近，选择通用造价典型方案三为基础方案。

2. 二级项目单位造价指标选择和造价计算

对比示例实际工程与 14.2 节单位造价指标表中典型方案二级项目的工程特征，各二级项目从六个典型方案中选择特征最接近的单位造价指标进行投资计算。二级项目单位造价指标选择和造价计算见表 17-4。

表 17-4　　示例二二级项目单位造价指标选取和造价计算

序号	项目名称	通用造价指标				示例工程		
		单位	造价指标	典型方案二级项目特征	指标来源	计算式	投资（万元）	二级项目特征
一	建筑工程						49624.87	
1	上水库进/出水口	元/m^3	2576	岸坡侧式进/出水口，中等风化岩体	方案三	23276m^3×2576 元/m^3	5995.90	侧式进/出水口；围岩以Ⅲ～Ⅱ类为主；混凝土 23276m^3
2	引水事故闸门井	元/m^3	1211	中等风化及新鲜岩体	方案三	5150m^3×1211 元/m^3	623.67	围岩以Ⅲ～Ⅱ类为主，H=42m
3	引水隧洞	元/m^3	671	以Ⅱ、Ⅲ类围岩为主，钢筋混凝土衬砌，洞径为 6m	方案三	302625m^3×671 元/m^3	20306.14	以Ⅱ类为主，Ⅲ类次之，断层破碎带为Ⅳ类；钢筋混凝土衬砌，D=8.2m，L=2416m
4	引水调压室	元/m^3	880	以Ⅱ、Ⅲ类围岩为主	方案三	55372m^3×880 元/m^3	4872.74	Ⅱ类为主，Ⅲ类次之，断层破碎带为Ⅳ类；大井井身 D=16m，H=94m。阻抗孔 D=5m
5	压力管道（衬砌段）	元/m^3	845	以Ⅱ、Ⅲ类围岩为主；主洞部分为钢筋混凝土衬砌，部分为钢板衬砌，支管钢板衬砌；主洞洞径为 6/5.4m，支管 3.8m	方案三	78813m^3×845 元/m^3	6659.70	以Ⅱ类为主，局部为Ⅲ～Ⅳ类；D=7.2m，L=397m 钢筋混凝土段
	压力管道（回填段）	元/m^3	748		方案三	7028m^3×748 元/m^3	525.69	钢板衬砌段洞径为 6.2～5.6m，支管管径为 4.0m，L=32m，回填混凝土段
6	尾水隧洞（衬砌段）	元/m^3	545	Ⅱ类围岩占 52.7%，Ⅲ类围岩占 40.5%，Ⅳ～Ⅴ类围岩占 6.8%；钢筋混凝土衬砌，洞径为 7.6m；	方案一	34849m^3×545 元/m^3	1899.27	Ⅲ～Ⅱ类，F_{318}断层为Ⅳ类；主管 D=8.2m，L=238m 钢筋混凝土段；尾水支管长 126m，洞径 5.9m，钢筋混凝土衬砌段长 11m
	尾水隧洞（回填段）	元/m^3	577	钢衬，洞径为 5.2m	方案四	25139m^3×577 元/m^3	1450.52	尾水支管长为 126m，洞径为 5.6m，钢衬段长度为 115m
7	尾水事故闸门井	元/m^3	400	以Ⅲ类为主	方案一	23683m^3×400 元/m^3	947.32	以Ⅲ类为主，断层破碎带为Ⅳ类；111m×8m×33m（长×宽×高）
8	尾水检修闸门井	元/m^3	839	以Ⅲ类为主	方案一	6967m^3×839 元/m^3	584.53	以Ⅲ类为主，断层破碎带为Ⅳ类；H=48m
9	下水库进/出水口	元/m^3	2453	岸坡侧式进/出水口，中等风化岩体	方案三	23479m^3×2453 元/m^3	5759.40	侧式进/出水口，以Ⅲ类为主，断层破碎带为Ⅳ类；混凝土为 23479m^3
二	安装工程						14338.48	
1	压力管道钢管（制作和安装）	元/m	93767	钢岔管；钢板衬砌；主管洞径为 6.2/5.4m，支管为 3.8m；钢板板厚度为 20～52mm	方案三	1217.6×(74716+19051) 元/m	11417.07	钢岔管；钢板衬砌段主洞径为 6.2～5.6m，支管管径为 4.0m，钢板板厚度为 40～58mm；L=361.4×2+123.7m×4

续表

序号	项目名称	通用造价指标				示例工程		
		单位	造价指标	典型方案二级项目特征	指标来源	计算式	投资（万元）	二级项目特征
2	尾水隧洞钢管（制作和安装）	元/m	63509	洞径为 5.2m；钢板板厚度为 28mm	方案四	460×（45389＋18120）元/m	2921.41	尾水支管洞径为 5.6m，钢板板厚度为 36mm；$L=115m\times4$
	合计						63963.35	

3. 调整系数

（1）岩石级别差异：示例实际工程方案为片麻岩，岩石级别为Ⅺ～Ⅻ，与通用造价典型方案岩石级别相同，不需调整。

（2）项目地区差异：示例实际工程方案属华东地区，项目地区差异调整系数按 16.1.5 节方法计取，选择典型方案三调整系数为 1.00。

（3）价格水平不同：按价格指数的权重法计算。示例实际工程价格水平期价格为 2013 年 2 季度，按 16.1.4 节方法计算所得综合调整系数为 1.047。

（4）海拔高程：示例实际工程方案上水库坝顶高程 599.0m，海拔高程调整系数按 16.1.6 节方法计取，选择典型方案三调整系数为 1.0。

（5）设计阶段调整：项目处于可行性研究阶段，设计阶段调整系数按 16.1.7 节方法计取，选择调整系数为 1.0。

综合调整系数为

$$1+1.0+1.047+1.0+1.0-4=1.047$$

4. 安装工程调整系数

按价格指数权重法计算，按 16.1.4 节方法可计算调整系数为 1.144。

5. 实际方案造价

实际方案造价为调整后的基本方案造价乘以综合调整系数，经计算为

$$49624.87\times1.047+14338.48\times1.144=68360.46\text{（万元）}$$

17.2 工程单价

17.2.1 示例一

17.2.1.1 工程主要技术条件

某抽水蓄能电站位于内蒙古东部赤峰市境内，项目处于可行性研究阶段，装机规模为 4×300MW，建筑物构成包括上水库进/出水口工程、引水闸门井、引水隧洞、引水调压井、压力管道、排水廊道、尾水隧洞、尾水事故兼检修闸门井、下水库进/出水口等，引水采用“一管两机”供水方式，尾水系统采用一机一洞布置方式，输水系统洞室围岩以Ⅲ类为主，局部为Ⅳ类，石方明挖岩石级别为Ⅸ～Ⅹ，洞室岩石级别为Ⅺ～Ⅻ，价格水平为 2016 年下半年，各建筑物工程特征详见表 17-5。

表 17-5　　示例一主要技术条件

编号	项目名称	工程特征	围岩类别
一	站址基本条件		
	围岩类别	洞室围岩主要以Ⅲ类为主，局部为Ⅳ～Ⅴ类围岩	
	岩性	弱～微风化流纹岩、熔岩角砾岩	
	地下水类型	基岩裂隙水	
二	土建尺寸		
	上水库进/出水口	井式进/出水口，全长为 63m，拦污栅孔口尺寸 8-7.0×3.5m（宽×高）隧洞段长为 241m，钢板衬砌，管径为 6.2m	Ⅲ类围岩约占 16.7%，Ⅳ～Ⅴ类围岩约占 83.3%
	引水闸门井	上室内径为 13m，高为 20m；井身内径为 8.4m，高为 95.3m；井座内腔为 4.9m×6.2m（宽×高），长为 13.6m	Ⅲ类围岩占 11.8～13.7%，Ⅳ～Ⅴ类围岩占 86.3～88.2%
	引水隧洞	长为 712.617m，洞径为 6.2m，钢板衬砌	Ⅲ类围岩约占 60%，Ⅳ～Ⅴ类围岩约占 40%
	引水调压室	上室高为 20m，竖井内径为 10m	洞室岩体弱风化上部和强风化部分围岩类别为Ⅳ～Ⅴ类，洞室岩体弱风化下部和微风化部分围岩类别为Ⅲ类
	压力管道	长为 1032m，直径为 6.2-5.6-4.8m，钢板衬砌	洞室围岩以Ⅲ类为主，局部为Ⅳ～Ⅴ类

续表

编号	项目名称	工程特征	围岩类别
	尾水隧洞	长为463m，90m范围为钢板衬砌，其余钢筋混凝土衬砌段直径为5.6m	洞室围岩以Ⅲ类为主，局部为Ⅳ～Ⅴ类
	尾水事故兼检修闸门井	宽为5.8m，高度为51m。闸门孔口尺寸为4.4m×5.6m（宽×高）	洞室围岩以Ⅲ类为主，局部为Ⅳ～Ⅴ
	下水库进/出水口	长为65.22m，孔口尺寸为4.5m×8.5m（宽×高）	

17.2.1.2　工程单价选择与调整

1. 项目阶段选择

示例工程为可行性研究报告设计概算，对应第14章工程单价中项目阶段，选择概算水平的工程单价进行目标单价的测算。

2. 压力管道平洞石方开挖工程单价调整

（1）基础单价选择。示例工程压力管道平洞石方开挖采用三臂钻钻孔，光面爆破，3m^{3}侧卸式装载机装15t自卸汽车出渣。

对比表14-8概算水平工程单价，其特征及施工方法与第16项石方洞挖平洞（压力管道）工程单价基本相同，选择其157.90元/m^{3}为基础单价。

（2）断面尺寸调整。示例工程开挖断面面积为40m^2，选择的基础单价开挖断面面积为36m^2，因断面尺寸差异较小，暂不进行调整。

（3）运距调整。示例工程石方开挖石渣洞内运距为1.2km，洞外运距为0.7km，上项选择的基础单价石渣洞内运距为2.0km，洞外运距为2.6km。根据表16-8运距调整工程单价区间表第4项“石方运输（3m^{3}装载机装15t自卸车、洞内每增运0.2km）”及第5项“石方运输（3m^{3}装载机装15t自卸车、洞外每增运0.5km）”，调整后单价为157.90＋洞内运输(1.2－2)km×(0.67元/0.2km)＋洞外运输（0.7－2.6)km×(1.34元/0.5km)＝150.13元/m^3

（4）调整系数。根据项目所处阶段，以14.3节工程单价区间表为基础，合理选择岩石级别、价格水平、项目地区、海拔高程等影响工程单价的主要因素，形成目标单价。调整系数计算详见表17-6。其中，价格水平根据水电水利规划总院发布的价格指数，选取示例项目所处区域的价格指数（定基）计算（2019年下半年价格指数暂未发布，计算按拟定指数）。

表17-6　　石方开挖工程单价调整系数计算

序号	调价因素	通用造价工程特征	示例工程特征	采用参数来源及计算式	选定参数
1	岩石级别差异	Ⅺ～Ⅻ级	Ⅺ～Ⅻ级	不需调整	1
2	价格水平不同	2019年四季度	2016年下半年	价格指数查询“可再生能源工程造价信息网”	0.904
3	项目地区差异				
3.1	人工预算单价地区调整	一般地区	位于内蒙古自治区克什克腾旗芝瑞镇境内，属二类工资区	按表16-15人工预算单价地区调整	1.05
3.2	其他直接费地区调整	中南、华东地区	属华北地区	按表16-16其他直接费地区调整	1.009
4	海拔高程	2000m以下	2000m以下	按表16-17海拔高程调整系数	1
	综合调整系数	1＋0.904＋1.05＋1.009＋1－4＝0.963			

（5）调整后的工程单价为

石方开挖工程单价＝150.13×0.963＝144.58（元/m^3）

17.2.2　示例二

17.2.2.1　工程主要技术条件

某抽水蓄能电站位于安徽省金寨县境内，项目处于可行性研究阶段，装机规模为4×300MW，建筑物构成包括上水库进/出水口工程、引水闸门井、引水隧洞、引水调压室、压力管道、尾水隧洞、尾水检修闸门井、排水廊道、下水库进/出水口等，输水系统洞室围岩以Ⅱ类为主，Ⅲ类次之，局部为Ⅳ类，各建筑物工程特征详见表17-7。输水系统洞室岩石级别为Ⅻ，价格水平为2013年2季度。

表17-7　　示例二主要技术条件

编号	项目名称	工程特征	围岩类别
一	站址基本条件		
	围岩类别	围岩类别以Ⅱ～Ⅲ类为主，断层破碎带为Ⅳ类	
	岩性	片麻岩	
	地下水类型	基岩裂隙性潜水和孔隙性潜水	

续表

编号	项目名称	工程特征	围岩类别
二	土建尺寸		
	上水库进/出水口	侧式进/出水口，拦污栅段和扩散段长为57m，隧洞段长为45.5m，隧洞段净断面面积为6.4m×8.2m	围岩以Ⅲ～Ⅱ类为主
	引水事故闸门井	闸门尺寸为6.4m×8.2m，高为42m	围岩以Ⅲ～Ⅱ类为主
	引水隧洞	长为2416m，洞径为8.2m，钢筋混凝土衬砌	以Ⅱ类为主，Ⅲ类次之，断层破碎带为Ⅳ类
	引水调压室	大井高为94m，直径为16m，衬砌厚度为1m；阻抗孔直径为5m，衬砌厚度为0.5m	以Ⅱ类为主，Ⅲ类次之，断层破碎带为Ⅳ类
	压力管道	长为428.8m，钢筋混凝土衬砌段洞径为7.2m，钢板衬砌段洞径为6.2～5.6m，支管管径为4.0m	以Ⅱ类为主，局部为Ⅲ～Ⅳ类
	尾水隧洞	尾水隧洞长为238m，洞径为8.2m，钢筋混凝土衬砌。尾水支管长为126m，洞径为5.9m，钢衬段长度为115m，钢筋混凝土衬砌段长为11m	Ⅲ～Ⅱ类，F_{318}断层为Ⅳ类
	尾水事故闸门井	111m×8m×33m（长×宽×高）	以Ⅲ类为主，断层破碎带为Ⅳ类
	尾水检修闸门井	高为48m，闸门孔口尺寸为4.6m×5.9m，闸室段长为9m	以Ⅲ类为主，断层破碎带为Ⅳ类
	下库进/出水口	侧式进/出水口，拦污栅段和扩散段长为57m，隧洞段长为50.5m，隧洞段净断面面积为6.4m×8.2m	以Ⅲ类为主，断层破碎带为Ⅳ类

17.2.2.2 工程单价选择与调整

1. 项目阶段选择

示例工程为可行性研究报告设计概算，对应通用造价第14章工程单价中项目阶段，选择概算水平的工程单价进行目标单价的测算。

2. 引水隧洞衬砌混凝土工程单价调整

（1）基础单价选择。示例工程引水隧洞衬砌混凝土 $S=60m^2$ 衬砌厚度为0.5m，6m³ 搅拌车运混凝土洞外运距为2.0km，洞内运距为0.5km。

对比表14-8概算水平工程单价，其特征及施工方法与通用造价中混凝土衬砌单价均不太相同，故基础单价需采用通用造价第16章调整方法确定。

（2）断面尺寸调整。示例工程开挖断面面积为60m²，根据表16-7选择断面尺寸，对应选择第8项调整，基础单价为856.10元/m³。

（3）运距调整。示例工程混凝土运距洞外为2.0km、洞内为0.5km，表16-7选择的基础单价混凝土运距洞外为2.0km、洞内为0.8km。根据表16-8运距调整工程单价区间表第11项“混凝土运输（6m³搅拌车、洞内每增运500m)”，调整后单价为856.10+(0.8−0.5)×4.16/0.5km=858.60元/m³。

（4）调整系数。根据项目所处阶段，以14.3节工程单价区间表为基础，合理选择价格水平、项目地区、海拔高程等影响工程单价的主要因素，形成目标单价。调整系数计算详见表17-8。其中，价格水平根据水电水利规划总院发布的价格指数，选取示例项目所处区域的价格指数（定基）计算（2019年下半年价格指数暂未发布，计算按拟定指数）。

表17-8　　衬砌混凝土工程单价调整系数计算

序号	调价因素	通用造价工程特征	示例工程特征	采用参数来源及计算式	选定参数
1	价格水平不同	2019年四季度	2013年二季度	价格指数查询“可再生能源工程造价信息网”	0.861
2	项目地区差异				
2.1	人工预算单价地区调整	一般地区	位于位于安徽省金寨县境内，属一般地区	按表16-15人工预算单价地区调整	1
2.2	其他直接费地区调整	中南、华东地区	属华东地区	按表16-16其他直接费地区调整	1
3	海拔高程	2000m以下	2000m以下	按表16-17海拔高程调整系数	1
	综合调整系数	0.861+1+1+1−3=0.861			

（5）调整后的工程单价为

衬砌混凝土工程单价=858.60×0.861=739.25（元/m³）

附录 单价分析表

1. 土方开挖

建筑工程单价表

项目：土方开挖

定额编号：10598×1，10253×1　　定额单位：$100m^3$

施工方法：118kW 推土机剥离集料，$3m^3$装载机装土，15t 自卸出渣，运距 2km。

单价：15.60 元　　单位：m^3

编号	名称及规格	单位	数量	单价（元）	合价（元）
一	直接费				1180.64
1	基本直接费				1105.99
(1)	人工费				18.13
	普工	工时	3.70	4.90	18.13
(2)	材料费				43.00
	零星材料费	元	43.00	1.00	43.00
(3)	机械使用费				1044.86
	轮式装载机 $3m^3$	台时	0.65	216.58	140.78
	推土机功率 74kW	台时	0.22	133.91	29.46
	推土机功率 118kW	台时	1.13	199.28	225.19
	自卸汽车柴油型　15t	台时	3.83	168.78	646.43
	其他机械使用费	元	3.00	1.00	3.00
2	其他直接费	%	6.75		74.65
二	间接费	%	13.30		157.03
三	利润	%	7.00		93.64
四	价差	元			
五	税金	%	9.00		128.82
	合计				1560.12

2. 土石方回填

建筑工程单价表

项目：土石方回填

定额编号：30229×0.6，30079×0.4　　定额单位：$100m^3$

施工方法：40%利用开挖料填筑，60%倒运 $3m^3$装载机装 15t 自卸汽车运输，运距 1.0km，振动碾碾压。

单价：11.37 元　　单位：m^3

编号	名称及规格	单位	数量	单价（元）	合价（元）
一	直接费				796.23
1	基本直接费				745.88
(1)	人工费				24.88
	熟练工	工时	0.30	7.61	2.28
	半熟练工	工时	0.80	5.95	4.76
	普工	工时	3.64	4.90	17.84
(2)	材料费				38.80
	其他材料费	元	38.80	1.00	38.80
(3)	机械使用费				682.20
	轮式装载机 $3m^3$	台时	0.66	216.58	142.94
	推土机功率 74kW	台时	0.59	133.91	78.74
	推土机功率 132kW	台时	0.12	228.71	28.36
	振动碾自行式重量 17t	台时	0.17	244.87	40.65
	蛙式夯实机功率 2.8kW	台时	1.06	15.78	16.70
	自卸汽车柴油型　15t	台时	2.18	168.78	368.62
	其他机械使用费	元	6.20	1.00	6.20
2	其他直接费	%	6.75		50.35
二	间接费	%	22.40		178.35
三	利润	%	7.00		68.22
四	价差	元			
五	税金	%	9.00		93.85
	合计				1136.65

3. 碎石垫层/回填（上水库进出水口）

建筑工程单价表

项目：碎石垫层/回填（上水库进出水口）

定额编号：30081×1　　定额单位：100m³

施工方法：原料来自砂石料加工系统，振动碾压实。

单价：68.45 元　　单位：m³

编号	名称及规格	单位	数量	单价（元）	合价（元）
一	直接费				4795.22
1	基本直接费				4492.01
(1)	人工费				49.45
	熟练工	工时	1.20	7.61	9.13
	半熟练工	工时	2.00	5.95	11.90
	普工	工时	5.80	4.90	28.42
(2)	材料费				4116.00
	碎石	m³	100.00	40.85	4085.00
	其他材料费	元	31.00	1.00	31.00
(3)	机械使用费				326.56
	推土机功率 74kW	台时	0.96	133.91	128.55
	振动碾自行式重量 17t	台时	0.64	244.87	156.72
	蛙式夯实机功率 2.8kW	台时	2.30	15.78	36.29
	其他机械使用费	元	5.00	1.00	5.00
2	其他直接费	%	6.75		303.21
二	间接费	%	22.40		1074.13
三	利润	%	7.00		410.85
四	价差	元			
五	税金	%	9.00		565.22
	合计				6845.42

4. 石方井挖（上水库进/出水口）

建筑工程单价表

项目：石方井挖（上水库进/出水口）

定额编号：20905×1　　定额单位：100m³

施工方法：反井钻机打导井，风钻扩挖，3m³ 装载机装 15t 自卸汽车出渣，洞内运距 0.6km，洞外运距 1.5km。

单价：182.65 元　　单位：m³

编号	名称及规格	单位	数量	单价（元）	合价（元）
一	直接费				12426.97
1	基本直接费				11641.19
(1)	人工费				3215.83
	高级熟练工	工时	24.00	10.26	246.24
	熟练工	工时	99.00	7.61	753.39
	半熟练工	工时	188.00	5.95	1118.60
	普工	工时	224.00	4.90	1097.60
(2)	材料费				3261.41
	乳化炸药	kg	121.98	6.80	829.46
	非电毫秒雷管	个	115.00	2.26	259.90
	导爆管	m	346.00	0.88	304.48
	合金钻头	个	8.02	50.00	401.00
	风钻钻杆	kg	5.97	7.00	41.79
	综合水价	m³	42.00	2.84	119.28
	导孔钻头 ϕ270mm	个	0.01	1800.00	18.00
	普通钻杆 ϕ228mm	m	0.05	650.00	32.50
	滚刀	把	0.08	12500.00	1000.00
	其他材料费	元	255.00	1.00	255.00
(3)	机械使用费				3175.89
	风钻手持式	台时	25.84	25.40	656.34
	风钻气腿式	台时	11.08	36.14	400.43
	反井钻机 LM-400	台时	2.80	571.63	1600.56

续表

编号	名称及规格	单位	数量	单价（元）	合价（元）
	修钎设备	台时	1.08	170.05	183.65
	泥浆泵功率 100kW	台时	1.41	126.07	177.76
	载重汽车 5t	台时	0.51	140.45	71.63
	潜水泵功率 3～5kW	台时	2.80	14.83	41.52
	其他机械使用费	元	44.00	1.00	44.00
（4）	石运洞内 0.6km 洞外 1.5km	m^3	107.00	18.58	1988.06
2	其他直接费	%	6.75		785.78
二	间接费	%	22.40		2783.64
三	利润	%	7.00		1064.74
四	价差	元			481.82
五	税金	%	9.00		1508.15
	合计				18265.32

5. 石方明挖（上水库进/出水口工程）

建筑工程单价表

项目：石方明挖（上水库进/出水口工程）

定额编号：20058×1　　定额单位：$100m^3$

施工方法：潜孔钻 150 型钻爆，$3m^3$挖掘机装 15t 自卸汽车运输出渣，运距 2.0km。

单价：40.25 元　　单位：m^3

编号	名称及规格	单位	数量	单价（元）	合价（元）
一	直接费				2659.54
1	基本直接费				2491.37
（1）	人工费				214.12
	高级熟练工	工时	1.00	10.26	10.26
	熟练工	工时	6.00	7.61	45.66
	半熟练工	工时	6.00	5.95	35.70
	普工	工时	25.00	4.90	122.50

续表

编号	名称及规格	单位	数量	单价（元）	合价（元）
（2）	材料费				533.17
	乳化炸药	kg	53.04	6.80	360.67
	电雷管	发	6.76	1.87	12.64
	导电线	M	37.00	0.40	14.80
	导爆索	M	12.00	3.19	38.28
	合金钻头	个	0.11	50.00	5.50
	风钻钻杆	kg	0.28	7.00	1.96
	钻杆	kg	0.45	13.77	6.20
	冲击器	套	0.01	1712.00	17.12
	潜孔钻钻头	个	0.06	900.00	54.00
	其他材料费	元	22.00	1.00	22.00
（3）	机械使用费				349.46
	风钻手持式	台时	1.62	25.40	41.15
	潜孔钻低风压 150 型	台时	1.45	173.09	250.98
	载重汽车 5t	台时	0.28	140.45	39.33
	其他机械使用费	元	18.00	1.00	18.00
（4）	石运 $3m^3$装载机 15t　洞外 2.0km	m^3	103.00	13.54	1394.62
2	其他直接费	%	6.75		168.17
二	间接费	%	22.40		595.74
三	利润	%	7.00		227.87
四	价差	元			209.51
五	税金	%	9.00		332.34
	合计				4024.99

6. 平洞开挖（上水库进/出水口工程）

建筑工程单价表

项目：平洞开挖（上水库进/出水口工程）

定额编号：20454×0.62，20459×0.38　　　　定额单位：100m³

施工方法：采用三臂凿岩台车钻孔爆破，3m³装载机装15t自卸汽车出渣；洞内运距0.6km，洞外运距1.5km。

单价：112.99元　　　　单位：m³

编号	名称及规格	单位	数量	单价（元）	合价（元）
一	直接费				7489.51
1	基本直接费				7015.93
(1)	人工费				613.69
	高级熟练工	工时	6.00	10.26	61.56
	熟练工	工时	21.00	7.61	159.81
	半熟练工	工时	33.62	5.95	200.04
	普工	工时	39.24	4.90	192.28
(2)	材料费				1991.43
	乳化炸药	kg	141.09	6.80	959.41
	非电毫秒雷管	个	85.62	2.26	193.50
	导爆管	m	460.88	0.88	405.57
	钻头 ϕ45～48	个	0.65	80.00	51.81
	钻头 ϕ100～102	个	0.12	680.00	84.18
	钻杆	kg	8.55	14.00	119.70
	其他材料费	元	177.26	1.00	177.26
(3)	机械使用费				2320.74
	单斗挖掘机液压 0.6m³	台时	1.18	137.27	161.43
	凿岩台车液压三臂	台时	2.63	710.14	1865.68
	液压平台车	台时	0.97	173.93	169.13
	载重汽车 5t	台时	0.48	140.45	66.88
	其他机械使用费	元	57.62	1.00	57.62
(4)	石运洞内 0.6km 洞外 1.5km	m³	69.44	18.58	1290.20
	石运 3m³装载机 20t 洞内 0.8km 洞外 2km	m³	41.04	19.49	799.87
2	其他直接费	%	6.75		473.58
二	间接费	%	22.40		1677.65
三	利润	%	7.00		641.70
四	价差	元			557.31
五	税金	%	9.00		932.95
	合计				11299.12

7. 石方明挖（引水闸门井）

建筑工程单价表

项目：石方明挖（引水闸门井）

定额编号：20028×1　　　　定额单位：100m³

施工方法：采用YQ-150型潜孔钻机钻孔，分层梯段预裂爆破开挖，3m³挖掘机装15t自卸汽车，132kW推土机和少量手风钻辅助作业。弃渣运距2km。

单价：43.04元　　　　单位：m³

编号	名称及规格	单位	数量	单价（元）	合价（元）
一	直接费				2870.34
1	基本直接费				2688.84
(1)	人工费				273.97
	高级熟练工	工时	1.00	10.26	10.26
	熟练工	工时	6.00	7.61	45.66
	半熟练工	工时	7.00	5.95	41.65
	普工	工时	36.00	4.90	176.40
(2)	材料费				674.03
	乳化炸药	kg	47.94	6.80	325.99
	电雷管	发	8.40	1.87	15.71
	导电线	m	49.00	0.40	19.60
	导爆索	m	23.00	3.19	73.37
	合金钻头	个	0.11	50.00	5.50
	风钻钻杆	kg	0.06	7.00	0.42
	钻杆	kg	0.45	13.77	6.20
	冲击器	套	0.02	1712.00	34.24
	潜孔钻钻头	个	0.19	900.00	171.00
	其他材料费	元	22.00	1.00	22.00
(3)	机械使用费				346.22
	风钻手持式	台时	1.38	25.40	35.05
	潜孔钻低风压 100 型	台时	2.45	103.61	253.84
	载重汽车 5t	台时	0.28	140.45	39.33
	其他机械使用费	元	18.00	1.00	18.00
(4)	石运 3m³装载机 15t 洞外 2.0km	m³	103.00	13.54	1394.62
2	其他直接费	%	6.75		181.50
二	间接费	%	22.40		642.96
三	利润	%	7.00		245.93
四	价差	元			189.36
五	税金	%	9.00		355.37
	合计				4303.96

8. 石方洞挖（引水闸门井）

建筑工程单价表

项目：石方洞挖（引水闸门井）

定额编号：20853×0.175，20857×0.075，20943×0.75　　定额单位：100m³

施工方法：反井钻机打导孔，气腿钻扩挖至 ϕ3m 溜渣井，然后扩挖至设计开挖尺寸，3m³装载机装 15t 自卸汽车出渣，洞内运距 0.6km，洞外运距 1.5km。

单价：113.61 元　　单位：m³

编号	名称及规格	单位	数量	单价（元）	合价（元）
一	直接费				7598.03
1	基本直接费				7117.59
（1）	人工费				1259.71
	高级熟练工	工时	10.18	10.26	104.40
	熟练工	工时	39.45	7.61	300.21
	半熟练工	工时	70.15	5.95	417.39
	普工	工时	89.33	4.90	437.69
（2）	材料费				2018.41
	乳化炸药	kg	119.47	6.80	812.37
	非电毫秒雷管	个	71.85	2.26	162.38
	导爆管	m	331.90	0.88	292.07
	钻头 ϕ45～ϕ48	个	0.38	80.00	30.60
	钻头 ϕ100～ϕ102	个	0.03	680.00	20.40
	合金钻头	个	2.17	50.00	108.54
	钻杆	kg	4.28	14.00	59.96
	风钻钻杆	kg	1.66	7.00	11.62
	综合水价	m³	10.58	2.84	30.03
	导孔钻头 ϕ216mm	个	0.00	4000.00	10.40
	扩孔钻头体 ϕ1200mm	个	0.00	70000.00	126.00
	钻杆（潜孔钻）	kg	0.04	32.14	1.21
	普通钻杆 ϕ176mm	m	0.02	360.00	6.41
	滚刀	把	0.02	12500.00	191.25
	其他材料费	元	155.15	1.00	155.15
（3）	机械使用费				1872.78
	单斗挖掘机液压 0.6m³	台时	0.60	137.27	82.36

续表

编号	名称及规格	单位	数量	单价（元）	合价（元）
	风钻手持式	台时	7.01	25.40	177.99
	风钻气腿式	台时	4.11	36.14	148.70
	潜孔钻低风压 100 型	台时	0.23	103.61	24.09
	反井钻机 LM-120	台时	0.90	207.47	186.27
	凿岩台车液压三臂	台时	1.31	710.14	932.06
	液压平台车	台时	0.49	173.93	84.79
	修钎设备	台时	0.28	170.05	47.67
	泥浆泵功率 100kW	台时	0.43	126.07	54.10
	载重汽车 5t	台时	0.48	140.45	67.11
	潜水泵功率 3～5kW	台时	0.90	14.83	13.31
	其他机械使用费	元	54.33	1.00	54.33
（4）	石运洞内 0.6km 洞外 1.5km	m³	105.85	18.58	1966.69
2	其他直接费	%	6.75		480.44
二	间接费	%	22.40		1701.96
三	利润	%	7.00		651.00
四	价差	元			471.91
五	税金	%	9.00		938.06
	合计				11360.95

9. 石方井挖（引水闸门井）

建筑工程单价表

项目：石方井挖（引水闸门井）

定额编号：20897×0.5，20901×0.5　　　　定额单位：$100m^3$

施工方法：反井钻机打导井，气腿风钻自上而下扩挖，$3m^3$装载机装15t自卸汽车出渣，洞内运距0.6km，洞外运距1.5km。

单价：261.71元　　　　单位：m^3

编号	名称及规格	单位	数量	单价（元）	合价（元）
一	直接费				17934.57
1	基本直接费				16800.53
(1)	人工费				3353.66
	高级熟练工	工时	25.00	10.26	256.50
	熟练工	工时	103.00	7.61	783.83
	半熟练工	工时	196.50	5.95	1169.18
	普工	工时	233.50	4.90	1144.15
(2)	材料费				6076.92
	乳化炸药	kg	132.15	6.80	898.59
	非电毫秒雷管	个	116.00	2.26	262.16
	导爆管	m	349.00	0.88	307.12
	合金钻头	个	8.09	50.00	404.50
	风钻钻杆	kg	6.02	7.00	42.14
	综合水价	m^3	86.50	2.84	245.66
	扩孔钻头体 ϕ2000mm	个	0.01	120000.00	1200.00
	导孔钻头 ϕ270mm	个	0.02	1800.00	27.00
	普通钻杆 ϕ228mm	m	0.11	650.00	68.25
	滚刀	把	0.18	12500.00	2187.50
	其他材料费	元	434.00	1.00	434.00
(3)	机械使用费				5316.86
	风钻手持式	台时	29.29	25.40	743.84
	风钻气腿式	台时	12.55	36.14	453.56

续表

编号	名称及规格	单位	数量	单价（元）	合价（元）
	反井钻机 LM-400	台时	5.84	571.63	3335.46
	修钎设备	台时	1.09	170.05	185.35
	泥浆泵功率 100kW	台时	2.94	126.07	370.65
	载重汽车 5t	台时	0.56	140.45	77.95
	潜水泵功率 3～5kW	台时	5.84	14.83	86.53
	其他机械使用费	元	63.50	1.00	63.50
(4)	石运洞内 0.6km 洞外 1.5km	m^3	110.50	18.58	2053.09
2	其他直接费	%	6.75		1134.04
二	间接费	%	22.40		4017.34
三	利润	%	7.00		1536.63
四	价差	元			521.99
五	税金	%	9.00		2160.95
	合计				26171.48

10. 石方洞挖平洞（引水隧洞）

建筑工程单价表

项目：石方洞挖平洞（引水隧洞）

定额编号：20449×0.5，20454×0.5　　定额单位：100m^3

施工方法：采用三臂凿岩台车钻孔爆破，3m^3装载机装15t自卸汽车出渣，洞内运距0.6km，洞外运距1.5km。

单价：117.61元　　单位：m^3

编号	名称及规格	单位	数量	单价（元）	合价（元）
一	直接费				7785.00
1	基本直接费				7292.74
（1）	人工费				646.02
	高级熟练工	工时	6.00	10.26	61.56
	熟练工	工时	22.00	7.61	167.42
	半熟练工	工时	35.50	5.95	211.23
	普工	工时	42.00	4.90	205.80
（2）	材料费				2043.24
	乳化炸药	kg	150.34	6.80	1022.28
	非电毫秒雷管	个	91.00	2.26	205.66
	导爆管	m	408.50	0.88	359.48
	钻头 ϕ45～ϕ48	个	0.63	80.00	50.40
	钻头 ϕ100～ϕ102	个	0.12	680.00	81.60
	钻杆	kg	9.10	14.00	127.33
	其他材料费	元	196.50	1.00	196.50
（3）	机械使用费				2494.65
	单斗挖掘机液压 0.6m^3	台时	1.45	137.27	198.36
	凿岩台车液压三臂	台时	2.80	710.14	1984.84
	液压平台车	台时	1.04	173.93	180.02
	载重汽车 5t	台时	0.48	140.45	67.42
	其他机械使用费	元	64.00	1.00	64.00
（4）	石运洞内 0.6km 洞外 1.5km	m^3	113.50	18.58	2108.83
2	其他直接费	%	6.75		492.26
二	间接费	%	22.40		1743.84
三	利润	%	7.00		667.02
四	价差	元			593.84
五	税金	%	9.00		971.07
合计				11760.77	

11. 支洞石方洞挖（引水隧洞）

建筑工程单价表

项目：支洞石方洞挖（引水隧洞）

定额编号：20409×0.8，20414×0.2　　定额单位：100m^3

施工方法：风钻钻孔爆破，3m^3装载机装15t自卸汽车出渣；洞内运距0.6km，洞外运距1.5km。

单价：220.29元　　单位：m^3

编号	名称及规格	单位	数量	单价（元）	合价（元）
一	直接费				14938.02
1	基本直接费				13993.46
（1）	人工费				5292.58
	高级熟练工	工时	40.80	10.26	418.61
	熟练工	工时	163.80	7.61	1246.52
	半熟练工	工时	306.60	5.95	1824.27
	普工	工时	368.00	4.90	1803.20
（2）	材料费				2614.79
	乳化炸药	kg	163.50	6.80	1111.77
	非电毫秒雷管	发	200.60	2.26	453.36
	导爆管	m	401.00	0.88	352.88
	合金钻头	个	9.06	50.00	453.20
	风钻钻杆	kg	6.54	7.00	45.78
	其他材料费	元	197.80	1.00	197.80
（3）	机械使用费				3700.42
	风钻手持式	台时	2.17	25.40	55.12
	风钻气腿式	台时	91.57	36.14	3309.48
	修钎设备	x	0.23	170.05	38.43
	修钎设备	台时	0.98	170.05	165.97
	载重汽车 5t	台时	0.49	140.45	68.82
	其他机械使用费	元	62.60	1.00	62.60
（4）	石运洞内 0.6km 洞外 1.5km	m^3	128.40	18.58	2385.67
2	其他直接费	%	6.75		944.56
二	间接费	%	22.40		3346.12
三	利润	%	7.00		1279.89
四	价差	元			645.79
五	税金	%	9.00		1818.88
	合计				22028.70

12. 斜井石方洞挖（引水隧洞）

建筑工程单价表

项目：斜井石方洞挖（引水隧洞）

定额编号：20735×1　　　　定额单位：100m^3

施工方法：采用 LM-400 型反井钻机施工导井，气腿风钻自上而下扩挖，3m^3装载机装 15t 自卸汽车出渣，平均洞内运距 0.6km，洞外运距 1.5km。

单价：321.93 元　　　　单位：m^3

编号	名称及规格	单位	数量	单价（元）	合价（元）
一	直接费				22063.85
1	基本直接费				20668.71
(1)	人工费				4093.81
	高级熟练工	工时	31.00	10.26	318.06
	熟练工	工时	125.00	7.61	951.25
	半熟练工	工时	240.00	5.95	1428.00
	普工	工时	285.00	4.90	1396.50
(2)	材料费				7224.46
	乳化炸药	kg	161.57	6.80	1098.68
	非电毫秒雷管	个	91.00	2.26	205.66
	导爆管	m	362.00	0.88	318.56
	合金钻头	个	9.79	50.00	489.50
	风钻钻杆	kg	7.18	7.00	50.26
	综合水价	m^3	120.00	2.84	340.80
	扩孔钻头体 ϕ2000mm	个	0.01	120000.00	1200.00
	导孔钻头 ϕ270mm	个	0.02	1800.00	36.00
	普通钻杆 ϕ228mm	m	0.16	650.00	104.00
	滚刀	把	0.23	12500.00	2875.00
	其他材料费	元	506.00	1.00	506.00
(3)	机械使用费				7213.74
	风钻手持式	台时	9.35	25.40	237.49
	风钻气腿式	台时	37.39	36.14	1351.27

续表

编号	名称及规格	单位	数量	单价（元）	合价（元）
	反井钻机 LM-400	台时	8.10	571.63	4630.20
	修钎设备	台时	1.31	170.05	222.77
	泥浆泵功率 100kW	台时	3.89	126.07	490.41
	载重汽车 5t	台时	0.63	140.45	88.48
	潜水泵功率 3～5kW	台时	8.10	14.83	120.12
	其他机械使用费	元	73.00	1.00	73.00
(4)	石运洞内 0.6km 洞外 1.5km	m^3	115.00	18.58	2136.70
2	其他直接费	%	6.75		1395.14
二	间接费	%	22.40		4942.30
三	利润	%	7.00		1890.43
四	价差	元			638.20
五	税金	%	9.00		2658.13
	合计				32192.91

13. 渐变段洞挖 $a>100m^2$（引水隧洞）

建筑工程单价表

项目：渐变段洞挖 $a>100m^2$（引水隧洞）

定额编号：20459×1　　　　定额单位：$100m^3$

施工方法：采用三臂凿岩台车钻孔爆破，$3m^3$ 装载机装 15t 自卸汽车出渣；洞内运距 0.6km，洞外运距 1.5km。

单价：110.88 元　　　　单位：m^3

编号	名称及规格	单位	数量	单价（元）	合价（元）
一	直接费				7347.39
1	基本直接费				6882.80
（1）	人工费				603.92
	高级熟练工	工时	6.00	10.26	61.56
	熟练工	工时	21.00	7.61	159.81
	半熟练工	工时	33.00	5.95	196.35
	普工	工时	38.00	4.90	186.20
（2）	材料费				2007.10
	乳化炸药	kg	139.10	6.80	945.88
	非电毫秒雷管	个	85.00	2.26	192.10
	导爆管	m	508.00	0.88	447.04
	钻头 $\phi45\sim\phi48$	个	0.66	80.00	52.80
	钻头 $\phi100\sim\phi102$	个	0.13	680.00	88.40
	钻杆	kg	8.42	14.00	117.88
	其他材料费	元	163.00	1.00	163.00
（3）	机械使用费				2265.14
	单斗挖掘机液压 $0.6m^3$	台时	0.99	137.27	135.90
	凿岩台车液压三臂	台时	2.59	710.14	1839.26
	液压平台车	台时	0.96	173.93	166.97
	载重汽车 5t	台时	0.47	140.45	66.01
	其他机械使用费	元	57.00	1.00	57.00
（4）	石运洞内 0.6km 洞外 1.5km	m^3	108.00	18.58	2006.64
2	其他直接费	%	6.75		464.59
二	间接费	%	22.40		1645.82
三	利润	%	7.00		629.52
四	价差	元			549.45
五	税金	%	9.00		915.50
	合计				11087.67

14. 石方洞挖引水调压室

建筑工程单价表

项目：石方洞挖引水调压室

定额编号：20943×1　　　　定额单位：$100m^3$

施工方法：三臂液压台车钻孔爆破，$3m^3$ 装载机装 15t 自卸汽车出渣，洞内运距 0.6km，洞外运距 1.5km。

单价：91.27 元　　　　单位：m^3

编号	名称及规格	单位	数量	单价（元）	合价（元）
一	直接费				6045.15
1	基本直接费				5662.90
（1）	人工费				555.78
	高级熟练工	工时	5.00	10.26	51.30
	熟练工	工时	18.00	7.61	136.98
	半熟练工	工时	28.00	5.95	166.60
	普工	工时	41.00	4.90	200.90
（2）	材料费				1466.21
	乳化炸药	kg	115.56	6.80	785.81
	非电毫秒雷管	个	56.00	2.26	126.56
	导爆管	m	323.00	0.88	284.24
	钻头 $\phi45\sim\phi48$	个	0.51	80.00	40.80
	钻头 $\phi100\sim\phi102$	个	0.04	680.00	27.20
	合金钻头	个	0.12	50.00	6.00
	钻杆	kg	5.71	14.00	79.94
	风钻钻杆	kg	0.15	7.00	1.05
	钻杆（潜孔钻）	kg	0.05	32.14	1.61
	其他材料费	元	113.00	1.00	113.00
（3）	机械使用费				1690.01
	单斗挖掘机液压 $0.6m^3$	台时	0.80	137.27	109.82
	风钻手持式	台时	0.42	25.40	10.67
	风钻气腿式	台时	1.66	36.14	59.99
	潜孔钻低风压 100 型	台时	0.31	103.61	32.12
	凿岩台车液压三臂	台时	1.75	710.14	1242.75
	液压平台车	台时	0.65	173.93	113.05

续表

编号	名称及规格	单位	数量	单价（元）	合价（元）
	载重汽车 5t	台时	0.46	140.45	64.61
	其他机械使用费	元	57.00	1.00	57.00
(4)	石运洞内 0.6km 洞外 1.5km	m^3	105.00	18.58	1950.90
2	其他直接费	%	6.75		382.25
二	间接费	%	22.40		1354.11
三	利润	%	7.00		517.95
四	价差	元			456.46
五	税金	%	9.00		753.63
	合计				9127.30

15. 石方井挖引水调压井 $a>100m^2$

建筑工程单价表

项目：石方井挖引水调压井 $a>100m^2$

定额编号：20913×1　　　　定额单位：$100m^3$

施工方法：LM-400 型反井钻机打导井，气腿钻扩挖至 ϕ3m 溜渣井，$3m^3$ 装载机装 15t 自卸汽车出渣。洞内运距 2.0km，洞外运距 2.6km。

单价：172.08 元　　　　单位：m^3

编号	名称及规格	单位	数量	单价（元）	合价（元）
一	直接费				11728.52
1	基本直接费				10986.90
(1)	人工费				3138.75
	高级熟练工	工时	24.00	10.26	246.24
	熟练工	工时	96.00	7.61	730.56
	半熟练工	工时	183.00	5.95	1088.85
	普工	工时	219.00	4.90	1073.10
(2)	材料费				2798.14
	乳化炸药	kg	108.07	6.80	734.88
	非电毫秒雷管	个	113.00	2.26	255.38

续表

编号	名称及规格	单位	数量	单价（元）	合价（元）
	导爆管	m	340.00	0.88	299.20
	合金钻头	个	7.91	50.00	395.50
	风钻钻杆	kg	5.88	7.00	41.16
	综合水价	m^3	28.00	2.84	79.52
	扩孔钻头体 ϕ2000mm	个		120000.00	
	导孔钻头 ϕ270mm	个	0.01	1800.00	18.00
	普通钻杆 ϕ228mm	m	0.03	650.00	19.50
	滚刀	把	0.06	12500.00	750.00
	其他材料费	元	205.00	1.00	205.00
(3)	机械使用费				2543.11
	风钻手持式	台时	25.43	25.40	645.92
	风钻气腿式	台时	10.90	36.14	393.93
	反井钻机 LM-400	台时	1.87	571.63	1068.95
	修钎设备	台时	1.06	170.05	180.25
	泥浆泵功率 100kW	台时	0.94	126.07	118.51
	载重汽车 5t	台时	0.49	140.45	68.82
	潜水泵功率 3～5kW	台时	1.87	14.83	27.73
	其他机械使用费	元	39.00	1.00	39.00
(4)	石运 $3m^3$装载机 15t 洞内 2km 洞外 2.6km	m^3	106.00	23.65	2506.90
2	其他直接费	%	6.75		741.62
二	间接费	%	22.40		2627.19
三	利润	%	7.00		1004.90
四	价差	元			426.88
五	税金	%	9.00		1420.87
	合计				17208.36

16. 石方井挖引水调压井 $a<30m^2$

建筑工程单价表

项目：石方井挖引水调压井 $a<30m^2$

定额编号：20893×1　　　　定额单位：$100m^3$

施工方法：LM-400型反井钻机打导井，气腿钻扩挖至 ϕ3m 溜渣井，$3m^3$ 装载机装15t自卸汽车出渣，洞内运距2.0km，洞外运距2.6km。

单价：437.55元　　　　单位：m^3

编号	名称及规格	单位	数量	单价（元）	合价（元）
一	直接费				30253.74
1	基本直接费				28340.74
(1)	人工费				3554.98
	高级熟练工	工时	25.00	10.26	256.50
	熟练工	工时	108.00	7.61	821.88
	半熟练工	工时	212.00	5.95	1261.40
	普工	工时	248.00	4.90	1215.20
(2)	材料费				11228.32
	乳化炸药	kg	131.61	6.80	894.95
	非电毫秒雷管	个	113.00	2.26	255.38
	导爆管	m	339.00	0.88	298.32
	合金钻头	个	7.87	50.00	393.50
	风钻钻杆	kg	5.85	7.00	40.95
	综合水价	m^3	208.00	2.84	590.72
	扩孔钻头体 ϕ2000mm	个	0.02	120000.00	2400.00
	导孔钻头 ϕ270mm	个	0.04	1800.00	72.00
	普通钻杆 ϕ228mm	m	0.25	650.00	162.50
	滚刀	把	0.42	12500.00	5250.00
	其他材料费	元	870.00	1.00	870.00
(3)	机械使用费				10790.39
	风钻手持式	台时	31.65	25.40	803.91
	风钻气腿式	台时	13.56	36.14	490.06
	反井钻机 LM-400	台时	14.01	571.63	8008.54
	修钎设备	台时	1.05	170.05	178.55
	泥浆泵功率 100kW	台时	7.06	126.07	890.05

续表

编号	名称及规格	单位	数量	单价（元）	合价（元）
	载重汽车 5t	台时	0.68	140.45	95.51
	潜水泵功率 3～5kW	台时	14.01	14.83	207.77
	其他机械使用费	元	116.00	1.00	116.00
(4)	石运 $3m^3$ 装载机 15t 洞内 2km 洞外 2.6km	m^3	117.00	23.65	2767.05
2	其他直接费	%	6.75		1913.00
二	间接费	%	22.40		6776.84
三	利润	%	7.00		2592.14
四	价差	元			519.86
五	税金	%	9.00		3612.83
	合计				43755.41

17. 石方洞挖平洞（压力管道）

建筑工程单价表

项目：石方洞挖平洞（压力管道）

定额编号：20414×0.2，20419×0.8　　　　定额单位：$100m^3$

施工方法：三臂凿岩台车钻孔爆破，$3m^3$ 装载机装15t自卸汽车运运输出渣，洞内运距2.0km，洞外运距2.6km。

单价：157.90元　　　　单位：m^3

编号	名称及规格	单位	数量	单价（元）	合价（元）
一	直接费				10617.06
1	基本直接费				9945.72
(1)	人工费				3132.75
	高级熟练工	工时	24.80	10.26	254.45
	熟练工	工时	96.60	7.61	735.13
	半熟练工	工时	181.00	5.95	1076.95
	普工	工时	217.60	4.90	1066.24
(2)	材料费				1905.13
	乳化炸药	kg	147.23	6.80	1001.18

续表

编号	名称及规格	单位	数量	单价（元）	合价（元）
	非电毫秒雷管	发	118.20	2.26	267.13
	导爆管	m	236.20	0.88	207.86
	合金钻头	个	5.35	50.00	267.60
	风钻钻杆	kg	4.85	7.00	33.96
	其他材料费	元	127.40	1.00	127.40
(3)	机械使用费				2154.98
	风钻手持式	台时	8.30	25.40	210.77
	风钻气腿式	台时	47.06	36.14	1700.82
	修钎设备	x	0.78	170.05	132.30
	载重汽车 5t	台时	0.48	140.45	67.70
	其他机械使用费	元	43.40	1.00	43.40
(4)	石运 $3m^3$装载机 15t 洞内 2km 洞外 2.6km	m^3	116.40	23.65	2752.86
2	其他直接费	%	6.75		671.34
二	间接费	%	22.40		2378.22
三	利润	%	7.00		909.67
四	价差	元			581.56
五	税金	%	9.00		1303.79
	合计				15790.29

18. 石方井挖（压力管道）

建筑工程单价表

项目：石方井挖（压力管道）

定额编号：20893×0.2，20897×0.8　　　　定额单位：$100m^3$

施工方法：采用 LM-400 型反井钻机施工导井，气腿风钻自上而下扩挖，$3m^3$装载机装 15t 自卸汽车出渣，洞内运距 2.0km，洞外运距 2.6km。

单价：323.08 元　　　　单位：m^3

编号	名称及规格	单位	数量	单价（元）	合价（元）
一	直接费				22224.31
1	基本直接费				20819.03
(1)	人工费				3421.71
	高级熟练工	工时	25.00	10.26	256.50
	熟练工	工时	104.80	7.61	797.53
	半熟练工	工时	201.60	5.95	1199.52
	普工	工时	238.40	4.90	1168.16
(2)	材料费				7591.93
	乳化炸药	kg	135.03	6.80	918.23
	非电毫秒雷管	个	115.40	2.26	260.80
	导爆管	m	347.00	0.88	305.36
	合金钻头	个	8.05	50.00	402.30
	风钻钻杆	kg	5.99	7.00	41.90
	综合水价	m^3	124.80	2.84	354.43
	扩孔钻头体 ϕ2000mm	个	0.01	120000.00	1440.00
	导孔钻头 ϕ270mm	个	0.02	1800.00	43.20
	普通钻杆 ϕ228mm	m	0.15	650.00	100.10
	滚刀	把	0.25	12500.00	3150.00
	其他材料费	元	575.60	1.00	575.60
(3)	机械使用费				7132.94
	风钻手持式	台时	32.37	25.40	822.20
	风钻气腿式	台时	13.87	36.14	501.33
	反井钻机 LM-400	台时	8.40	571.63	4802.84
	修钎设备	台时	1.08	170.05	183.99
	泥浆泵功率 100kW	台时	4.24	126.07	534.03

续表

编号	名称及规格	单位	数量	单价（元）	合价（元）
	载重汽车 5t	台时	0.59	140.45	83.15
	潜水泵功率 3～5kW	台时	8.40	14.83	124.60
	其他机械使用费	元	80.80	1.00	80.80
（4）	石运 $3m^3$ 装载机 15t 洞内 2.0km 洞外 2.6km	m^3	113.00	23.65	2672.45
2	其他直接费	%	6.75		1405.28
二	间接费	%	22.40		4978.25
三	利润	%	7.00		1904.18
四	价差	元			533.37
五	税金	%	9.00		2667.61
	合计				32307.72

19. 石方洞挖 $a=20m^3$ 风钻

建筑工程单价表

项目：石方洞挖 $a=20m^3$ 风钻

定额编号：20414×1　　　　定额单位：$100m^3$

施工方法：采用风钻钻孔爆破，$3m^3$ 装载机装 15t 自卸汽车出渣，洞内运距 2.0km，洞外运距 2.6km。

单价：180.81 元　　　　单位：m^3

编号	名称及规格	单位	数量	单价（元）	合价（元）
一	直接费				12188.17
1	基本直接费				11417.49
（1）	人工费				4096.54
	高级熟练工	工时	32.00	10.26	328.32
	熟练工	工时	127.00	7.61	966.47
	半熟练工	工时	237.00	5.95	1410.15
	普工	工时	284.00	4.90	1391.60
（2）	材料费				2245.65

续表

编号	名称及规格	单位	数量	单价（元）	合价（元）
	乳化炸药	kg	158.36	6.80	1076.85
	非电毫秒雷管	发	155.00	2.26	350.30
	导爆管	m	309.00	0.88	271.92
	合金钻头	个	7.00	50.00	350.00
	风钻钻杆	kg	7.94	7.00	55.58
	其他材料费	元	141.00	1.00	141.00
（3）	机械使用费				2808.54
	风钻手持式	台时	10.85	25.40	275.59
	风钻气腿式	台时	61.51	36.14	2222.97
	修钎设备	x	1.13	170.05	192.16
	载重汽车 5t	台时	0.49	140.45	68.82
	其他机械使用费	元	49.00	1.00	49.00
（4）	石运洞内 2.0km 洞外 2.6km	m^3	122.00	18.58	2266.76
2	其他直接费	%	6.75		770.68
二	间接费	%	22.40		2730.15
三	利润	%	7.00		1044.28
四	价差	元			625.52
五	税金	%	9.00		1492.93
	合计				18081.05

20. 斜洞开挖（a=30～50m^2）（压力管道）

建筑工程单价表

项目：斜洞开挖（a=30～50m^2）（压力管道）

定额编号：20735×0.5，20739×0.5　　定额单位：100m^3

施工方法：采用LM-400型反井钻机施工导井，气腿钻扩挖至3m溜渣井，3m^3装载机装15t自卸汽车出渣，平均洞内运距2.0km，洞外运距2.6km。

单价：306.22元　　单位：m^3

编号	名称及规格	单位	数量	单价（元）	合价（元）
一	直接费				20976.28
1	基本直接费				19649.91
(1)	人工费				4036.85
	高级熟练工	工时	30.50	10.26	312.93
	熟练工	工时	123.50	7.61	939.84
	半熟练工	工时	236.50	5.95	1407.18
	普工	工时	281.00	4.90	1376.90
(2)	材料费				6606.96
	乳化炸药	kg	157.29	6.80	1069.57
	非电毫秒雷管	个	90.50	2.26	204.53
	导爆管	m	360.50	0.88	317.24
	合金钻头	个	9.76	50.00	488.00
	风钻钻杆	kg	7.16	7.00	50.12
	综合水价	m^3	100.00	2.84	284.00
	扩孔钻头体 ϕ2000mm	个	0.01	120000.00	1200.00
	导孔钻头 ϕ270mm	个	0.02	1800.00	27.00
	普通钻杆 ϕ228mm	m	0.13	650.00	84.50
	滚刀	把	0.20	12500.00	2437.50
	其他材料费	元	444.50	1.00	444.50
(3)	机械使用费				6321.82
	风钻手持式	台时	9.32	25.40	236.60
	风钻气腿式	台时	37.27	36.14	1346.76

续表

编号	名称及规格	单位	数量	单价（元）	合价（元）
	反井钻机 LM-400	台时	6.75	571.63	3858.50
	修钎设备	台时	1.31	170.05	221.92
	泥浆泵功率 100kW	台时	3.24	126.07	408.47
	载重汽车 5t	台时	0.61	140.45	84.97
	潜水泵功率 3～5kW	台时	6.75	14.83	100.10
	其他机械使用费	元	64.50	1.00	64.50
(4)	石运 3m^3装载机 15t 洞内 2km 洞外 2.6km	m^3	113.50	23.65	2684.28
2	其他直接费	%	6.75		1326.37
二	间接费	%	22.40		4698.69
三	利润	%	7.00		1797.25
四	价差	元			621.34
五	税金	%	9.00		2528.42
	合计				30621.97

21. 石方井挖（尾水事故闸门室）

建筑工程单价表

项目：石方井挖（尾水事故闸门室）

定额编号：20943×0.3，20796×0.35，20801×0.35　　定额单位：100m^3

施工方法：30%采用三臂凿岩台车开挖，其余70%为竖井反井钻机开挖，3m^3装载机装15t自卸汽车出渣，平均洞内运距2.0km，洞外运距2.6km。

单价：139.35元　　单位：m^3

编号	名称及规格	单位	数量	单价（元）	合价（元）
一	直接费				9363.39
1	基本直接费				8771.33
(1)	人工费				2645.37
	高级熟练工	工时	20.40	10.26	209.30
	熟练工	工时	82.05	7.61	624.40

续表

编号	名称及规格	单位	数量	单价（元）	合价（元）
	半熟练工	工时	152.25	5.95	905.89
	普工	工时	184.85	4.90	905.77
（2）	材料费				1981.21
	乳化炸药	kg	132.04	6.80	897.86
	非电毫秒雷管	个	110.60	2.26	249.96
	导爆管	m	363.60	0.88	319.97
	钻头 ϕ45～ϕ48	个	0.15	80.00	12.24
	钻头 ϕ100～ϕ102	个	0.01	680.00	8.16
	合金钻头	个	6.30	50.00	314.88
	钻杆	kg	1.71	14.00	23.98
	风钻钻杆	kg	4.46	7.00	31.23
	钻杆（潜孔钻）	kg	0.02	32.14	0.48
	其他材料费	元	122.45	1.00	122.45
（3）	机械使用费				1611.83
	单斗挖掘机液压 0.6m^3	台时	0.24	137.27	32.94
	风钻手持式	台时	17.80	25.40	452.23
	风钻气腿式	台时	12.87	36.14	465.01
	潜孔钻低风压 100 型	台时	0.09	103.61	9.64
	凿岩台车液压三臂	台时	0.53	710.14	372.82
	液压平台车	台时	0.20	173.93	33.92
	修钎设备	台时	0.83	170.05	140.46
	载重汽车 5t	台时	0.46	140.45	64.61
	其他机械使用费	元	40.20	1.00	40.20
（4）	石运 3m^3装载机 15t 洞内 2km 洞外 2.6km	m^3	107.10	23.65	2532.92
2	其他直接费	%	6.75		592.06
二	间接费	%	22.40		2097.40
三	利润	%	7.00		802.26
四	价差	元			521.56
五	税金	%	9.00		1150.61
	合计				13935.23

22. 石方井挖（尾水事故闸门井）

建筑工程单价表

项目：石方井挖（尾水事故闸门井）

定额编号：20893×0.75，20897×0.25　　　　定额单位：100m^3

施工方法：反井钻机打导孔，气腿钻扩挖至 ϕ3m 溜渣井，3m^3装载机装 15t 自卸汽车出渣，洞内运距 2.0km，洞外运距 2.6km。

单价：401.78 元　　　　单位：m^3

编号	名称及规格	单位	数量	单价（元）	合价（元）
一	直接费				27744.56
1	基本直接费				25990.22
（1）	人工费				3513.34
	高级熟练工	工时	25.00	10.26	256.50
	熟练工	工时	107.00	7.61	814.27
	半熟练工	工时	208.75	5.95	1242.06
	普工	工时	245.00	4.90	1200.50
（2）	材料费				10091.97
	乳化炸药	kg	132.68	6.80	902.22
	非电毫秒雷管	个	113.75	2.26	257.08
	导爆管	m	341.50	0.88	300.52
	合金钻头	个	7.93	50.00	396.25
	风钻钻杆	kg	5.89	7.00	41.25
	综合水价	m^3	182.00	2.84	516.88
	扩孔钻头体 ϕ2000mm	个	0.02	120000.00	2100.00
	导孔钻头 ϕ270mm	个	0.04	1800.00	63.00
	普通钻杆 ϕ228mm	m	0.22	650.00	143.00
	滚刀	把	0.37	12500.00	4593.75
	其他材料费	元	778.00	1.00	778.00
（3）	机械使用费				9647.42
	风钻手持式	台时	31.88	25.40	809.63
	风钻气腿式	台时	13.66	36.14	493.58
	反井钻机 LM-400	台时	12.26	571.63	7006.75
	修钎设备	台时	1.06	170.05	180.25
	泥浆泵功率 100kW	台时	6.18	126.07	778.80

续表

编号	名称及规格	单位	数量	单价（元）	合价（元）
	载重汽车 5t	台时	0.65	140.45	91.64
	潜水泵功率 3～5kW	台时	12.26	14.83	181.78
	其他机械使用费	元	105.00	1.00	105.00
（4）	石运 $3m^3$装载机 15t 洞内 2km 洞外 2.6km	m^3	115.75	23.65	2737.49
2	其他直接费	%	6.75		1754.34
二	间接费	%	22.40		6214.78
三	利润	%	7.00		2377.15
四	价差	元			524.09
五	税金	%	9.00		3317.45
	合计				40178.04

23. 石方井挖（尾水调压井）

建筑工程单价表

项目：石方井挖（尾水调压井）

定额编号：20881×0.2，20885×0.8　　　　定额单位：$100m^3$

施工方法：反井钻机打导孔，气腿钻扩挖至 $\phi3m$ 溜渣井，$3m^3$装载机装 15t 自卸汽车出渣，洞内运距 2.0km，洞外运距 2.6km。

单价：163.48 元　　　　单位：m^3

编号	名称及规格	单位	数量	单价（元）	合价（元）
一	直接费				11095.41
1	基本直接费				10393.83
（1）	人工费				3227.94
	高级熟练工	工时	25.00	10.26	256.50
	熟练工	工时	99.40	7.61	756.43
	半熟练工	工时	187.80	5.95	1117.41
	普工	工时	224.00	4.90	1097.60
（2）	材料费				2568.12
	乳化炸药	kg	118.13	6.80	803.27
	非电毫秒雷管	个	116.20	2.26	262.61

续表

编号	名称及规格	单位	数量	单价（元）	合价（元）
	导爆管	m	347.80	0.88	306.06
	合金钻头	个	8.07	50.00	403.50
	风钻钻杆	kg	6.00	7.00	41.99
	综合水价	m^3	32.00	2.84	90.88
	导孔钻头 $\phi216mm$	个	0.01	4000.00	40.00
	扩孔钻头体 $\phi1400mm$	个		90000.00	
	普通钻杆 $\phi182mm$	m	0.03	400.00	13.60
	滚刀	把	0.03	12500.00	400.00
	其他材料费	元	206.20	1.00	206.20
（3）	机械使用费				2086.14
	风钻手持式	台时	25.98	25.40	659.89
	风钻气腿式	台时	11.13	36.14	402.31
	反井钻机 LM-200	台时	2.17	262.22	567.97
	修钎设备	台时	1.08	170.05	183.99
	泥浆泵功率 100kW	台时	1.03	126.07	130.36
	载重汽车 5t	台时	0.50	140.45	70.51
	潜水泵功率 3～5kW	台时	2.17	14.83	32.12
	其他机械使用费	元	39.00	1.00	39.00
（4）	石运 $3m^3$装载机 15t 洞内 2km 洞外 2.6km	m^3	106.20	23.65	2511.63
2	其他直接费	%	6.75		701.58
二	间接费	%	22.40		2485.37
三	利润	%	7.00		950.66
四	价差	元			466.57
五	税金	%	9.00		1349.82
	合计				16347.83

24. 升管段井挖（$a<30m^2$）（尾水调压井）

建筑工程单价表

项目：升管段井挖（$a<30m^2$）（尾水调压井）

定额编号：20893×0.5，20897×0.5　　定额单位：$100m^3$

施工方法：LM-400 型反井钻机打导井，气腿钻扩挖至 3m 溜渣井，$3m^3$ 装载机装 15t 自卸汽车出渣，洞内运距 2.0km，洞外运距 2.6km。

单价：366.01 元　　单位：m^3

编号	名称及规格	单位	数量	单价（元）	合价（元）
一	直接费				25235.39
1	基本直接费				23639.71
(1)	人工费				3471.69
	高级熟练工	工时	25.00	10.26	256.50
	熟练工	工时	106.00	7.61	806.66
	半熟练工	工时	205.50	5.95	1222.73
	普工	工时	242.00	4.90	1185.80
(2)	材料费				8955.58
	乳化炸药	kg	133.75	6.80	909.50
	非电毫秒雷管	个	114.50	2.26	258.77
	导爆管	m	344.00	0.88	302.72
	合金钻头	个	7.98	50.00	399.00
	风钻钻杆	kg	5.94	7.00	41.55
	综合水价	m^3	156.00	2.84	443.04
	扩孔钻头体 ϕ2000mm	个	0.02	120000.00	1800.00
	导孔钻头 ϕ270mm	个	0.03	1800.00	54.00
	普通钻杆 ϕ228mm	m	0.19	650.00	123.50
	滚刀	把	0.32	12500.00	3937.50
	其他材料费	元	686.00	1.00	686.00
(3)	机械使用费				8504.51
	风钻手持式	台时	32.10	25.40	815.34
	风钻气腿式	台时	13.76	36.14	497.11
	反井钻机 LM-400	台时	10.51	571.63	6004.97
	修钎设备	台时	1.07	170.05	181.95
	泥浆泵功率 100kW	台时	5.30	126.07	667.54

续表

编号	名称及规格	单位	数量	单价（元）	合价（元）
	载重汽车 5t	台时	0.63	140.45	87.78
	潜水泵功率 3～5kW	台时	10.51	14.83	155.79
	其他机械使用费	元	94.00	1.00	94.00
(4)	石运 $3m^3$ 装载机 15t 洞内 2km 洞外 2.6km	m^3	114.50	23.65	2707.93
2	其他直接费	%	6.75		1595.68
二	间接费	%	22.40		5652.73
三	利润	%	7.00		2162.17
四	价差	元			528.35
五	税金	%	9.00		3022.08
	合计				36600.71

25. 竖井开挖 $a>100m^2$（尾水调压井）

建筑工程单价表

项目：竖井开挖 $a>100m^2$（尾水调压井）

定额编号：20905×1　　定额单位：$100m^3$

施工方法：LM-400 型反井钻机打导井，气腿钻扩挖至 3m 溜渣井，$3m^3$ 装载机装 15t 自卸汽车出渣，洞内运距 2.0km，洞外运距 2.6km。

单价：190.92 元　　单位：m^3

编号	名称及规格	单位	数量	单价（元）	合价（元）
一	直接费				13006.08
1	基本直接费				12183.68
(1)	人工费				3215.83
	高级熟练工	工时	24.00	10.26	246.24
	熟练工	工时	99.00	7.61	753.39
	半熟练工	工时	188.00	5.95	1118.60
	普工	工时	224.00	4.90	1097.60
(2)	材料费				3261.41

续表

编号	名称及规格	单位	数量	单价（元）	合价（元）
	乳化炸药	kg	121.98	6.80	829.46
	非电毫秒雷管	个	115.00	2.26	259.90
	导爆管	m	346.00	0.88	304.48
	合金钻头	个	8.02	50.00	401.00
	风钻钻杆	kg	5.97	7.00	41.79
	综合水价	m^3	42.00	2.84	119.28
	扩孔钻头体 ϕ2000mm	个		120000.00	
	导孔钻头 ϕ270mm	个	0.01	1800.00	18.00
	普通钻杆 ϕ228mm	m	0.05	650.00	32.50
	滚刀	把	0.08	12500.00	1000.00
	其他材料费	元	255.00	1.00	255.00
（3）	机械使用费				3175.89
	风钻手持式	台时	25.84	25.40	656.34
	风钻气腿式	台时	11.08	36.14	400.43
	反井钻机 LM-400	台时	2.80	571.63	1600.56
	修钎设备	台时	1.08	170.05	183.65
	泥浆泵功率 100kW	台时	1.41	126.07	177.76
	载重汽车 5t	台时	0.51	140.45	71.63
	潜水泵功率 3～5kW	台时	2.80	14.83	41.52
	其他机械使用费	元	44.00	1.00	44.00
（4）	石运 $3m^3$装载机 15t 洞内 2km 洞外 2.6km	m^3	107.00	23.65	2530.55
2	其他直接费	%	6.75		822.40
二	间接费	%	22.40		2913.36
三	利润	%	7.00		1114.36
四	价差	元			481.82
五	税金	%	9.00		1576.41
	合计				19092.03

26. 石方洞挖调压井通风洞

建筑工程单价表

项目：石方洞挖调压井通风洞

定额编号：20444×0.75，20449×0.25　　定额单位：$100m^3$

施工方法：采用三臂凿岩台车钻孔爆破，$3m^3$装载机装 15t 自卸汽车出渣，洞内运距 2.0km，洞外运距 2.6km。

单价：155.35 元　　单位：m^3

编号	名称及规格	单位	数量	单价（元）	合价（元）
一	直接费				10351.06
1	基本直接费				9696.54
（1）	人工费				897.75
	高级熟练工	工时	9.00	10.26	92.34
	熟练工	工时	30.50	7.61	232.11
	半熟练工	工时	49.00	5.95	291.55
	普工	工时	57.50	4.90	281.75
（2）	材料费				2532.71
	乳化炸药	kg	176.02	6.80	1196.90
	非电毫秒雷管	个	126.00	2.26	284.76
	导爆管	m	502.75	0.88	442.42
	钻头 ϕ45～ϕ48	个	0.82	80.00	65.80
	钻头 ϕ100～ϕ102	个	0.17	680.00	112.20
	钻杆	kg	12.55	14.00	175.63
	其他材料费	元	255.00	1.00	255.00
（3）	机械使用费				3422.16
	单斗挖掘机液压 $0.6m^3$	台时	2.13	137.27	291.70
	凿岩台车液压三臂	台时	3.85	710.14	2732.26
	液压平台车	台时	1.42	173.93	246.98
	载重汽车 5t	台时	0.49	140.45	68.47
	其他机械使用费	元	82.75	1.00	82.75
（4）	石运 $3m^3$装载机 15t 洞内 2km 洞外 2.6km	m^3	120.25	23.65	2843.91
2	其他直接费	%	6.75		654.52
二	间接费	%	22.40		2318.64
三	利润	%	7.00		886.88

续表

编号	名称及规格	单位	数量	单价（元）	合价（元）
四	价差	元			695.28
五	税金	%	9.00		1282.67
	合计				15534.52

27. 石方洞挖（尾水隧洞）

建筑工程单价表

项目：石方洞挖（尾水隧洞）

定额编号：20454×0.92，20459×0.08　　　　定额单位：$100m^3$

施工方法：采用三臂凿岩台车钻孔爆破，$3m^3$装载机装 15t 自卸汽车出渣，洞内运距 2.0km，洞外运距 2.6km。

单价：121.80 元　　　　单位：m^3

编号	名称及规格	单位	数量	单价（元）	合价（元）
一	直接费				8103.55
1	基本直接费				7591.15
(1)	人工费				618.42
	高级熟练工	工时	6.00	10.26	61.56
	熟练工	工时	21.00	7.61	159.81
	半熟练工	工时	33.92	5.95	201.82
	普工	工时	39.84	4.90	195.22
(2)	材料费				1983.85
	乳化炸药	kg	142.05	6.80	965.96
	非电毫秒雷管	个	85.92	2.26	194.18
	导爆管	m	438.08	0.88	385.51
	钻头 $\phi45\sim\phi48$	个	0.64	80.00	51.33
	钻头 $\phi100\sim\phi102$	个	0.12	680.00	82.14
	钻杆	kg	8.61	14.00	120.58

续表

编号	名称及规格	单位	数量	单价（元）	合价（元）
	其他材料费	元	184.16	1.00	184.16
(3)	机械使用费				2347.64
	单斗挖掘机液压 $0.6m^3$	台时	1.27	137.27	173.78
	凿岩台车液压三臂	台时	2.65	710.14	1878.46
	液压平台车	台时	0.98	173.93	170.17
	载重汽车 5t	台时	0.48	140.45	67.30
	其他机械使用费	元	57.92	1.00	57.92
(4)	石运 $3m^3$装载机 15t 洞内 2km 洞外 2.6km	m^3	111.68	23.65	2641.23
2	其他直接费	%	6.75		512.40
二	间接费	%	22.40		1815.20
三	利润	%	7.00		694.31
四	价差	元			561.14
五	税金	%	9.00		1005.68
	合计				12179.88

28. 斜井石方洞挖（尾水隧洞）

建筑工程单价表

项目：斜井石方洞挖（尾水隧洞）

定额编号：20731×0.35，20735×0.65　　　　定额单位：$100m^3$

施工方法：采用 LM-400 型反井钻机施工导井，气腿钻扩挖至 3m 溜渣井，$3m^3$装载机装 15t 自卸汽车出渣，洞内运距 2.0km，洞外运距 2.6km。

单价：388.08 元　　　　单位：m^3

编号	名称及规格	单位	数量	单价（元）	合价（元）
一	直接费				26697.52
1	基本直接费				25009.39

续表

编号	名称及规格	单位	数量	单价（元）	合价（元）
（1）	人工费				4192.00
	高级熟练工	工时	31.35	10.26	321.65
	熟练工	工时	127.45	7.61	969.89
	半熟练工	工时	247.00	5.95	1469.65
	普工	工时	292.00	4.90	1430.80
（2）	材料费				8994.53
	乳化炸药	kg	161.57	6.80	1098.68
	非电毫秒雷管	个	90.65	2.26	204.87
	导爆管	m	362.00	0.88	318.56
	合金钻头	个	9.79	50.00	489.33
	风钻钻杆	kg	7.18	7.00	50.24
	综合水价	m^3	162.35	2.84	461.07
	扩孔钻头体 ϕ2000mm	个	0.01	120000.00	1620.00
	导孔钻头 ϕ270mm	个	0.03	1800.00	48.60
	普通钻杆 ϕ228mm	m	0.21	650.00	138.13
	滚刀	把	0.31	12500.00	3925.00
	其他材料费	元	640.05	1.00	640.05
（3）	机械使用费				9045.16
	风钻手持式	台时	9.18	25.40	233.13
	风钻气腿式	台时	36.71	36.14	1326.61
	反井钻机 LM-400	台时	10.94	571.63	6252.77
	修钎设备	台时	1.31	170.05	222.77
	泥浆泵功率 100kW	台时	5.25	126.07	662.06
	载重汽车 5t	台时	0.69	140.45	96.84
	潜水泵功率 3～5kW	台时	10.94	14.83	162.22
	其他机械使用费	元	88.75	1.00	88.75
（4）	石运 $3m^3$装载机 15t 洞内 2km 洞外 2.6km	m^3	117.45	23.65	2777.69
2	其他直接费	%	6.75		1688.13
二	间接费	%	22.40		5980.25
三	利润	%	7.00		2287.44
四	价差	元			638.20
五	税金	%	9.00		3204.31
	合计				38807.72

29. 石方井挖（尾水检修闸门井）

建筑工程单价表

项目：石方井挖（尾水检修闸门井）

定额编号：20901×0.4，20905×0.6　　定额单位：$100m^3$

施工方法：LM-400 型反井钻机打导孔，气腿钻扩挖至 ϕ3m 溜渣井，$3m^3$装载机装 15t 自卸汽车出渣，洞内运距 2.0km，洞外运距 2.6km。

单价：212.97 元　　单位：m^3

编号	名称及规格	单位	数量	单价（元）	合价（元）
一	直接费				14542.93
1	基本直接费				13623.35
（1）	人工费				3257.06
	高级熟练工	工时	24.40	10.26	250.34
	熟练工	工时	100.20	7.61	762.52
	半熟练工	工时	190.40	5.95	1132.88
	普工	工时	226.80	4.90	1111.32
（2）	材料费				4145.25
	乳化炸药	kg	124.55	6.80	846.93
	非电毫秒雷管	个	115.40	2.26	260.80
	导爆管	m	347.20	0.88	305.54
	合金钻头	个	8.05	50.00	402.40
	风钻钻杆	kg	5.99	7.00	41.93
	综合水价	m^3	52.80	2.84	149.95
	扩孔钻头体 ϕ2000mm	个	0.00	120000.00	480.00
	导孔钻头 ϕ270mm	个	0.01	1800.00	18.00
	普通钻杆 ϕ228mm	m	0.06	650.00	40.30
	滚刀	把	0.10	12500.00	1300.00
	其他材料费	元	299.40	1.00	299.40
（3）	机械使用费				3671.57
	风钻手持式	台时	25.91	25.40	658.16
	风钻气腿式	台时	11.11	36.14	401.44

续表

编号	名称及规格	单位	数量	单价（元）	合价（元）
	反井钻机 LM-400	台时	3.55	571.63	2028.14
	修钎设备	台时	1.08	170.05	184.33
	泥浆泵功率 100kW	台时	1.79	126.07	225.16
	载重汽车 5t	台时	0.52	140.45	73.31
	潜水泵功率 3～5kW	台时	3.55	14.83	52.62
	其他机械使用费	元	48.40	1.00	48.40
(4)	石运 $3m^3$装载机 15t 洞内 2km 洞外 2.6km	m^3	107.80	23.65	2549.47
2	其他直接费	%	6.75		919.58
二	间接费	%	22.40		3257.62
三	利润	%	7.00		1246.04
四	价差	元			491.97
五	税金	%	9.00		1758.47
	合计				21297.02

30. 石方明挖（下水库进/出水口）

建筑工程单价表

项目：石方明挖（下水库进/出水口）

定额编号：20058×1　　　　定额单位：$100m^3$

施工方法：潜孔钻 150 型钻爆，$3m^3$挖掘机装 15t 自卸汽车出渣，运距 2.0km。

单价：40.25 元　　　　单位：m^3

编号	名称及规格	单位	数量	单价（元）	合价（元）
一	直接费				2659.54
1	基本直接费				2491.37
(1)	人工费				214.12
	高级熟练工	工时	1.00	10.26	10.26
	熟练工	工时	6.00	7.61	45.66
	半熟练工	工时	6.00	5.95	35.70

续表

编号	名称及规格	单位	数量	单价（元）	合价（元）
	普工	工时	25.00	4.90	122.50
(2)	材料费				533.17
	乳化炸药	kg	53.04	6.80	360.67
	电雷管	发	6.76	1.87	12.64
	导电线	m	37.00	0.40	14.80
	导爆索	m	12.00	3.19	38.28
	合金钻头	个	0.11	50.00	5.50
	风钻钻杆	kg	0.28	7.00	1.96
	钻杆	kg	0.45	13.77	6.20
	冲击器	套	0.01	1712.00	17.12
	潜孔钻钻头	个	0.06	900.00	54.00
	其他材料费	元	22.00	1.00	22.00
(3)	机械使用费				349.46
	风钻手持式	台时	1.62	25.40	41.15
	潜孔钻低风压 150 型	台时	1.45	173.09	250.98
	载重汽车 5t	台时	0.28	140.45	39.33
	其他机械使用费	元	18.00	1.00	18.00
(4)	石运 $3m^3$装载机 15t 洞外 2.0km	m^3	103.00	13.54	1394.62
2	其他直接费	%	6.75		168.17
二	间接费	%	22.40		595.74
三	利润	%	7.00		227.87
四	价差	元			209.51
五	税金	%	9.00		332.34
	合计				4024.99

31. 石方洞挖（下水库进/出水口）

建筑工程单价表

项目：石方洞挖（下水库进/出水口）

定额编号：20449×0.45，20454×0.55　　定额单位：100m³

施工方法：采用气腿钻钻孔爆破，3m³装载机装15t自卸汽车出渣，洞内运距2.0km，洞外运距2.6km。

单价：125.94元　　单位：m³

编号	名称及规格	单位	数量	单价（元）	合价（元）
一	直接费				8371.20
1	基本直接费				7841.87
(1)	人工费				643.38
	高级熟练工	工时	6.00	10.26	61.56
	熟练工	工时	21.90	7.61	166.66
	半熟练工	工时	35.35	5.95	210.33
	普工	工时	41.80	4.90	204.82
(2)	材料费				2037.11
	乳化炸药	kg	149.53	6.80	1016.82
	非电毫秒雷管	个	90.50	2.26	204.53
	导爆管	m	410.85	0.88	361.55
	钻头 ϕ45～ϕ48	个	0.63	80.00	50.48
	钻头 ϕ100～ϕ102	个	0.12	680.00	81.60
	钻杆	kg	9.05	14.00	126.68
	其他材料费	元	195.45	1.00	195.45
(3)	机械使用费				2480.65
	单斗挖掘机液压 0.6m³	台时	1.43	137.27	196.23
	凿岩台车液压三臂	台时	2.78	710.14	1974.54
	液压平台车	台时	1.03	173.93	179.06
	载重汽车 5t	台时	0.48	140.45	67.42
	其他机械使用费	元	63.40	1.00	63.40
(4)	石运 3m³装载机 15t 洞内 2km 洞外 2.6km	m³	113.35	23.65	2680.73
2	其他直接费	%	6.75		529.33
二	间接费	%	22.40		1875.15
三	利润	%	7.00		717.24
四	价差	元			590.64
五	税金	%	9.00		1039.88
	合计				12594.11

32. 浆砌石排水沟

建筑工程单价表

项目：浆砌石排水沟

定额编号：30057×1，30333×1.1，30347×0，60716×0，30356×1.1

定额单位：100m³

施工方法：人工从渣场拣石块，手推车运100m，2m³装载机装10t自卸汽车运输1.0km，人工砌筑。

单价：294.44元　　单位：m³

编号	名称及规格	单位	数量	单价（元）	合价（元）
一	直接费				20108.31
1	基本直接费				18836.82
(1)	人工费				9009.47
	熟练工	工时	148.00	7.61	1126.28
	半熟练工	工时	309.00	5.95	1838.55
	普工	工时	1233.60	4.90	6044.64
(2)	材料费				7830.66
	砌筑砂浆 C100	m³	37.00	207.58	7680.46
	零星材料费	元	17.60	1.00	17.60
	其他材料费	元	132.60	1.00	132.60
(3)	机械使用费				1996.69
	自卸汽车柴油型　8t	台时	17.58	113.59	1996.69
2	其他直接费	%	6.75		1271.49
二	间接费	%	22.40		4504.26
三	利润	%	7.00		1722.88
四	价差	元			677.10
五	税金	%	9.00		2431.13
	合计				29443.67

33. 干砌石（上水库进/出水口）

建筑工程单价表

项目：干砌石（上水库进/出水口）

定额编号：30018×1，30333×1.18，30356×1.18　　定额单位：100m^3

施工方法：人工从渣场拣石块，手推车运 100m，2m^3 装载机装 10t 自卸汽车运输 1.0km，人工砌筑。

单价：126.14 元　　单位：m^3

编号	名称及规格	单位	数量	单价（元）	合价（元）
一	直接费				8835.76
1	基本直接费				8277.06
(1)	人工费				6060.40
	熟练工	工时	68.00	7.61	517.48
	半熟练工	工时	205.00	5.95	1219.75
	普工	工时	882.28	4.90	4323.17
(2)	材料费				74.76
	零星材料费	元	18.88	1.00	18.88
	其他材料费	元	55.88	1.00	55.88
(3)	机械使用费				2141.90
	自卸汽车柴油型　8t	台时	18.86	113.59	2141.90
2	其他直接费	%	6.75		558.70
二	间接费	%	22.40		1979.21
三	利润	%	7.00		757.05
四	价差	元			
五	税金	%	9.00		1041.48
	合计				12613.50

34. 地沟盖板制作安装

建筑工程单价表

项目：地沟盖板制作安装

定额编号：40329×1，40352×1　　定额单位：100m^3

施工方法：预制板体积≤0.6m^3，运距 1～5km。

单价：924.15 元　　单位：m^2

编号	名称及规格	单位	数量	单价（元）	合价（元）
一	直接费				66263.34
1	基本直接费				62073.39
(1)	人工费				11676.77
	高级熟练工	工时	41.00	10.26	420.66
	熟练工	工时	236.00	7.61	1795.96
	半熟练工	工时	997.00	5.95	5932.15
	普工	工时	720.00	4.90	3528.00
(2)	材料费				32282.44
	原木	m^3	0.63	1540.43	970.47
	板枋材	m^3	3.32	2098.85	6968.18
	板枋材	m^3	0.15	2098.85	314.83
	铁件及预埋铁件	kg	86.00	7.00	602.00
	铁钉	kg	11.22	4.60	51.61
	综合水价	m^3	271.00	2.84	769.64
	电焊条	kg	27.54	7.50	206.55
	C20 SN42.5 级配 2	m^3	111.00	198.28	22009.08
	砌筑砂浆 C100	m^3	1.33	207.58	276.08
	其他材料费	元	114.00	1.00	114.00
(3)	机械使用费				15740.16
	振捣器插入式功率 2.2kW	台时	56.86	3.57	202.99
	载重汽车 5t	台时	1.48	140.45	207.87
	载重汽车柴油型　10t	台时	49.44	107.73	5326.17
	塔式起重机 10t	台时	20.60	89.91	1852.15
	履带式起重机油动　20t	台时	14.42	162.96	2349.88
	汽车起重机汽油型　5t	台时	49.44	101.50	5018.16
	电焊机直流 30kVA	台时	28.84	25.83	744.94
	其他机械使用费	元	28.00	1.00	28.00
	其他机械使用费	元	10.00	1.00	10.00

续表

编号	名称及规格	单位	数量	单价（元）	合价（元）
(4)	混凝土拌小型拌和机系统	m^3	109.00	18.42	2007.78
	混凝土运胶轮架子车运 20m	m^3	109.00	3.36	366.24
2	其他直接费	%	6.75		4189.95
二	间接费	%	16.90		11198.51
三	利润	%	7.00		5422.33
四	价差	元			1899.80
五	税金	%	9.00		7630.56
	合计				92414.54

35. 橡胶止水

建筑工程单价表

项目：橡胶止水

定额编号：40283×1　　定额单位：100 延米

施工方法：清洗缝面、弯制、安装、熔涂沥青砂柱止水的烤砂、拌和、洗模、拆模、安装。

单价：166.29 元　　单位：m

编号	名称及规格	单位	数量	单价（元）	合价（元）
一	直接费				12196.32
1	基本直接费				11425.12
(1)	人工费				992.12
	高级熟练工	工时	8.00	10.26	82.08
	熟练工	工时	54.00	7.61	410.94
	半熟练工	工时	46.00	5.95	273.70
	普工	工时	46.00	4.90	225.40
(2)	材料费				10426.00
	橡胶止水带	m	103.00	100.00	10300.00
	其他材料费	元	126.00	1.00	126.00
(3)	机械使用费				7.00
	其他机械使用费	元	7.00	1.00	7.00
2	其他直接费	%	6.75		771.20
二	间接费	%	16.90		2061.18
三	利润	%	7.00		998.02
四	价差	元			
五	税金	%	9.00		1373.00
	合计				16628.51

36. 铜止水

建筑工程单价表

项目：铜止水

定额编号：40273×1　　定额单位：100 延米

施工方法：清洗缝面、弯制、安装、熔涂沥青砂柱止水的烤砂、拌和、洗模、拆模、安装。

单价：589.08 元　　单位：m

编号	名称及规格	单位	数量	单价（元）	合价（元）
一	直接费				43206.82
1	基本直接费				40474.77
(1)	人工费				3139.26
	高级熟练工	工时	24.00	10.26	246.24
	熟练工	工时	172.00	7.61	1308.92
	半熟练工	工时	146.00	5.95	868.70
	普工	工时	146.00	4.90	715.40
(2)	材料费				37149.77
	硼砂	kg	5.30	10.00	53.00
	铜丝	kg	7.96	30.00	238.80
	铜电焊条	kg	1.59	50.00	79.50
	沥青	t	1.61	5085.39	8187.48
	乙炔	kg	24.79	16.00	396.64
	氧气	m^3	8.67	3.50	30.35
	紫铜片（厚 1.5mm）	kg	561.00	50.00	28050.00
	其他材料费	元	114.00	1.00	114.00
(3)	机械使用费				185.74
	胶轮车	台时	9.06	0.53	4.80
	电焊机直流 30kVA	台时	6.85	25.83	176.94
	其他机械使用费	元	4.00	1.00	4.00
2	其他直接费	%	6.75		2732.05
二	间接费	%	16.90		7301.95
三	利润	%	7.00		3535.61
四	价差	元			
五	税金	%	9.00		4863.99
	合计				58908.38

37. 平洞衬砌混凝土（C20 二级配）（上水库进/出水口）

建筑工程单价表

项目：平洞衬砌混凝土（C20 二级配）（上水库进/出水口）

定额编号：40098×1　　定额单位：100m^3

施工方法：拌和楼拌制混凝土，6m^3混凝土搅拌运输车运混凝土运距 0.5km，吊罐入仓，插入式振捣器振捣。

单价：542.91 元　　单位：m^3

编号	名称及规格	单位	数量	单价（元）	合价（元）
一	直接费				38253.09
1	基本直接费				35834.28
(1)	人工费				2924.34
	高级熟练工	工时	24.00	10.26	246.24
	熟练工	工时	145.00	7.61	1103.45
	半熟练工	工时	179.00	5.95	1065.05
	普工	工时	104.00	4.90	509.60
(2)	材料费				23183.16
	综合水价	m^3	52.00	2.84	147.68
	C20 SN42.5 级配 2	m^3	116.00	198.28	23000.48
	其他材料费	元	35.00	1.00	35.00
(3)	机械使用费				304.38
	振捣器插入式功率 2.2kW	台时	33.32	3.57	118.95
	风水枪耗风量 2～6m^3/min	台时	4.51	39.12	176.43
	其他机械使用费	元	9.00	1.00	9.00
(4)	混凝土拌制上水库混凝土系统	m^3	112.00	16.66	1865.92
	模板平洞衬砌 90m^2	m^2	100.00	51.44	5144.00
	混凝土运上水库进/出水口	m^3	112.00	21.54	2412.48
2	其他直接费	%	6.75		2418.81
二	间接费	%	16.90		6464.77
三	利润	%	7.00		3130.25
四	价差	元			1959.94
五	税金	%	9.00		4482.73
	合计				54290.78

38. 竖井衬砌混凝土（C20 二级配）（上水库进/出水口）

建筑工程单价表

项目：竖井衬砌混凝土（C20 二级配）（上水库进/出水口）

定额编号：40131×1　　定额单位：100m^3

施工方法：拌和楼拌制混凝土，6m^3混凝土搅拌运输车运混凝土运距 0.5km，吊罐入仓，插入式振捣器振捣。

单价：563.31 元　　单位：m^3

编号	名称及规格	单位	数量	单价（元）	合价（元）
一	直接费				39641.40
1	基本直接费				37134.80
(1)	人工费				3334.06
	高级熟练工	工时	28.00	10.26	287.28
	熟练工	工时	163.00	7.61	1240.43
	半熟练工	工时	227.00	5.95	1350.65
	普工	工时	93.00	4.90	455.70
(2)	材料费				24773.92
	综合水价	m^3	55.00	2.84	156.20
	C20 SN42.5 级配 2	m^3	124.00	198.28	24586.72
	其他材料费	元	31.00	1.00	31.00
(3)	机械使用费				443.50
	振捣器平板式功率 2.2kW	台时	37.51	2.65	99.40
	风水枪耗风量 2～6m^3/min	台时	4.65	39.12	181.91
	卷扬机　10t	台时	4.59	33.81	155.19
	其他机械使用费	元	7.00	1.00	7.00
(4)	混凝土拌制上水库混凝土系统	m^3	120.00	16.66	1999.20
	混凝土运　6m^3搅拌车 1.2km 溜槽	m^3	120.00	21.27	2552.40
	模板竖井滑模 75m^2	m^2	98.00	41.14	4031.72
2	其他直接费	%	6.75		2506.60
二	间接费	%	16.90		6699.40
三	利润	%	7.00		3243.86
四	价差	元			2095.10
五	税金	%	9.00		4651.18
	合计				56330.93

39. 其他混凝土（C20 一级配）（上水库进/出水口）

建筑工程单价表

项目：其他混凝土（C20 一级配）（上水库进/出水口）

定额编号：40229×1　　　　定额单位：100m³

施工方法：拌和楼拌制混凝土，6m³混凝土搅拌运输车运混凝土运距 0.5km，吊罐入仓，插入式振捣器振捣。

单价：554.51 元　　　　单位：m³

编号	名称及规格	单位	数量	单价（元）	合价（元）
一	直接费				39064.15
1	基本直接费				36594.05
(1)	人工费				1702.73
	高级熟练工	工时	11.00	10.26	112.86
	熟练工	工时	72.00	7.61	547.92
	半熟练工	工时	101.00	5.95	600.95
	普工	工时	90.00	4.90	441.00
(2)	材料费				22903.81
	综合水价	m³	94.00	2.84	266.96
	C20 SN42.5 级配 1	m³	105.00	214.37	22508.85
	其他材料费	元	128.00	1.00	128.00
(3)	机械使用费				696.71
	振捣器插入式功率 2.2kW	台时	20.92	3.57	74.68
	风水枪耗风量 2～6m³/min	台时	14.06	39.12	550.03
	其他机械使用费	元	72.00	1.00	72.00
(4)	混凝土拌制上水库混凝土系统	m³	102.00	16.66	1699.32
	混凝土运上水库进/出水口	m³	102.00	21.54	2197.08
	模板进水口	m²	60.00	123.24	7394.40
2	其他直接费	%	6.75		2470.10
二	间接费	%	16.90		6601.84
三	利润	%	7.00		3196.62
四	价差	元			2009.70
五	税金	%	9.00		4578.51
	合计				55450.82

40. 其他混凝土（C20 二级配）（上水库进/出水口）

建筑工程单价表

项目：其他混凝土（C20 二级配）（上水库进/出水口）

定额编号：40229×1　　　　定额单位：100m³

施工方法：拌和楼拌制混凝土，6m³混凝土搅拌运输车运混凝土运距 0.5km，吊罐入仓，插入式振捣器振捣。

单价：527.35 元　　　　单位：m³

编号	名称及规格	单位	数量	单价（元）	合价（元）
一	直接费				37260.66
1	基本直接费				34904.60
(1)	人工费				1702.73
	高级熟练工	工时	11.00	10.26	112.86
	熟练工	工时	72.00	7.61	547.92
	半熟练工	工时	101.00	5.95	600.95
	普工	工时	90.00	4.90	441.00
(2)	材料费				21214.36
	综合水价	m³	94.00	2.84	266.96
	C20 SN42.5 级配 2	m³	105.00	198.28	20819.40
	其他材料费	元	128.00	1.00	128.00
(3)	机械使用费				696.71
	振捣器插入式功率 2.2kW	台时	20.92	3.57	74.68
	风水枪耗风量 2～6m³/min	台时	14.06	39.12	550.03
	其他机械使用费	元	72.00	1.00	72.00
(4)	混凝土拌制上水库混凝土系统	m³	102.00	16.66	1699.32
	混凝土运上水库进/出水口	m³	102.00	21.54	2197.08
	模板进水口	m²	60.00	123.24	7394.40
2	其他直接费	%	6.75		2356.06
二	间接费	%	16.90		6297.05
三	利润	%	7.00		3049.04
四	价差	元			1774.08
五	税金	%	9.00		4354.27
	合计				52735.11

41. 其他混凝土（C20F300 二级配）（上水库进/出水口）

建筑工程单价表

项目：其他混凝土（C20F300 二级配）（上水库进/出水口）

定额编号：40229×1　　定额单位：$100m^3$

施工方法：拌和楼拌制混凝土，$6m^3$ 混凝土搅拌运输车运混凝土运距 0.5km，吊罐入仓，插入式振捣器振捣。

单价：560.56 元　　单位：m^3

编号	名称及规格	单位	数量	单价（元）	合价（元）
·	直接费				39696.32
1	基本直接费				37186.25
(1)	人工费				1702.73
	高级熟练工	工时	11.00	10.26	112.86
	熟练工	工时	72.00	7.61	547.92
	半熟练工	工时	101.00	5.95	600.95
	普工	工时	90.00	4.90	441.00
(2)	材料费				23496.01
	综合水价	m^3	94.00	2.84	266.96
	C20 F300 SN42.5 级配 2	m^3	105.00	220.01	23101.05
	其他材料费	元	128.00	1.00	128.00
(3)	机械使用费				696.71
	振捣器插入式功率 2.2kW	台时	20.92	3.57	74.68
	风水枪耗风量 2～$6m^3$/min	台时	14.06	39.12	550.03
	其他机械使用费	元	72.00	1.00	72.00
(4)	混凝土拌制上水库混凝土系统	m^3	102.00	16.66	1699.32
	混凝土运上水库进/出水口	m^3	102.00	21.54	2197.08
	模板进水口	m^2	60.00	123.24	7394.40
2	其他直接费	%	6.75		2510.07
二	间接费	%	16.90		6708.68
三	利润	%	7.00		3248.35
四	价差	元			1774.08
五	税金	%	9.00		4628.47
	合计				56055.90

42. 进/出水口混凝土 C30（进/出水口）

建筑工程单价表

项目：进/出水口混凝土 C30（进/出水口）

定额编号：40229×0.3，40095×0.7　　定额单位：$100m^3$

施工方法：拌和楼拌制混凝土，$6m^3$ 混凝土搅拌运输车运混凝土运距 0.5km，吊罐入仓，插入式振捣器振捣。

单价：606.29 元　　单位：m^3

编号	名称及规格	单位	数量	单价（元）	合价（元）
一	直接费				42591.44
1	基本直接费				39898.30
(1)	人工费				2777.58
	高级熟练工	工时	21.50	10.26	220.59
	熟练工	工时	130.80	7.61	995.39
	半熟练工	工时	164.70	5.95	979.97
	普工	工时	118.70	4.90	581.63
(2)	材料费				25754.84
	综合水价	m^3	66.00	2.84	187.44
	C30 SN42.5 级配 2	m^3	115.50	220.80	25502.40
	其他材料费	元	65.00	1.00	65.00
(3)	机械使用费				437.63
	振捣器插入式功率 2.2kW	台时	31.88	3.57	113.82
	风水枪耗风量 2～$6m^3$/min	台时	7.56	39.12	295.90
	其他机械使用费	元	21.60	1.00	21.60
	其他机械使用费	元	6.30	1.00	6.30
(4)	混凝土拌制上水库混凝土系统	m^3	112.50	16.66	1874.25
	模板平洞衬砌 $30m^2$	m^2	76.30	57.83	4412.43
	混凝土运上水库进/出水口	m^3	112.50	21.54	2423.25
	模板进水口	m^2	18.00	123.24	2218.32
2	其他直接费	%	6.75		2693.14
二	间接费	%	16.90		7197.95
三	利润	%	7.00		3485.26
四	价差	元			2347.88
五	税金	%	9.00		5006.03
	合计				60628.55

43. 网格梁混凝土 C25（上水库进/出水口）

建 筑 工 程 单 价 表

项目：网格梁混凝土 C25（上水库进/出水口）

定额编号：40252×1　　定额单位：$100m^3$

施工方法：拌和楼拌制混凝土，$6m^3$ 混凝土搅拌运输车运混凝土运距 0.5km，吊罐入仓，插入式振捣器振捣。

单价：587.94 元　　单位：m^3

编号	名称及规格	单位	数量	单价（元）	合价（元）湧
一	直接费				41158.14
1	基本直接费				38555.63
(1)	人工费				4483.72
	高级熟练工	工时	27.00	10.26	277.02
	熟练工	工时	190.00	7.61	1445.90
	半熟练工	工时	282.00	5.95	1677.90
	普工	工时	221.00	4.90	1082.90
(2)	材料费				28894.87
	综合水价	m^3	120.00	2.84	340.80
	C25 SN42.5 级配 2	m^3	133.00	208.79	27769.07
	其他材料费	元	785.00	1.00	785.00
(3)	机械使用费				96.44
	振捣器插入式功率 2.2kW	台时	18.61	3.57	66.44
	其他机械使用费	元	30.00	1.00	30.00
(4)	混凝土拌制上水库混凝土系统	m^3	133.00	16.66	2215.78
	混凝土运上水库进/出水口	m^3	133.00	21.54	2864.82
2	其他直接费	%	6.75		2602.51
二	间接费	%	16.90		6955.72
三	利润	%	7.00		3367.97
四	价差	元			2457.84
五	税金	%	9.00		4854.57
	合计				58794.24

44. 置换混凝土 C15（上水库进/出水口）

建 筑 工 程 单 价 表

项目：置换混凝土 C15（上水库进/出水口）

定额编号：40183×1　　定额单位：$100m^3$

施工方法：拌和楼拌制混凝土，$6m^3$ 混凝土搅拌运输车运混凝土运距 0.5km，吊罐入仓，插入式振捣器振捣。

单价：521.84 元　　单位：m^3

编号	名称及规格	单位	数量	单价（元）	合价（元）
一	直接费				36986.44
1	基本直接费				34647.72
(1)	人工费				1558.82
	高级熟练工	工时	22.00	10.26	225.72
	熟练工	工时	90.00	7.61	684.90
	半熟练工	工时	90.00	5.95	535.50
	普工	工时	23.00	4.90	112.70
(2)	材料费				19791.50
	综合水价	m^3	46.00	2.84	130.64
	C15 SN32.5 级配 2	m^3	103.00	190.62	19633.86
	其他材料费	元	27.00	1.00	27.00
(3)	机械使用费				223.40
	振捣器插入式功率 2.2kW	台时	15.47	3.57	55.23
	风水枪耗风量 2～$6m^3$/min	台时	4.12	39.12	161.17
	其他机械使用费	元	7.00	1.00	7.00
(4)	混凝土拌制上水库混凝土系统	m^3	100.00	16.66	1666.00
	混凝土运上水库进/出水口	m^3	100.00	21.54	2154.00
	基础、镇墩、底板、趾板及回填厚度＞1m	m^2	100.00	92.54	9254.00
2	其他直接费	%	6.75		2338.72
二	间接费	%	16.90		6250.71
三	利润	%	7.00		3026.60
四	价差	元			1611.13
五	税金	%	9.00		4308.74
	合计				52183.62

45. 进水口混凝土 C25（进/出水口）竖井式

建筑工程单价表

项目：进水口混凝土 C25（进/出水口）竖井式

定额编号：40229×0.4，40134×0.6　　　　定额单位：100m^3

施工方法：拌和楼拌制混凝土，6m^{3}混凝土搅拌运输车运混凝土 0.5km，混凝土吊罐入仓，插入式振捣器振捣。

单价：551.86 元　　　　单位：m^3

编号	名称及规格	单位	数量	单价（元）	合价（元）
一	直接费				38810.20
1	基本直接费				36356.16
(1)	人工费				2405.19
	高级熟练工	工时	18.80	10.26	192.89
	熟练工	工时	114.00	7.61	867.54
	半熟练工	工时	159.80	5.95	950.81
	普工	工时	80.40	4.90	393.96
(2)	材料费				23814.80
	综合水价	m^3	69.40	2.84	197.10
	C25 SN42.5 级配 2	m^3	112.80	208.79	23551.51
	其他材料费	元	66.20	1.00	66.20
(3)	机械使用费				530.56
	振捣器插入式功率 2.2kW	台时	8.37	3.57	29.87
	振捣器平板式功率 2.2kW	台时	20.42	2.65	54.12
	风水枪耗风量 2～6m^3/min	台时	8.23	39.12	321.88
	卷扬机　10t	台时	2.71	33.81	91.69
	其他机械使用费	元	33.00	1.00	33.00
(4)	混凝土拌制上水库混凝土系统	m^3	109.20	16.66	1819.27
	混凝土运上水库进/出水口	m^3	109.20	21.54	2352.17
	模板竖井滑模 200m^2	m^2	58.20	42.55	2476.41
	模板进水口	m^2	24.00	123.24	2957.76
2	其他直接费	%	6.75		2454.04
二	间接费	%	16.90		6558.92
三	利润	%	7.00		3175.84
四	价差	元			2084.54
五	税金	%	9.00		4556.66
	合计				55186.16

46. 混凝土 C25 F100 二级配（引水闸门井）

建筑工程单价表

项目：混凝土 C25 F100 二级配（引水闸门井）

定额编号：40050×0.45，40044×0.3，40130×0.0875，40131×0.0875，40132×0.0375，40133×0.0375　　　　定额单位：100m^3

施工方法：拌和楼拌制混凝土，6m^{3}混凝土搅拌运输车运混凝土 0.5km，溜槽入仓，插入式振捣器振捣。

单价：524.50 元　　　　单位：m^3

编号	名称及规格	单位	数量	单价（元）	合价（元）
一	直接费				36806.40
1	基本直接费				34479.06
(1)	人工费				2534.95
	高级熟练工	工时	22.30	10.26	228.80
	熟练工	工时	119.04	7.61	905.88
	半熟练工	工时	162.39	5.95	966.21
	普工	工时	88.59	4.90	434.08
(2)	材料费				23885.22
	综合水价	m^3	94.48	2.84	268.31
	C25 SN42.5 级配 2	m^3	112.58	208.79	23504.53
	其他材料费	元	112.39	1.00	112.39
(3)	机械使用费				495.83
	振捣器插入式功率 2.2kW	台时	20.93	3.57	74.72
	振捣器平板式功率 2.2kW	台时	9.76	2.65	25.86
	风水枪耗风量 2～6m^3/min	台时	8.37	39.12	327.43
	卷扬机　10t	台时	1.16	33.81	39.05
	其他机械使用费	元	1.75	1.00	1.75
	其他机械使用费	元	27.00	1.00	27.00
(4)	混凝土拌制上水库混凝土系统	m^3	109.45	16.66	1823.44
	模板厂房上部结构	m^2	43.95	62.49	2746.44
	模板竖井滑模 75m^2	m^2	28.73	41.14	1181.75
	混凝土运引水闸门井	m^3	109.45	16.55	1811.40
2	其他直接费	%	6.75		2327.34
二	间接费	%	16.90		6220.28
三	利润	%	7.00		3011.87
四	价差	元			2080.48
五	税金	%	9.00		4330.71
	合计				52449.74

47. 置换混凝土 C20 F50 二级配（引水闸门井）

建筑工程单价表

项目：置换混凝土 C20 F50 二级配（引水闸门井）

定额编号：40183×1　　定额单位：100m³

施工方法：拌和楼拌制混凝土，6m³混凝土搅拌运输车运混凝土，洞内运距 2.0km，洞外运距 0.5km，溜槽入仓，插入式振捣器振捣。

单价：590.71 元　　单位：m³

编号	名称及规格	单位	数量	单价（元）	合价（元）
一	直接费				41656.27
1	基本直接费				39022.27
(1)	人工费				1558.82
	高级熟练工	工时	22.00	10.26	225.72
	熟练工	工时	90.00	7.61	684.90
	半熟练工	工时	90.00	5.95	535.50
	普工	工时	23.00	4.90	112.70
(2)	材料费				24665.05
	综合水价	m³	46.00	2.84	130.64
	C20 SN42.5 级配 2	m³	123.60	198.28	24507.41
	其他材料费	元	27.00	1.00	27.00
(3)	机械使用费				223.40
	振捣器插入式功率 2.2kW	台时	15.47	3.57	55.23
	风水枪耗风量 2～6m³/min	台时	4.12	39.12	161.17
	其他机械使用费	元	7.00	1.00	7.00
(4)	混凝土拌制上水库混凝土系统	m³	100.00	16.66	1666.00
	混凝土运引水闸门井	m³	100.00	16.55	1655.00
	基础、镇墩、底板、趾板及回填厚度＞1m	m²	100.00	92.54	9254.00
2	其他直接费	%	6.75		2634.00
二	间接费	%	16.90		7039.91
三	利润	%	7.00		3408.73
四	价差	元			2088.35
五	税金	%	9.00		4877.39
	合计				59070.66

48. 混凝土平洞衬砌 C25（引水闸门井）

建筑工程单价表

项目：混凝土平洞衬砌 C25（引水闸门井）

定额编号：40070×1　　定额单位：100m³

施工方法：拌和楼拌制混凝土，6m³混凝土搅拌运输车运混凝土运距 0.5km，溜槽入仓，插入式振捣器振捣。

单价：617.99 元　　单位：m³

编号	名称及规格	单位	数量	单价（元）	合价（元）
一	直接费				43435.73
1	基本直接费				40689.21
(1)	人工费				3448.74
	高级熟练工	工时	27.00	10.26	277.02
	熟练工	工时	167.00	7.61	1270.87
	半熟练工	工时	205.00	5.95	1219.75
	普工	工时	139.00	4.90	681.10
(2)	材料费				26928.00
	综合水价	m³	57.00	2.84	161.88
	C25 SN42.5 级配 2	m³	128.00	208.79	26725.12
	其他材料费	元	41.00	1.00	41.00
(3)	机械使用费				381.71
	振捣器插入式功率 2.2kW	台时	39.03	3.57	139.34
	风水枪耗风量 2～6m³/min	台时	5.94	39.12	232.37
	其他机械使用费	元	10.00	1.00	10.00
(4)	混凝土拌制上水库混凝土系统	m³	124.00	16.66	2065.84
	模板平洞衬砌 90m²	m²	113.00	51.44	5812.72
	混凝土运引水闸门井	m³	124.00	16.55	2052.20
2	其他直接费	%	6.75		2746.52
二	间接费	%	16.90		7340.64
三	利润	%	7.00		3554.35
四	价差	元			2365.44
五	税金	%	9.00		5102.65
	合计				61798.81

49. 混凝土平台路面 C20（引水闸门井）

建 筑 工 程 单 价 表

项目：混凝土平台路面 C20（引水闸门井）

定额编号：90044×0.5　　定额单位：$100m^3$

施工方法：拌和楼拌制混凝土，$6m^3$ 混凝土搅拌运输车运混凝土运距 0.5km，溜槽入仓，插入式振捣器振捣。

单价：459.81 元　　单位：m^3

编号	名称及规格	单位	数量	单价（元）	合价（元）
一	直接费				32230.03
1	基本直接费				30192.07
(1)	人工费				4947.14
	熟练工	工时	46.00	7.61	350.06
	半熟练工	工时	320.50	5.95	1906.98
	普工	工时	549.00	4.90	2690.10
(2)	材料费				21393.71
	钢筋	t	0.20	3400.00	680.00
	板枋材	m^3	0.12	2098.85	241.37
	沥青（渣油）	t	0.06	900.00	49.50
	C20 SN42.5 级配 2	m^3	103.00	198.28	20422.84
(3)	机械使用费				3851.22
	推土机功率 40～55kW	台时	5.23	91.07	475.84
	混凝土搅拌机出料 $0.4m^3$	台时	21.50	26.95	579.43
	混凝土切缝机 EX-100	台时	8.90	120.84	1075.48
	自卸汽车汽油型　3.5t	台时	17.61	95.37	1679.47
	其他机械使用费	元	41.00	1.00	41.00
2	其他直接费	%	6.75		2037.96
二	间接费	%	16.90		5446.88
三	利润	%	7.00		2637.38
四	价差	元			1869.72
五	税金	%	9.00		3796.56
	合计				45980.58

50. 混凝土竖井衬砌 C25（引水闸门井）

建 筑 工 程 单 价 表

项目：混凝土竖井衬砌 C25（引水闸门井）

定额编号：40140×1　　定额单位：$100m^3$

施工方法：拌和楼拌制混凝土，$6m^3$ 混凝土搅拌运输车运混凝土运距 0.5km，溜槽入仓，插入式振捣器振捣。

单价：507.41 元　　单位：m^3

编号	名称及规格	单位	数量	单价（元）	合价（元）
一	直接费				35532.22
1	基本直接费				33285.45
(1)	人工费				2681.42
	高级熟练工	工时	22.00	10.26	225.72
	熟练工	工时	135.00	7.61	1027.35
	半熟练工	工时	189.00	5.95	1124.55
	普工	工时	62.00	4.90	303.80
(2)	材料费				23970.90
	综合水价	m^3	51.00	2.84	144.84
	C25 SN42.5 级配 2	m^3	114.00	208.79	23802.06
	其他材料费	元	24.00	1.00	24.00
(3)	机械使用费				393.82
	振捣器平板式功率 2.2kW	台时	31.08	2.65	82.36
	风水枪耗风量 $2～6m^3/min$	台时	3.98	39.12	155.70
	卷扬机　10t	台时	4.40	33.81	148.76
	其他机械使用费	元	7.00	1.00	7.00
(4)	混凝土拌制上水库混凝土系统	m^3	111.00	16.66	1849.26
	模板竖井滑模 $200m^2$	m^2	60.00	42.55	2553.00
	混凝土运引水闸门井	m^3	111.00	16.55	1837.05
2	其他直接费	%	6.75		2246.77
二	间接费	%	16.90		6004.94
三	利润	%	7.00		2907.60
四	价差	元			2106.72
五	税金	%	9.00		4189.63
	合计				50741.12

51. 回填混凝土 C20 F50 二级配（引水隧洞）

建筑工程单价表

项目：回填混凝土 C20 F50 二级配（引水隧洞）

定额编号：40152×1　　　　定额单位：$100m^3$

施工方法：拌和楼拌制混凝土，$6m^3$ 混凝土搅拌运输车运混凝土，洞内运距 2.0km，洞外运距 0.5km，泵送入仓，插入式振捣器振捣。

单价：561.00 元　　　　单位：m^3

编号	名称及规格	单位	数量	单价（元）	合价（元）
一	直接费				39108.58
1	基本直接费				36635.67
（1）	人工费				1595.72
	高级熟练工	工时	16.00	10.26	164.16
	熟练工	工时	81.00	7.61	616.41
	半熟练工	工时	81.00	5.95	481.95
	普工	工时	68.00	4.90	333.20
（2）	材料费				27851.79
	综合水价	m^3	56.00	2.84	159.04
	泵送 C20 SN42.5 级配 2	m^3	125.00	221.23	27653.75
	其他材料费	元	39.00	1.00	39.00
（3）	机械使用费				236.55
	振捣器平板式功率 2.2kW	台时	22.31	2.65	59.12
	风水枪耗风量 $2\sim6m^3/min$	台时	4.28	39.12	167.43
	其他机械使用费	元	10.00	1.00	10.00
（4）	混凝土拌制上水库混凝土系统	m^3	121.00	16.66	2015.86
	混凝土运 $6m^3$ 搅拌车洞外 0.5km 洞内 2km 泵送	m^3	121.00	32.54	3937.34
	模板压力管道	m^2	17.00	58.73	998.41
2	其他直接费	%	6.75		2472.91
二	间接费	%	16.90		6609.35
三	利润	%	7.00		3200.25
四	价差	元			2550.00
五	税金	%	9.00		4632.14
	合计				56100.32

52. 混凝土（$a=30\sim50m^2$，200 号二级配）（引水隧洞）

建筑工程单价表

项目：混凝土（$a=30\sim50m^2$，200 号二级配）（引水隧洞）

定额编号：40091×1　　　　定额单位：$100m^3$

施工方法：拌和楼拌制混凝土，$6m^3$ 混凝土搅拌运输车运混凝土，洞内运距 2km，洞外运距 0.5km，混凝土泵送入仓，插入式振捣器振捣。

单价：699.98 元　　　　单位：m^3

编号	名称及规格	单位	数量	单价（元）	合价（元）
一	直接费				49285.42
1	基本直接费				46169.01
（1）	人工费				3818.55
	高级熟练工	工时	30.00	10.26	307.80
	熟练工	工时	180.00	7.61	1369.80
	半熟练工	工时	219.00	5.95	1303.05
	普工	工时	171.00	4.90	837.90
（2）	材料费				28075.02
	综合水价	m^3	56.00	2.84	159.04
	泵送 C20 SN42.5 级配 2	m^3	126.00	221.23	27874.98
	其他材料费	元	41.00	1.00	41.00
（3）	机械使用费				359.36
	振捣器插入式功率 2.2kW	台时	40.16	3.57	143.37
	风水枪耗风量 $2\sim6m^3/min$	台时	5.24	39.12	204.99
	其他机械使用费	元	11.00	1.00	11.00
（4）	混凝土拌制上水库混凝土系统	m^3	122.00	16.66	2032.52
	混凝土运 $6m^3$ 搅拌车洞内 2km 洞外 0.5km 泵送	m^3	122.00	32.94	4018.68
	模板平洞衬砌 $30m^2$	m^2	136.00	57.83	7864.88
2	其他直接费	%	6.75		3116.41
二	间接费	%	16.90		8329.24
三	利润	%	7.00		4033.03
四	价差	元			2570.40
五	税金	%	9.00		5779.63
	合计				69997.71

53. 混凝土（$a>100m^2$，200 号二级配）（引水隧洞）

建筑工程单价表

项目：混凝土（$a>100m^2$，200 号二级配）（引水隧洞）

定额编号：40096×1　　　　定额单位：$100m^3$

施工方法：拌和楼拌制混凝土，$6m^3$ 混凝土搅拌运输车运混凝土，洞内运距 2km，洞外运距 0.5km，混凝土泵送入仓，插入式振捣器振捣。

单价：691.12 元　　　　单位：m^3

编号	名称及规格	单位	数量	单价（元）	合价（元）
一	直接费				48701.00
1	基本直接费				45621.55
(1)	人工费				3720.30
	高级熟练工	工时	30.00	10.26	307.80
	熟练工	工时	175.00	7.61	1331.75
	半熟练工	工时	213.00	5.95	1267.35
	普工	工时	166.00	4.90	813.40
(2)	材料费				27186.26
	综合水价	m^3	55.00	2.84	156.20
	泵送 C20 SN42.5 级配 2	m^3	122.00	221.23	26990.06
	其他材料费	元	40.00	1.00	40.00
(3)	机械使用费				355.47
	振捣器插入式功率 2.2kW	台时	39.07	3.57	139.48
	风水枪耗风量 $2\sim6m^3/min$	台时	5.24	39.12	204.99
	其他机械使用费	元	11.00	1.00	11.00
(4)	混凝土拌制上水库混凝土系统	m^3	119.00	16.66	1982.54
	混凝土运 $6m^3$ 搅拌车洞内 2km 洞外 0.5km 泵送	m^3	119.00	32.94	3919.86
	模板压力管道	m^2	144.00	58.73	8457.12
2	其他直接费	%	6.75		3079.45
二	间接费	%	16.90		8230.47
三	利润	%	7.00		3985.20
四	价差	元			2488.80
五	税金	%	9.00		5706.49
	合计				69111.97

54. 平洞衬砌混凝土 C25（引水隧洞）

建筑工程单价表

项目：平洞衬砌混凝土 C25（引水隧洞）

定额编号：40091×0.33，40094×0.67　　　　定额单位：$100m^3$

施工方法：拌和楼拌制混凝土，$6m^3$ 混凝土搅拌运输车运混凝土，洞内运距 2km，洞外运距 0.5km，混凝土泵送入仓，插入式振捣器振捣。

单价：749.03 元　　　　单位：m^3

编号	名称及规格	单位	数量	单价（元）	合价（元）
一	直接费				52540.28
1	基本直接费				49218.06
(1)	人工费				3790.53
	高级熟练工	工时	30.00	10.26	307.80
	熟练工	工时	178.66	7.61	1359.60
	半熟练工	工时	217.66	5.95	1295.08
	普工	工时	168.99	4.90	828.05
(2)	材料费				30900.64
	综合水价	m^3	55.33	2.84	157.14
	泵送 C25 SN32.5 级配 2	m^3	124.66	246.29	30702.51
	其他材料费	元	41.00	1.00	41.00
(3)	机械使用费				358.14
	振捣器插入式功率 2.2kW	台时	39.82	3.57	142.15
	风水枪耗风量 $2\sim6m^3/min$	台时	5.24	39.12	204.99
	其他机械使用费	元	11.00	1.00	11.00
(4)	混凝土拌制上水库混凝土系统	m^3	120.66	16.66	2010.20
	混凝土运 $6m^3$ 搅拌车洞内 2km 洞外 0.5km 泵送	m^3	120.66	32.94	3974.54
	模板压力管道	m^2	139.35	58.73	8184.03
2	其他直接费	%	6.75		3322.22
二	间接费	%	16.90		8879.31
三	利润	%	7.00		4299.37
四	价差	元			2999.32
五	税金	%	9.00		6184.64
	合计				74902.92

55. 斜井衬砌混凝土 C25（引水隧洞）

建筑工程单价表

项目：斜井衬砌混凝土 C25（引水隧洞）

定额编号：40127×1　　定额单位：100m³

施工方法：拌和楼拌制混凝土，6m³混凝土搅拌运输车运混凝土，洞内运距 2km，洞外运距 0.5km，混凝土泵送入仓，插入式振捣器振捣。

单价：771.02 元　　单位：m³

编号	名称及规格	单位	数量	单价（元）	合价（元）
一	直接费				54031.33
1	基本直接费				50614.83
(1)	人工费				3998.11
	高级熟练工	工时	32.00	10.26	328.32
	熟练工	工时	194.00	7.61	1476.34
	半熟练工	工时	269.00	5.95	1600.55
	普工	工时	121.00	4.90	592.90
(2)	材料费				32464.55
	综合水价	m³	59.00	2.84	167.56
	泵送 C25 SN32.5 级配 2	m³	131.00	246.29	32263.99
	其他材料费	元	33.00	1.00	33.00
(3)	机械使用费				511.72
	振捣器插入式功率 2.2kW	台时	42.05	3.57	150.12
	风水枪耗风量 2～6m³/min	台时	5.02	39.12	196.38
	卷扬机　10t	台时	4.65	33.81	157.22
	其他机械使用费	元	8.00	1.00	8.00
(4)	混凝土拌制上水库混凝土系统	m³	127.00	16.66	2115.82
	混凝土运 6m³搅拌车洞内 2km 洞外 0.5km 泵送	m³	127.00	32.94	4183.38
	模板压力管道	m²	125.00	58.73	7341.25
2	其他直接费	%	6.75		3416.50
二	间接费	%	16.90		9131.29
三	利润	%	7.00		4421.38
四	价差	元			3151.86
五	税金	%	9.00		6366.23
	合计				77102.10

56. 膨胀混凝土 C15（引水隧洞）

建筑工程单价表

项目：膨胀混凝土 C15（引水隧洞）

定额编号：40162×0.275，40163×0.275，40165×0.225，40166×0.225

定额单位：100m³

施工方法：拌和楼拌制混凝土，6m³混凝土搅拌运输车运混凝土，洞内运距 2km，洞外运距 0.5km，混凝土泵送入仓，插入式振捣器振捣。

单价：610.81 元　　单位：m³

编号	名称及规格	单位	数量	单价（元）	合价（元）
一	直接费				43829.42
1	基本直接费				41058.00
(1)	人工费				2193.86
	高级熟练工	工时	19.50	10.26	200.07
	熟练工	工时	98.78	7.61	751.68
	半熟练工	工时	98.78	5.95	587.71
	普工	工时	133.55	4.90	654.40
(2)	材料费				31294.29
	综合水价	m³	57.78	2.84	164.08
	C15 S 级配 2 微膨胀	m³	129.78	239.57	31090.20
	其他材料费	元	40.00	1.00	40.00
(3)	机械使用费				319.36
	振捣器插入式功率 2.2kW	台时	27.26	3.57	97.32
	风水枪耗风量 2～6m³/min	台时	5.42	39.12	212.03
	其他机械使用费	元	10.00	1.00	10.00
(4)	混凝土拌制上水库混凝土系统	m³	126.05	16.66	2099.99
	混凝土运 6m³搅拌车洞内 2km 洞外 0.5km 泵送	m³	126.05	32.94	4152.09
	压力管道回填混凝土模板	m²	17.00	58.73	998.41
2	其他直接费	%	6.75		2771.42
二	间接费	%	16.90		7407.17
三	利润	%	7.00		3586.56
四	价差	元			1214.74
五	税金	%	9.00		5043.41
	合计				61081.30

57. 衬砌混凝土 C25 $a>100m^2$引水调压井

建筑工程单价表

项目：衬砌混凝土 C25 $a>100m^2$引水调压井

定额编号：40102×1　　　　定额单位：$100m^3$

施工方法：拌和楼拌制混凝土，$6m^3$混凝土搅拌运输车运混凝土，洞内运距 2.0km，洞外运距 0.5km，泵送入仓，插入式振捣器振捣。

单价：775.64 元　　　　单位：m^3

编号	名称及规格	单位	数量	单价（元）	合价（元）
一	直接费				54619.98
1	基本直接费				51166.26
(1)	人工费				3172.58
	高级熟练工	工时	25.00	10.26	256.50
	熟练工	工时	153.00	7.61	1164.33
	半熟练工	工时	189.00	5.95	1124.55
	普工	工时	128.00	4.90	627.20
(2)	材料费				29250.74
	综合水价	m^3	53.00	2.84	150.52
	泵送 C25 SN32.5 级配 2	m^3	118.00	246.29	29062.22
	其他材料费	元	38.00	1.00	38.00
(3)	机械使用费				324.26
	振捣器插入式功率 2.2kW	台时	35.93	3.57	128.27
	风水枪耗风量 $2\sim6m^3/min$	台时	4.78	39.12	186.99
	其他机械使用费	元	9.00	1.00	9.00
(4)	混凝土拌制上水库混凝土系统	m^3	114.00	16.66	1899.24
	混凝土运 $6m^3$搅拌车洞外 0.5km 洞内 2km 泵送	m^3	114.00	32.54	3709.56
	模板平洞衬砌引水调压室	t	116.00	110.43	12809.88
2	其他直接费	%	6.75		3453.72
二	间接费	%	16.90		9230.78
三	利润	%	7.00		4469.55
四	价差	元			2839.08
五	税金	%	9.00		6404.35
	合计				77563.74

58. 衬砌混凝土 C25 $a<30m^2$引水调压井

建筑工程单价表

项目：衬砌混凝土 C25 $a<30m^2$引水调压井

定额编号：40091×1　　　　定额单位：$100m^3$

施工方法：拌和楼拌制混凝土，$6m^3$混凝土搅拌运输车运混凝土，洞内运距 2.0km，洞外运距 0.5km，泵送入仓，插入式振捣器振捣。

单价：750.25 元　　　　单位：m^3

编号	名称及规格	单位	数量	单价（元）	合价（元）
一	直接费				52604.02
1	基本直接费				49277.77
(1)	人工费				3818.55
	高级熟练工	工时	30.00	10.26	307.80
	熟练工	工时	180.00	7.61	1369.80
	半熟练工	工时	219.00	5.95	1303.05
	普工	工时	171.00	4.90	837.90
(2)	材料费				31232.58
	综合水价	m^3	56.00	2.84	159.04
	泵送 C25 SN32.5 级配 2	m^3	126.00	246.29	31032.54
	其他材料费	元	41.00	1.00	41.00
(3)	机械使用费				359.36
	振捣器插入式功率 2.2kW	台时	40.16	3.57	143.37
	风水枪耗风量 $2\sim6m^3/min$	台时	5.24	39.12	204.99
	其他机械使用费	元	11.00	1.00	11.00
(4)	混凝土拌制上水库混凝土系统	m^3	122.00	16.66	2032.52
	混凝土运 $6m^3$搅拌车洞外 0.5km 洞内 2km 泵送	m^3	122.00	32.54	3969.88
	模板平洞衬砌 $30m^2$	m^2	136.00	57.83	7864.88
2	其他直接费	%	6.75		3326.25
二	间接费	%	16.90		8890.08
三	利润	%	7.00		4304.59
四	价差	元			3031.56
五	税金	%	9.00		6194.72
	合计				75024.97

59. 衬砌混凝土 C20 a＝30m^{2}厚度 50

建筑工程单价表

项目：衬砌混凝土 C20 a＝30m^{2}厚度 50

定额编号：40090×1　　　　定额单位：100m^3

施工方法：拌和楼拌制混凝土，6m^{3}混凝土搅拌运输车运混凝土，洞内运距 2km，洞外运距 0.5km，混凝土泵送入仓，插入式振捣器振捣。

单价：788.35 元　　　　单位：m^3

编号	名称及规格	单位	数量	单价（元）	合价（元）
一	直接费				55653.30
1	基本直接费				52134.24
(1)	人工费				4526.53
	高级熟练工	工时	33.00	10.26	338.58
	熟练工	工时	200.00	7.61	1522.00
	半熟练工	工时	243.00	5.95	1445.85
	普工	工时	249.00	4.90	1220.10
(2)	材料费				29639.15
	综合水价	m^3	59.00	2.84	167.56
	泵送 C20 SN42.5 级配 2	m^3	133.00	221.23	29423.59
	其他材料费	元	48.00	1.00	48.00
(3)	机械使用费				402.74
	振捣器插入式功率 2.2kW	台时	44.47	3.57	158.76
	风水枪耗风量 2～6m^3/min	台时	5.93	39.12	231.98
	其他机械使用费	元	12.00	1.00	12.00
(4)	混凝土拌制上水库混凝土系统	m^3	129.00	16.66	2149.14
	混凝土运 6m^{3}搅拌车洞外 0.5km 洞内 2km 泵送	m^3	129.00	32.54	4197.66
	模板平洞衬砌 30m^2	m^2	194.00	57.83	11219.02
2	其他直接费	%	6.75		3519.06
二	间接费	%	16.90		9405.41
三	利润	%	7.00		4554.11
四	价差	元			2713.20
五	税金	%	9.00		6509.34
	合计				78835.36

60. 平洞衬砌混凝土（C20 二级配）（压力管道）

建筑工程单价表

项目：平洞衬砌混凝土（C20 二级配）（压力管道）

定额编号：40093×0.5，40094×0.5　　　　定额单位：100m^3

施工方法：拌和楼拌制混凝土，6m^{3}混凝土搅拌运输车运混凝土，洞内运距 2km，洞外运距 0.5km，混凝土泵送入仓，插入式振捣器振捣。

单价：741.16 元　　　　单位：m^3

编号	名称及规格	单位	数量	单价（元）	合价（元）
一	直接费				52281.52
1	基本直接费				48975.66
(1)	人工费				4123.95
	高级熟练工	工时	31.50	10.26	323.19
	熟练工	工时	187.50	7.61	1426.88
	半熟练工	工时	228.50	5.95	1359.58
	普工	工时	207.00	4.90	1014.30
(2)	材料费				28412.71
	综合水价	m^3	57.00	2.84	161.88
	泵送 C20 SN42.5 级配 2	m^3	127.50	221.23	28206.83
	其他材料费	元	44.00	1.00	44.00
(3)	机械使用费				378.69
	振捣器插入式功率 2.2kW	台时	41.80	3.57	149.21
	风水枪耗风量 2～6m^3/min	台时	5.59	39.12	218.49
	其他机械使用费	元	11.00	1.00	11.00
(4)	混凝土拌制上水库混凝土系统	m^3	123.50	16.66	2057.51
	混凝土运 6m^{3}搅拌车洞外 0.5km 洞内 2km 泵送	m^3	123.50	32.54	4018.69
	模板压力管道	m^2	170.00	58.73	9984.10
2	其他直接费	%	6.75		3305.86
二	间接费	%	16.90		8835.58
三	利润	%	7.00		4278.20
四	价差	元			2601.00
五	税金	%	9.00		6119.67
	合计				74115.96

61. 斜洞衬砌混凝土（C20 二级配）（压力管道）

建筑工程单价表

项目：斜洞衬砌混凝土（C20 二级配）（压力管道）

定额编号：40129×0.5，40130×0.5　　定额单位：$100m^3$

施工方法：拌和楼拌制混凝土，$6m^3$ 混凝土搅拌运输车运混凝土，洞内运距 2km，洞外运距 0.5km，混凝土泵送入仓，插入式振捣器振捣。

单价：756.17 元　　单位：m^3

编号	名称及规格	单位	数量	单价（元）	合价（元）
一	直接费				53301.10
1	基本直接费				49930.77
(1)	人工费				4243.31
	高级熟练工	工时	33.50	10.26	343.71
	熟练工	工时	201.50	7.61	1533.42
	半熟练工	工时	279.50	5.95	1663.03
	普工	工时	143.50	4.90	703.15
(2)	材料费				29514.04
	综合水价	m^3	59.00	2.84	167.56
	泵送 C20 SN42.5 级配 2	m^3	132.50	221.23	29312.98
	其他材料费	元	33.50	1.00	33.50
(3)	机械使用费				488.55
	振捣器平板式功率 2.2kW	台时	43.84	2.65	116.18
	风水枪耗风量 $2\sim6m^3/min$	台时	5.27	39.12	205.97
	卷扬机　10t	台时	4.69	33.81	158.40
	其他机械使用费	元	8.00	1.00	8.00
(4)	混凝土拌制上水库混凝土系统	m^3	129.00	16.66	2149.14
	混凝土运 $6m^3$ 搅拌车洞外 0.5km 洞内 2km 泵送	m^3	129.00	32.54	4197.66
	模板压力管道	m^2	159.00	58.73	9338.07
2	其他直接费	%	6.75		3370.33
二	间接费	%	16.90		9007.89
三	利润	%	7.00		4361.63
四	价差	元			2703.00
五	税金	%	9.00		6243.63
	合计				75617.24

62. 隧洞衬砌 C25 混凝土（开挖断面 $30m^2$ 衬砌厚 50cm）

建筑工程单价表

项目：隧洞衬砌 C25 混凝土（开挖断面 $30m^2$ 衬砌厚 50cm）

定额编号：40090×1　　定额单位：$100m^3$

施工方法：隧洞喷锚支护后衬砌，拌和楼拌制混凝土，$6m^3$ 混凝土搅拌运输车运混凝土，洞内运距 2.0km，洞外运距 0.5km，混凝土泵送入仓，插入式振捣器振捣。

单价：848.67 元　　单位：m^3

编号	名称及规格	单位	数量	单价（元）	合价（元）
一	直接费				59687.73
1	基本直接费				55913.56
(1)	人工费				4526.53
	高级熟练工	工时	33.00	10.26	338.58
	熟练工	工时	200.00	7.61	1522.00
	半熟练工	工时	243.00	5.95	1445.85
	普工	工时	249.00	4.90	1220.10
(2)	材料费				32972.13
	综合水价	m^3	59.00	2.84	167.56
	泵送 C25 SN32.5 级配 2	m^3	133.00	246.29	32756.57
	其他材料费	元	48.00	1.00	48.00
(3)	机械使用费				402.74
	振捣器插入式功率 2.2kW	台时	44.47	3.57	158.76
	风水枪耗风量 $2\sim6m^3/min$	台时	5.93	39.12	231.98
	其他机械使用费	元	12.00	1.00	12.00
(4)	混凝土拌制下水库混凝土系统	m^3	129.00	20.12	2595.48
	混凝土运 $6m^3$ 搅拌车洞外 0.5km 洞内 2km 泵送	m^3	129.00	32.54	4197.66
	模板平洞衬砌 $30m^2$	m^2	194.00	57.83	11219.02
2	其他直接费	%	6.75		3774.17
二	间接费	%	16.90		10087.23
三	利润	%	7.00		4884.25
四	价差	元			3199.98
五	税金	%	9.00		7007.33
	合计				84866.50

63. 隧洞衬砌 C25 混凝土（开挖断面 20m²衬砌厚 70cm）

建筑工程单价表

项目：隧洞衬砌 C25 混凝土（开挖断面 20m²衬砌厚 70cm）

定额编号：40089×0.5，40091×0.5　　　　定额单位：100m³

施工方法：隧洞喷锚支护后衬砌，拌和楼拌制混凝土，6m³ 混凝土搅拌运输车运混凝土，洞内运距 2.0km，洞外运距 0.5km。混凝土泵送入仓，插入式振捣器振捣。

单价：755.83 元　　　　单位：m³

编号	名称及规格	单位	数量	单价（元）	合价（元）
一	直接费				52993.90
1	基本直接费				49643.00
(1)	人工费				3858.16
	高级熟练工	工时	30.50	10.26	312.93
	熟练工	工时	182.00	7.61	1385.02
	半熟练工	工时	221.00	5.95	1314.95
	普工	工时	172.50	4.90	845.25
(2)	材料费				31480.79
	综合水价	m³	56.50	2.84	160.46
	泵送 C25 SN32.5 级配 2	m³	127.00	246.29	31278.83
	其他材料费	元	41.50	1.00	41.50
(3)	机械使用费				360.62
	振捣器插入式功率 2.2kW	台时	40.52	3.57	144.64
	风水枪耗风量 2～6m³/min	台时	5.24	39.12	204.99
	其他机械使用费	元	11.00	1.00	11.00
(4)	混凝土拌制下水库混凝土系统	m³	123.00	20.12	2474.76
	混凝土运 6m³ 搅拌车洞外 0.5km 洞内 2km 泵送	m³	123.00	32.54	4002.42
	模板平洞衬砌 20m²	m²	125.00	59.73	7466.25
2	其他直接费	%	6.75		3350.90
二	间接费	%	16.90		8955.97
三	利润	%	7.00		4336.49
四	价差	元			3055.62
五	税金	%	9.00		6240.78
	合计				75582.76

64. 回填混凝土 C20 F50 二级配（压力管道）

建筑工程单价表

项目：回填混凝土 C20 F50 二级配（压力管道）

定额编号：40162×0.5，40163×0.5　　　　定额单位：100m³

施工方法：拌和楼拌制混凝土，6m³ 混凝土搅拌运输车运混凝土，洞内运距 2.0km，洞外运距 0.5km，泵送入仓，插入式振捣器振捣。

单价：591.88 元　　　　单位：m³

编号	名称及规格	单位	数量	单价（元）	合价（元）
一	直接费				41291.36
1	基本直接费				38680.43
(1)	人工费				2199.11
	高级熟练工	工时	19.50	10.26	200.07
	熟练工	工时	99.00	7.61	753.39
	半熟练工	工时	99.00	5.95	589.05
	普工	工时	134.00	4.90	656.60
(2)	材料费				28964.62
	综合水价	m³	58.00	2.84	164.72
	泵送 C20 SN42.5 级配 2	m³	130.00	221.23	28759.90
	其他材料费	元	40.00	1.00	40.00
(3)	机械使用费				294.48
	振捣器平板式功率 2.2kW	台时	27.34	2.65	72.45
	风水枪耗风量 2～6m³/min	台时	5.42	39.12	212.03
	其他机械使用费	元	10.00	1.00	10.00
(4)	混凝土拌制上水库混凝土系统	m³	126.50	16.66	2107.49
	混凝土运 6m³ 搅拌车洞外 0.5km 洞内 2km 泵送	m³	126.50	32.54	4116.31
	模板压力管道	m²	17.00	58.73	998.41
2	其他直接费	%	6.75		2610.93
二	间接费	%	16.90		6978.24
三	利润	%	7.00		3378.87
四	价差	元			2652.00
五	税金	%	9.00		4887.04
	合计				59187.51

65. 排水廊道衬砌 C25

建筑工程单价表

项目：排水廊道衬砌 C25

定额编号：40088×1　　定额单位：100m³

施工方法：拌和楼拌制混凝土，6m³混凝土搅拌运输车运混凝土，洞外运距 0.5km，洞内运距 2.0km。混凝土泵送入仓，插入式振捣器振捣。

单价：830.86 元　　单位：m³

编号	名称及规格	单位	数量	单价（元）	合价（元）
一	直接费				58343.11
1	基本直接费				54653.97
(1)	人工费				4598.12
	高级熟练工	工时	34.00	10.26	348.84
	熟练工	工时	203.00	7.61	1544.83
	半熟练工	工时	247.00	5.95	1469.65
	普工	工时	252.00	4.90	1234.80
(2)	材料费				33467.55
	综合水价	m³	60.00	2.84	170.40
	泵送 C25 SN32.5 级配 2	m³	135.00	246.29	33249.15
	其他材料费	元	48.00	1.00	48.00
(3)	机械使用费				405.20
	振捣器插入式功率 2.2kW	台时	45.16	3.57	161.22
	风水枪耗风量 2～6m³/min	台时	5.93	39.12	231.98
	其他机械使用费	元	12.00	1.00	12.00
(4)	混凝土拌制下水库混凝土系统	m³	131.00	20.12	2635.72
	混凝土运 6m³搅拌车洞外 0.5km 洞内 2km 泵送	m³	131.00	32.54	4262.74
	排水廊道模板	m²	174.00	53.36	9284.64
2	其他直接费	%	6.75		3689.14
二	间接费	%	16.90		9859.99
三	利润	%	7.00		4774.22
四	价差	元			3248.10
五	税金	%	9.00		6860.29
	合计				83085.70

66. 衬砌混凝土 C25 F50 二级配（尾水事故闸门室）

建筑工程单价表

项目：衬砌混凝土 C25 F50 二级配（尾水事故闸门室）

定额编号：40132×0.07，40040×0.372，40046×0.558　　定额单位：100m³

施工方法：拌和楼拌制混凝土，6m³混凝土搅拌运输车运混凝土，洞内运距 2.0km，洞外运距 0.5km，吊罐入仓，插入式振捣器振捣。

单价：746.08 元　　单位：m³

编号	名称及规格	单位	数量	单价（元）	合价（元）
一	直接费				53006.92
1	基本直接费				49655.19
(1)	人工费				2902.24
	高级熟练工	工时	26.28	10.26	269.63
	熟练工	工时	131.43	7.61	1000.20
	半熟练工	工时	176.83	5.95	1052.16
	普工	工时	118.42	4.90	580.25
(2)	材料费				24685.56
	综合水价	m³	109.38	2.84	310.64
	C25 SN42.5 级配 2	m³	116.07	208.79	24234.67
	其他材料费	元	140.25	1.00	140.25
(3)	机械使用费				727.25
	振捣器插入式功率 2.2kW	台时	32.64	3.57	116.54
	振捣器平板式功率 2.2kW	台时	2.81	2.65	7.45
	风水枪耗风量 2～6m³/min	台时	14.22	39.12	556.42
	卷扬机　10t	台时	0.33	33.81	11.01
	其他机械使用费	元	0.49	1.00	0.49
	其他机械使用费	元	35.34	1.00	35.34
(4)	混凝土拌制下水库混凝土系统	m³	112.14	20.12	2256.30
	混凝土运尾闸室、尾闸交通洞	m³	112.14	32.94	3693.96
	模板蓄能厂房下部结构	m²	133.93	114.91	15389.90
2	其他直接费	%	6.75		3351.73
二	间接费	%	16.90		8958.17
三	利润	%	7.00		4337.56
四	价差	元			2144.97
五	税金	%	9.00		6160.28
	合计				74607.89

67. 底板混凝土 C25（尾水事故闸门室）

建筑工程单价表

项目：底板混凝土 C25（尾水事故闸门室）

定额编号：40217×1　　定额单位：100m³

施工方法：拌和楼拌制混凝土，6m³混凝土搅拌运输车运混凝土，洞内运距 2km，洞外运距 0.5km，吊罐入仓，插入式振捣器振捣。

单价：551.98 元　　单位：m³

编号	名称及规格	单位	数量	单价（元）	合价（元）
一	直接费				38682.68
1	基本直接费				36236.70
(1)	人工费				2784.54
	高级熟练工	工时	16.00	10.26	164.16
	熟练工	工时	98.00	7.61	745.78
	半熟练工	工时	208.00	5.95	1237.60
	普工	工时	130.00	4.90	637.00
(2)	材料费				25676.58
	综合水价	m³	55.00	2.84	156.20
	C25 SN42.5 级配 2	m³	122.00	208.79	25472.38
	其他材料费	元	48.00	1.00	48.00
(3)	机械使用费				536.04
	振捣器变频机组功率 4.5kW	台时	22.58	5.19	117.19
	风水枪耗风量 2～6m³/min	台时	10.40	39.12	406.85
	其他机械使用费	元	12.00	1.00	12.00
(4)	混凝土拌制下水库混凝土系统	m³	119.00	20.12	2394.28
	基础、镇墩、底板、趾板及回填厚度＞1m	m²	10.00	92.54	925.40
	混凝土运尾闸室、尾闸交通洞	m³	119.00	32.94	3919.86
2	其他直接费	%	6.75		2445.98
二	间接费	%	16.90		6537.37
三	利润	%	7.00		3165.40
四	价差	元			2254.56
五	税金	%	9.00		4557.60
	合计				55197.61

68. 尾水事故闸门岩锚梁（尾水事故闸门室）

建筑工程单价表

项目：尾水事故闸门岩锚梁（尾水事故闸门室）

定额编号：40026×1　　定额单位：100m³

施工方法：拌和楼拌制混凝土，6m³混凝土搅拌运输车运混凝土，洞内运距 2km，洞外运距 0.5km，吊罐入仓，插入式振捣器振捣。

单价：788.99 元　　单位：m³

编号	名称及规格	单位	数量	单价（元）	合价（元）
一	直接费				56315.94
1	基本直接费				52754.98
(1)	人工费				3696.83
	高级熟练工	工时	29.00	10.26	297.54
	熟练工	工时	174.00	7.61	1324.14
	半熟练工	工时	259.00	5.95	1541.05
	普工	工时	109.00	4.90	534.10
(2)	材料费				32799.58
	综合水价	m³	112.00	2.84	318.08
	C25 SN42.5 泵送地下厂房	m³	115.00	274.50	31567.50
	其他材料费	元	914.00	1.00	914.00
(3)	机械使用费				565.41
	振捣器插入式功率 2.2kW	台时	39.91	3.57	142.48
	风水枪耗风量 2～6m³/min	台时	7.13	39.12	278.93
	其他机械使用费	元	144.00	1.00	144.00
(4)	混凝土拌制下水库混凝土系统	m³	112.00	20.12	2253.44
	混凝土运尾闸室、尾闸交通洞	m³	112.00	32.94	3689.28
	尾水事故岩锚梁模板	m²	97.00	100.52	9750.44
2	其他直接费	%	6.75		3560.96
二	间接费	%	16.90		9517.39
三	利润	%	7.00		4608.33
四	价差	元			1943.04
五	税金	%	9.00		6514.62
	合计				78899.33

69. 衬砌混凝土 C25（尾水事故闸门井）

建筑工程单价表

项目：衬砌混凝土 C25（尾水事故闸门井）

定额编号：40127×1　　　　定额单位：$100m^3$

施工方法：拌和楼拌制混凝土，$6m^3$ 混凝土搅拌运输车运混凝土，洞内运距 2km，洞外运距 0.5km，吊罐入仓，插入式振捣器振捣。

单价：665.73 元　　　　单位：m^3

编号	名称及规格	单位	数量	单价（元）	合价（元）
一	直接费				46893.20
1	基本直接费				43928.06
(1)	人工费				3998.11
	高级熟练工	工时	32.00	10.26	328.32
	熟练工	工时	194.00	7.61	1476.34
	半熟练工	工时	269.00	5.95	1600.55
	普工	工时	121.00	4.90	592.90
(2)	材料费				27552.05
	综合水价	m^3	59.00	2.84	167.56
	C25 SN42.5 级配 2	m^3	131.00	208.79	27351.49
	其他材料费	元	33.00	1.00	33.00
(3)	机械使用费				473.03
	振捣器平板式功率 2.2kW	台时	42.05	2.65	111.43
	风水枪耗风量 $2\sim6m^3/min$	台时	5.02	39.12	196.38
	卷扬机　10t	台时	4.65	33.81	157.22
	其他机械使用费	元	8.00	1.00	8.00
(4)	混凝土拌制下水库混凝土系统	m^3	127.00	20.12	2555.24
	模板竖井滑模 $50m^2$	m^2	125.00	41.33	5166.25
	混凝土运尾闸室、尾闸交通洞	m^3	127.00	32.94	4183.38
2	其他直接费	%	6.75		2965.14
二	间接费	%	16.90		7924.95
三	利润	%	7.00		3837.27
四	价差	元			2420.88
五	税金	%	9.00		5496.87
	合计				66573.17

70. 置换混凝土 C20 F50 二级配尾水调压井

建筑工程单价表

项目：置换混凝土 C20 F50 二级配尾水调压井

定额编号：40183×1　　　　定额单位：$100m^3$

施工方法：拌和楼拌制混凝土，$6m^3$ 混凝土搅拌运输车运混凝土，洞内运距 2.0km，洞外运距 0.5km，溜槽入仓，插入式振捣器振捣。

单价：614.21 元　　　　单位：m^3

编号	名称及规格	单位	数量	单价（元）	合价（元）
一	直接费				43380.29
1	基本直接费				40637.27
(1)	人工费				1558.82
	高级熟练工	工时	22.00	10.26	225.72
	熟练工	工时	90.00	7.61	684.90
	半熟练工	工时	90.00	5.95	535.50
	普工	工时	23.00	4.90	112.70
(2)	材料费				24665.05
	综合水价	m^3	46.00	2.84	130.64
	C20 SN42.5 级配 2	m^3	123.60	198.28	24507.41
	其他材料费	元	27.00	1.00	27.00
(3)	机械使用费				223.40
	振捣器插入式功率 2.2kW	台时	15.47	3.57	55.23
	风水枪耗风量 $2\sim6m^3/min$	台时	4.12	39.12	161.17
	其他机械使用费	元	7.00	1.00	7.00
(4)	混凝土拌制下水库混凝土系统	m^3	100.00	20.12	2012.00
	基础、镇墩、底板、趾板及回填厚度>1m	m^2	100.00	92.54	9254.00
	混凝土运尾水调压井	m^3	100.00	29.24	2924.00
2	其他直接费	%	6.75		2743.02
二	间接费	%	16.90		7331.27
三	利润	%	7.00		3549.81
四	价差	元			2088.35
五	税金	%	9.00		5071.47
	合计				61421.19

71. 衬砌混凝土 C25 F100 二级配（尾水调压井）

建筑工程单价表

项目：衬砌混凝土 C25 F100 二级配（尾水调压井）

定额编号：40132×0.1，40135×0.4，40136×0.4，40133×0.1

定额单位：100m³

施工方法：拌和楼拌制混凝土，6m³混凝土搅拌运输车运混凝土，洞内运距 2.0km，洞外运距 0.5km，溜槽入仓，插入式振捣器振捣。

单价：614.60 元　　　　单位：m³

编号	名称及规格	单位	数量	单价（元）	合价（元）
一	直接费				43260.97
1	基本直接费				40525.50
(1)	人工费				3525.11
	高级熟练工	工时	28.50	10.26	292.41
	熟练工	工时	172.10	7.61	1309.68
	半熟练工	工时	238.70	5.95	1420.27
	普工	工时	102.60	4.90	502.74
(2)	材料费				25868.38
	综合水价	m³	55.00	2.84	156.20
	C25 SN42.5 级配 2	m³	123.00	208.79	25681.17
	其他材料费	元	31.00	1.00	31.00
(3)	机械使用费				453.91
	振捣器平板式功率 2.2kW	台时	38.32	2.65	101.55
	风水枪耗风量 2～6m³/min	台时	4.84	39.12	189.15
	卷扬机　10t	台时	4.62	33.81	156.20
	其他机械使用费	元	7.00	1.00	7.00
(4)	混凝土拌制下水库混凝土系统	m³	119.50	20.12	2404.34
	混凝土运尾水调压井	m³	119.50	29.24	3494.18
	模板竖井滑模 120m²	m²	118.60	40.30	4779.58
2	其他直接费	%	6.75		2735.47
二	间接费	%	16.90		7311.10
三	利润	%	7.00		3540.05
四	价差	元			2273.04
五	税金	%	9.00		5074.66
	合计				61459.83

72. 升管段混凝土衬砌（C20 二级配）（尾水调压井）

建筑工程单价表

项目：升管段混凝土衬砌（C20 二级配）（尾水调压井）

定额编号：40126×1　　　　定额单位：100m³

施工方法：拌和楼拌制混凝土，6m³混凝土搅拌运输车运混凝土，洞内运距 2km，洞外运距 0.5km，溜槽入仓，插入式振捣器振捣。

单价：713.43 元　　　　单位：m³

编号	名称及规格	单位	数量	单价（元）	合价（元）
一	直接费				50435.66
1	基本直接费				47246.52
(1)	人工费				4678.30
	高级熟练工	工时	37.00	10.26	379.62
	熟练工	工时	218.00	7.61	1658.98
	半熟练工	工时	302.00	5.95	1796.90
	普工	工时	172.00	4.90	842.80
(2)	材料费				27970.28
	综合水价	m³	62.00	2.84	176.08
	C20 SN42.5 级配 2	m³	140.00	198.28	27759.20
	其他材料费	元	35.00	1.00	35.00
(3)	机械使用费				510.08
	振捣器平板式功率 2.2kW	台时	47.53	2.65	125.95
	风水枪耗风量 2～6m³/min	台时	5.51	39.12	215.55
	卷扬机　10t	台时	4.72	33.81	159.58
	其他机械使用费	元	9.00	1.00	9.00
(4)	混凝土拌制下水库混凝土系统	m³	136.00	20.12	2736.32
	混凝土运尾水调压井	m³	136.00	29.24	3976.64
	模板竖井滑模 120m²	m²	183.00	40.30	7374.90
2	其他直接费	%	6.75		3189.14
二	间接费	%	16.90		8523.63
三	利润	%	7.00		4127.15
四	价差	元			2365.44
五	税金	%	9.00		5890.67
	合计				71342.55

73. 竖井混凝土衬砌（C20 二级配）（尾水调压井）

建筑工程单价表

项目：竖井混凝土衬砌（C20 二级配）（尾水调压井）

定额编号：40139×0.75，40140×0.25　　定额单位：100m³

施工方法：拌和楼拌制混凝土，6m³ 混凝土搅拌运输车运混凝土，洞内运距 2km，洞外运距 0.5km，溜槽入仓，插入式振捣器振捣。

单价：535.79 元　　单位：m³

编号	名称及规格	单位	数量	单价（元）	合价（元）
一	直接费				37717.26
1	基本直接费				35332.33
(1)	人工费				2815.33
	高级熟练工	工时	23.50	10.26	241.11
	熟练工	工时	139.50	7.61	1061.60
	半熟练工	工时	195.75	5.95	1164.71
	普工	工时	71.00	4.90	347.90
(2)	材料费				23370.48
	综合水价	m³	51.75	2.84	146.97
	C20 SN42.5 级配 2	m³	117.00	198.28	23198.76
	其他材料费	元	24.75	1.00	24.75
(3)	机械使用费				413.10
	振捣器平板式功率 2.2kW	台时	33.22	2.65	88.03
	风水枪耗风量 2～6m³/min	台时	4.25	39.12	166.26
	卷扬机　10t	台时	4.49	33.81	151.81
	其他机械使用费	元	7.00	1.00	7.00
(4)	混凝土拌制下水库混凝土系统	m³	113.25	20.12	2278.59
	混凝土运尾水调压井	m³	113.25	29.24	3311.43
	模板竖井滑模 120m²	m²	78.00	40.30	3143.40
2	其他直接费	%	6.75		2384.93
二	间接费	%	16.90		6374.22
三	利润	%	7.00		3086.40
四	价差	元			1976.83
五	税金	%	9.00		4423.92
	合计				53578.64

74. 衬砌混凝土（C20 二级配）（尾水隧洞）

建筑工程单价表

项目：衬砌混凝土（C20 二级配）（尾水隧洞）

定额编号：40093×0.5，40094×0.5　　定额单位：100m³

施工方法：拌和楼拌制混凝土，6m³ 混凝土搅拌运输车运混凝土，洞内运距 2km，洞外运距 0.5km，混凝土泵送入仓，插入式振捣器振捣。

单价：843.01 元　　单位：m³

编号	名称及规格	单位	数量	单价（元）	合价（元）
一	直接费				59751.79
1	基本直接费				55973.57
(1)	人工费				4123.95
	高级熟练工	工时	31.50	10.26	323.19
	熟练工	工时	187.50	7.61	1426.88
	半熟练工	工时	228.50	5.95	1359.58
	普工	工时	207.00	4.90	1014.30
(2)	材料费				28412.71
	综合水价	m³	57.00	2.84	161.88
	泵送 C20 SN42.5 级配 2	m³	127.50	221.23	28206.83
	其他材料费	元	44.00	1.00	44.00
(3)	机械使用费				378.69
	振捣器插入式功率 2.2kW	台时	41.80	3.57	149.21
	风水枪耗风量 2～6m³/min	台时	5.59	39.12	218.49
	其他机械使用费	元	11.00	1.00	11.00
(4)	混凝土拌制下水库混凝土系统	m³	123.50	20.12	2484.82
	混凝土运尾水隧洞	m³	123.50	32.94	4068.09
	模板针梁模板 50m²	m²	170.00	97.09	16505.30
2	其他直接费	%	6.75		3778.22
二	间接费	%	16.90		10098.05
三	利润	%	7.00		4889.49
四	价差	元			2601.00
五	税金	%	9.00		6960.63
	合计				84300.96

75. 斜井衬砌混凝土 C25（尾水隧洞）

建 筑 工 程 单 价 表

项目：斜井衬砌混凝土 C25（尾水隧洞）

定额编号：40129×0.5，40130×0.5　　定额单位：100m^3

施工方法：拌和楼拌制混凝土，6m^{3}混凝土搅拌运输车运混凝土，洞内运距 2km，洞外运距 0.5km，混凝土泵送入仓，插入式振捣器振捣。

单价：905.80 元　　单位：m^3

编号	名称及规格	单位	数量	单价（元）	合价（元）
一	直接费				63888.17
1	基本直接费				59848.40
(1)	人工费				4243.31
	高级熟练工	工时	33.50	10.26	343.71
	熟练工	工时	201.50	7.61	1533.42
	半熟练工	工时	279.50	5.95	1663.03
	普工	工时	143.50	4.90	703.15
(2)	材料费				32834.49
	综合水价	m^3	59.00	2.84	167.56
	泵送 C25 SN32.5 级配 2	m^3	132.50	246.29	32633.43
	其他材料费	元	33.50	1.00	33.50
(3)	机械使用费				488.55
	振捣器平板式功率 2.2kW	台时	43.84	2.65	116.18
	风水枪耗风量 2～6m^3/min	台时	5.27	39.12	205.97
	卷扬机　10t	台时	4.69	33.81	158.40
	其他机械使用费	元	8.00	1.00	8.00
(4)	混凝土拌制下水库混凝土系统	m^3	129.00	20.12	2595.48
	混凝土运尾水隧洞	m^3	129.00	32.94	4249.26
	模板针梁模板 50m^2	m^2	159.00	97.09	15437.31
2	其他直接费	%	6.75		4039.77
二	间接费	%	16.90		10797.10
三	利润	%	7.00		5227.97
四	价差	元			3187.95
五	税金	%	9.00		7479.11
	合计				90580.29

76. 衬砌混凝土 C25 F100 二级配（尾水隧洞）

建 筑 工 程 单 价 表

项目：衬砌混凝土 C25 F100 二级配（尾水隧洞）

定额编号：40093×0.46，40094×0.46，40096×0.08　　定额单位：100m^3

施工方法：拌和楼拌制混凝土，6m^{3}混凝土搅拌运输车运混凝土，洞内运距 2.0km，洞外运距 0.5km，泵送入仓，插入式振捣器振捣。

单价：881.44 元　　单位：m^3

编号	名称及规格	单位	数量	单价（元）	合价（元）
一	直接费				62205.87
1	基本直接费				58272.48
(1)	人工费				4091.65
	高级熟练工	工时	31.38	10.26	321.96
	熟练工	工时	186.50	7.61	1419.27
	半熟练工	工时	227.26	5.95	1352.20
	普工	工时	203.72	4.90	998.23
(2)	材料费				31498.72
	综合水价	m^3	56.84	2.84	161.43
	泵送 C25 SN32.5 级配 2	m^3	127.06	246.29	31293.61
	其他材料费	元	43.68	1.00	43.68
(3)	机械使用费				376.83
	振捣器插入式功率 2.2kW	台时	41.58	3.57	148.43
	风水枪耗风量 2～6m^3/min	台时	5.56	39.12	217.41
	其他机械使用费	元	11.00	1.00	11.00
(4)	混凝土拌制下水库混凝土系统	m^3	123.14	20.12	2477.58
	混凝土运尾水隧洞	m^3	123.14	32.94	4056.23
	模板针梁模板 50m^2	m^2	156.40	97.09	15184.88
	模板平洞衬砌 100m^2	m^2	11.52	50.92	586.60
2	其他直接费	%	6.75		3933.39
二	间接费	%	16.90		10512.79
三	利润	%	7.00		5090.31
四	价差	元			3057.06
五	税金	%	9.00		7277.94
	合计				88143.97

77. 回填混凝土 C20 F50 二级配（尾水隧洞）

建筑工程单价表

项目：回填混凝土 C20 F50 二级配（尾水隧洞）

定额编号：40147×1　　定额单位：100m³

施工方法：拌和楼拌制混凝土，6m³ 混凝土搅拌运输车运混凝土，洞内运距 2.0km，洞外运距 0.5km，泵送入仓，插入式振捣器振捣。

单价：664.21 元　　单位：m³

编号	名称及规格	单位	数量	单价（元）	合价（元）
一	直接费				46486.04
1	基本直接费				43546.64
(1)	人工费				2714.30
	高级熟练工	工时	23.00	10.26	235.98
	熟练工	工时	117.00	7.61	890.37
	半熟练工	工时	117.00	5.95	696.15
	普工	工时	182.00	4.90	891.80
(2)	材料费				31764.57
	综合水价	m³	67.00	2.84	190.28
	C25 SN42.5 级配 2	m³	151.00	208.79	31527.29
	其他材料费	元	47.00	1.00	47.00
(3)	机械使用费				322.60
	振捣器平板式功率 2.2kW	台时	32.47	2.65	86.05
	风水枪耗风量 2～6m³/min	台时	5.74	39.12	224.55
	其他机械使用费	元	12.00	1.00	12.00
(4)	混凝土拌制下水库混凝土系统	m³	146.00	20.12	2937.52
	模板压力管道	m²	17.00	58.73	998.41
	混凝土运尾水隧洞	m³	146.00	32.94	4809.24
2	其他直接费	%	6.75		2939.40
二	间接费	%	16.90		7856.14
三	利润	%	7.00		3803.95
四	价差	元			2790.48
五	税金	%	9.00		5484.30
	合计				66420.91

78. 置换混凝土 C20 F50 二级配（尾水隧洞）

建筑工程单价表

项目：置换混凝土 C20 F50 二级配（尾水隧洞）

定额编号：40183×1　　定额单位：100m³

施工方法：拌和楼拌制混凝土，6m³ 混凝土搅拌运输车运混凝土，洞内运距 2.0km，洞外运距 0.5km，泵送入仓，插入式振捣器振捣。

单价：619.60 元　　单位：m³

编号	名称及规格	单位	数量	单价（元）	合价（元）
一	直接费				43775.26
1	基本直接费				41007.27
(1)	人工费				1558.82
	高级熟练工	工时	22.00	10.26	225.72
	熟练工	工时	90.00	7.61	684.90
	半熟练工	工时	90.00	5.95	535.50
	普工	工时	23.00	4.90	112.70
(2)	材料费				24665.05
	综合水价	m³	46.00	2.84	130.64
	C20 SN42.5 级配 2	m³	123.60	198.28	24507.41
	其他材料费	元	27.00	1.00	27.00
(3)	机械使用费				223.40
	振捣器插入式功率 2.2kW	台时	15.47	3.57	55.23
	风水枪耗风量 2～6m³/min	台时	4.12	39.12	161.17
	其他机械使用费	元	7.00	1.00	7.00
(4)	混凝土拌制下水库混凝土系统	m³	100.00	20.12	2012.00
	基础、镇墩、底板、趾板及回填厚度＞1m	m²	100.00	92.54	9254.00
	混凝土运尾水隧洞	m³	100.00	32.94	3294.00
2	其他直接费	%	6.75		2767.99
二	间接费	%	16.90		7398.02
三	利润	%	7.00		3582.13
四	价差	元			2088.35
五	税金	%	9.00		5115.94
	合计				61959.70

79. 洞外结构混凝土 C20（尾水检修闸门井）

建筑工程单价表

项目：洞外结构混凝土 C20（尾水检修闸门井）

定额编号：40227×1　　定额单位：100m^3

施工方法：拌和楼拌制混凝土，6m^3混凝土搅拌运输车运混凝土运距 0.5km，吊罐入仓，插入式振捣器振捣。

单价：907.69 元　　单位：m^3

编号	名称及规格	单位	数量	单价（元）	合价（元）
一	直接费				64895.69
1	基本直接费				60792.22
（1）	人工费				2716.34
	高级熟练工	工时	21.00	10.26	215.46
	熟练工	工时	123.00	7.61	936.03
	半熟练工	工时	193.00	5.95	1148.35
	普工	工时	85.00	4.90	416.50
（2）	材料费				23803.69
	综合水价	m^3	100.00	2.84	284.00
	泵送 C20 SN42.5 级配 2	m^3	103.00	221.23	22786.69
	其他材料费	元	733.00	1.00	733.00
（3）	机械使用费				226.25
	振捣器插入式功率 2.2kW	台时	28.36	3.57	101.25
	其他机械使用费	元	125.00	1.00	125.00
（4）	混凝土拌制下水库混凝土系统	m^3	100.00	20.12	2012.00
	混凝土运 6m^3搅拌车洞外 0.5km 洞内 2km 泵送	m^3	100.00	32.54	3254.00
	基础、镇墩、底板、趾板及回填厚度＞1m	m^2	311.00	92.54	28779.94
2	其他直接费	%	6.75		4103.47
二	间接费	%	16.90		10967.37
三	利润	%	7.00		5310.41
四	价差	元			2101.20
五	税金	%	9.00		7494.72
	合计				90769.40

80. 衬砌混凝土 C25（尾水检修闸门井）

建筑工程单价表

项目：衬砌混凝土 C25（尾水检修闸门井）

定额编号：40130×0.2，40132×0.3，40131×0.2，40133×0.3

定额单位：100m^3

施工方法：拌和楼拌制混凝土，3m^3混凝土搅拌运输车运混凝土，洞内运距 2.0km，洞外运距 0.5km，吊罐入仓，插入式振捣器振捣。

单价：622.46 元　　单位：m^3

编号	名称及规格	单位	数量	单价（元）	合价（元）
一	直接费				43820.21
1	基本直接费				41049.38
（1）	人工费				3567.63
	高级熟练工	工时	28.90	10.26	296.51
	熟练工	工时	173.90	7.61	1323.38
	半熟练工	工时	241.70	5.95	1438.12
	普工	工时	104.00	4.90	509.60
（2）	材料费				26120.26
	综合水价	m^3	55.40	2.84	157.34
	C25 SN42.5 级配 2	m^3	124.20	208.79	25931.72
	其他材料费	元	31.20	1.00	31.20
（3）	机械使用费				455.06
	振捣器平板式功率 2.2kW	台时	38.76	2.65	102.71
	风水枪耗风量 2～6m^3/min	台时	4.84	39.12	189.15
	卷扬机　10t	台时	4.62	33.81	156.20
	其他机械使用费	元	7.00	1.00	7.00
（4）	混凝土拌制下水库混凝土系统	m^3	120.70	20.12	2428.48
	混凝土运 3m^3搅拌车洞内 2km 洞外 0.5km 吊罐	m^3	120.70	30.77	3713.94
	模板竖井滑模 75m^2	m^2	115.80	41.14	4764.01
2	其他直接费	%	6.75		2770.83
二	间接费	%	16.90		7405.62
三	利润	%	7.00		3585.81
四	价差	元			2295.22
五	税金	%	9.00		5139.62
	合计				62246.47

81. 置换混凝土 C20 F50 二级配（尾水检修闸门井）

建筑工程单价表

项目：置换混凝土 C20 F50 二级配（尾水检修闸门井）

定额编号：40183×1　　定额单位：100m³

施工方法：拌和楼拌制混凝土，3m³ 混凝土搅拌运输车运混凝土，洞内运距 2.0km，洞外运距 0.5km，泵送入仓，插入式振捣器振捣。

单价：616.44 元　　单位：m³

编号	名称及规格	单位	数量	单价（元）	合价（元）
一	直接费				43543.61
1	基本直接费				40790.27
(1)	人工费				1558.82
	高级熟练工	工时	22.00	10.26	225.72
	熟练工	工时	90.00	7.61	684.90
	半熟练工	工时	90.00	5.95	535.50
	普工	工时	23.00	4.90	112.70
(2)	材料费				24665.05
	综合水价	m³	46.00	2.84	130.64
	C20 SN42.5 级配 2	m³	123.60	198.28	24507.41
	其他材料费	元	27.00	1.00	27.00
(3)	机械使用费				223.40
	振捣器插入式功率 2.2kW	台时	15.47	3.57	55.23
	风水枪耗风量 2～6m³/min	台时	4.12	39.12	161.17
	其他机械使用费	元	7.00	1.00	7.00
(4)	混凝土拌制下水库混凝土系统	m³	100.00	20.12	2012.00
	混凝土运 3m³ 搅拌车洞内 2km 洞外 0.5km 吊罐	m³	100.00	30.77	3077.00
	基础、镇墩、底板、趾板及回填厚度＞1m	m²	100.00	92.54	9254.00
2	其他直接费	%	6.75		2753.34
二	间接费	%	16.90		7358.87
三	利润	%	7.00		3563.17
四	价差	元			2088.35
五	税金	%	9.00		5089.86
	合计				61643.87

82. 混凝土排污栅架 C25（下水库进/出水口）

建筑工程单价表

项目：混凝土排污栅架 C25（下水库进/出水口）

定额编号：40263×1　　定额单位：100m³

施工方法：拌和楼拌制混凝土，6m³ 混凝土搅拌运输车运混凝土运距 0.5km，吊罐入仓，插入式振捣器振捣。

单价：910.06 元　　单位：m³

编号	名称及规格	单位	数量	单价（元）	合价（元）
一	直接费				65227.05
1	基本直接费				61102.62
(1)	人工费				3177.35
	高级熟练工	工时	39.00	10.26	400.14
	熟练工	工时	156.00	7.61	1187.16
	半熟练工	工时	203.00	5.95	1207.85
	普工	工时	78.00	4.90	382.20
(2)	材料费				21877.37
	综合水价	m³	100.00	2.84	284.00
	C25 SN42.5 级配 2	m³	103.00	208.79	21505.37
	其他材料费	元	88.00	1.00	88.00
(3)	机械使用费				207.15
	振捣器插入式功率 2.2kW	台时	26.88	3.57	95.96
	风水枪耗风量 2～6m³/min	台时	2.28	39.12	89.19
	其他机械使用费	元	22.00	1.00	22.00
(4)	混凝土拌制下水库混凝土系统	m³	100.00	20.12	2012.00
	混凝土运下水库进/出水口	m³	100.00	20.23	2023.00
	模板排架	m²	535.00	59.45	31805.75
2	其他直接费	%	6.75		4124.43
二	间接费	%	16.90		11023.37
三	利润	%	7.00		5337.53
四	价差	元			1903.44
五	税金	%	9.00		7514.22
	合计				91005.61

83. 结构混凝土 C25 F100 二级配（下水库进/出水口）

建筑工程单价表

项目：结构混凝土 C25 F100 二级配（下水库进/出水口）

定额编号：40229×0.42，40093×0.29，40094×0.29　　　　定额单位：100m³

施工方法：拌和楼拌制混凝土，6m³混凝土搅拌运输车运混凝土运距 0.5km，吊罐入仓，插入式振捣器振捣。

单价：634.75 元　　　　单位：m³

编号	名称及规格	单位	数量	单价（元）	合价（元）
一	直接费				44812.37
1	基本直接费				41978.80
(1)	人工费				3107.04
	高级熟练工	工时	22.89	10.26	234.85
	熟练工	工时	138.99	7.61	1057.71
	半熟练工	工时	174.95	5.95	1040.95
	普工	工时	157.86	4.90	773.51
(2)	材料费				24932.95
	综合水价	m³	72.54	2.84	206.01
	C25 SN42.5 级配 2	m³	118.05	208.79	24647.66
	其他材料费	元	79.28	1.00	79.28
(3)	机械使用费				512.26
	振捣器插入式功率 2.2kW	台时	33.03	3.57	117.91
	风水枪耗风量 2～6m³/min	台时	9.14	39.12	357.73
	其他机械使用费	元	30.24	1.00	30.24
	其他机械使用费	元	6.38	1.00	6.38
(4)	混凝土拌制下水库混凝土系统	m³	114.47	20.12	2303.14
	模板平洞衬砌 30m²	m²	98.60	57.83	5702.04
	混凝土运下水库进/出水口	m³	114.47	20.23	2315.73
	模板进水口	m²	25.20	123.24	3105.65
2	其他直接费	%	6.75		2833.57
二	间接费	%	16.90		7573.29
三	利润	%	7.00		3667.00
四	价差	元			2181.56
五	税金	%	9.00		5241.08
	合计				63475.29

84. 置换混凝土 C20 F50 二级配（下水库进/出水口）

建筑工程单价表

项目：置换混凝土 C20 F50 二级配（下水库进/出水口）

定额编号：40183×1　　　　定额单位：100m³

施工方法：拌和楼拌制混凝土，6m³混凝土搅拌运输车运混凝土，洞内运距 2.0km，洞外运距 0.5km，泵送入仓，插入式振捣器振捣。

单价：619.60 元　　　　单位：m³

编号	名称及规格	单位	数量	单价（元）	合价（元）
一	直接费				43775.26
1	基本直接费				41007.27
(1)	人工费				1558.82
	高级熟练工	工时	22.00	10.26	225.72
	熟练工	工时	90.00	7.61	684.90
	半熟练工	工时	90.00	5.95	535.50
	普工	工时	23.00	4.90	112.70
(2)	材料费				24665.05
	综合水价	m³	46.00	2.84	130.64
	C20 SN42.5 级配 2	m³	123.60	198.28	24507.41
	其他材料费	元	27.00	1.00	27.00
(3)	机械使用费				223.40
	振捣器插入式功率 2.2kW	台时	15.47	3.57	55.23
	风水枪耗风量 2～6m³/min	台时	4.12	39.12	161.17
	其他机械使用费	元	7.00	1.00	7.00
(4)	混凝土拌制下水库混凝土系统	m³	100.00	20.12	2012.00
	混凝土运 6m³搅拌车洞内 2km 洞外 0.5km 泵送	m³	100.00	32.94	3294.00
	基础、镇墩、底板、趾板及回填厚度＞1m	m²	100.00	92.54	9254.00
2	其他直接费	%	6.75		2767.99
二	间接费	%	16.90		7398.02
三	利润	%	7.00		3582.13
四	价差	元			2088.35
五	税金	%	9.00		5115.94
	合计				61959.70

85. 底板混凝土 C40（下水库进/出水口）

建筑工程单价表

项目：底板混凝土 C40（下水库进/出水口）

定额编号：40216×1　　定额单位：100m³

施工方法：拌和楼拌制混凝土，6m³混凝土搅拌运输车运混凝土运距 0.5km，吊罐入仓，插入式振捣器振捣。

单价：688.66 元　　单位：m³

编号	名称及规格	单位	数量	单价（元）	合价（元）
一	直接费				47795.08
1	基本直接费				44772.91
(1)	人工费				3540.30
	高级熟练工	工时	18.00	10.26	184.68
	熟练工	工时	107.00	7.61	814.27
	半熟练工	工时	269.00	5.95	1600.55
	普工	工时	192.00	4.90	940.80
(2)	材料费				34524.72
	综合水价	m³	60.00	2.84	170.40
	C40 SN42.5 水灰比 0.40 级配 2	m³	134.00	255.98	34301.32
	其他材料费	元	53.00	1.00	53.00
(3)	机械使用费				710.89
	振捣器变频机组功率 4.5kW	台时	24.72	5.19	128.30
	风水枪耗风量 2～6m³/min	台时	14.56	39.12	569.59
	其他机械使用费	元	13.00	1.00	13.00
(4)	混凝土拌制下水库混凝土系统	m³	130.00	20.12	2615.60
	混凝土运下水库进/出水口	m³	130.00	20.23	2629.90
	模板消力坎	m³	10.00	75.15	751.50
2	其他直接费	%	6.75		3022.17
二	间接费	%	16.90		8077.37
三	利润	%	7.00		3911.07
四	价差	元			3396.10
五	税金	%	9.00		5686.17
	合计				68865.79

86. 底板拦砂坎混凝土 C20（下水库进/出水口）

建筑工程单价表

项目：底板拦砂坎混凝土 C20（下水库进/出水口）

定额编号：40237×1　　定额单位：100m³

施工方法：拌和楼拌制混凝土，6m³混凝土搅拌运输车运混凝土运距 0.5km，吊罐入仓，插入式振捣器振捣。

单价：477.36 元　　单位：m³

编号	名称及规格	单位	数量	单价（元）	合价（元）
一	直接费				33553.29
1	基本直接费				31431.65
(1)	人工费				2444.47
	高级熟练工	工时	24.00	10.26	246.24
	熟练工	工时	118.00	7.61	897.98
	半熟练工	工时	165.00	5.95	981.75
	普工	工时	65.00	4.90	318.50
(2)	材料费				21954.60
	综合水价	m³	129.00	2.84	366.36
	C20 SN42.5 级配 2	m³	108.00	198.28	21414.24
	其他材料费	元	174.00	1.00	174.00
(3)	机械使用费				1217.68
	振捣器插入式功率 2.2kW	台时	32.46	3.57	115.88
	风水枪耗风量 2～6m³/min	台时	27.04	39.12	1057.80
	其他机械使用费	元	44.00	1.00	44.00
(4)	混凝土拌制下水库混凝土系统	m³	105.00	20.12	2112.60
	混凝土运下水库进/出水口	m³	105.00	20.23	2124.15
	模板消力坎	m³	21.00	75.15	1578.15
2	其他直接费	%	6.75		2121.64
二	间接费	%	16.90		5670.51
三	利润	%	7.00		2745.67
四	价差	元			1824.77
五	税金	%	9.00		3941.48
	合计				47735.71

87. 进/出水口混凝土 C25（下水库进/出水口）

建筑工程单价表

项目：进/出水口混凝土 C25（下水库进/出水口）

定额编号：40229×0.3，40095×0.7　　定额单位：100m³

施工方法：拌和楼拌制混凝土，6m³混凝土搅拌运输车运混凝土运距 0.5km，吊罐入仓，插入式振捣器振捣。

单价：581.63 元　　单位：m³

编号	名称及规格	单位	数量	单价（元）	合价（元）
一	直接费				40953.34
1	基本直接费				38363.78
（1）	人工费				2777.58
	高级熟练工	工时	21.50	10.26	220.59
	熟练工	工时	130.80	7.61	995.39
	半熟练工	工时	164.70	5.95	979.97
	普工	工时	118.70	4.90	581.63
（2）	材料费				24367.69
	综合水价	m³	66.00	2.84	187.44
	C25 SN42.5 级配 2	m³	115.50	208.79	24115.25
	其他材料费	元	65.00	1.00	65.00
（3）	机械使用费				437.63
	振捣器插入式功率 2.2kW	台时	31.88	3.57	113.82
	风水枪耗风量 2～6m³/min	台时	7.56	39.12	295.90
	其他机械使用费	元	21.60	1.00	21.60
	其他机械使用费	元	6.30	1.00	6.30
（4）	混凝土拌制上水库混凝土系统	m³	112.50	16.66	1874.25
	模板平洞衬砌 30m²	m²	76.30	57.83	4412.43
	混凝土运下水库进/出水口	m³	112.50	20.23	2275.88
	模板进水口	m²	18.00	123.24	2218.32
2	其他直接费	%	6.75		2589.56
二	间接费	%	16.90		6921.11
三	利润	%	7.00		3351.21
四	价差	元			2134.44
五	税金	%	9.00		4802.41
	合计				58162.51

88. 地面钢筋制作安装

建筑工程单价表

项目：地面钢筋制作安装

定额编号：40272×1　　定额单位：t

施工方法：钢筋加工制作安装。

单价：6289.22 元　　单位：t

编号	名称及规格	单位	数量	单价（元）	合价（元）
一	直接费				4405.10
1	基本直接费				4126.56
（1）	人工费				366.32
	高级熟练工	工时	2.40	10.26	24.62
	熟练工	工时	14.40	7.61	109.58
	半熟练工	工时	23.20	5.95	138.04
	普工	工时	19.20	4.90	94.08
（2）	材料费				3544.50
	钢筋	t	1.02	3400.00	3468.00
	铁丝	kg	5.00	6.50	32.50
	电焊条	kg	4.00	7.50	30.00
	其他材料费	元	14.00	1.00	14.00
（3）	机械使用费				215.74
	风水枪耗风量 2～6m³/min	台时	0.76	39.12	29.73
	载重汽车 5t	台时	0.29	140.45	40.73
	塔式起重机 10t	台时	0.07	89.91	6.29
	电焊机直流 30kVA	台时	3.46	25.83	89.37
	对焊机电阻 150kVA	台时	0.25	82.24	20.56
	钢筋弯曲机 ϕ6～40	台时	0.66	18.62	12.29
	钢筋切断机功率 20kW	台时	0.25	28.43	7.11
	钢筋调直机功率 4～14kW	台时	0.38	16.99	6.46
	其他机械使用费	元	3.20	1.00	3.20
2	其他直接费	%	6.75		278.54
二	间接费	%	8.41		370.47
三	利润	%	7.00		334.29
四	价差	元			660.07
五	税金	%	9.00		519.29
	合计				6289.23

89. 地下钢筋制作安装

建 筑 工 程 单 价 表

项目：地下钢筋制作安装

定额编号：40271×1　　　　定额单位：t

施工方法：钢筋加工制作安装。

单价：6429.15 元　　　　单位：t

编号	名称及规格	单位	数量	单价（元）	合价（元）
一	直接费				4515.76
1	基本直接费				4230.22
(1)	人工费				440.87
	高级熟练工	工时	2.40	10.26	24.62
	熟练工	工时	16.80	7.61	127.85
	半熟练工	工时	32.00	5.95	190.40
	普工	工时	20.00	4.90	98.00
(2)	材料费				3544.50
	钢筋	t	1.02	3400.00	3468.00
	铁丝	kg	5.00	6.50	32.50
	电焊条	kg	4.00	7.50	30.00
	其他材料费	元	14.00	1.00	14.00
(3)	机械使用费				244.85
	风水枪耗风量 2～6m^3/min	台时	0.76	39.12	29.73
	载重汽车 5t	台时	0.34	140.45	47.75
	汽车起重机柴油型 8t	台时	0.09	117.38	10.56
	电焊机直流 30kVA	台时	4.15	25.83	107.19
	对焊机电阻 150kVA	台时	0.25	82.24	20.56
	钢筋弯曲机 ϕ6～40	台时	0.66	18.62	12.29
	钢筋切断机功率 20kW	台时	0.25	28.43	7.11
	钢筋调直机功率 4～14kW	台时	0.38	16.99	6.46
	其他机械使用费	元	3.20	1.00	3.20
2	其他直接费	%	6.75		285.54
二	间接费	%	8.41		379.78
三	利润	%	7.00		342.69
四	价差	元			660.07
五	税金	%	9.00		530.85
	合计				6429.14

90. 洞内喷混凝土 10cm

建 筑 工 程 单 价 表

项目：洞内喷混凝土 10cm

定额编号：50808×1　　　　定额单位：100m^3

施工方法：机械湿喷，平洞支护，有钢筋网。

单价：971.50 元　　　　单位：m^3

编号	名称及规格	单位	数量	单价（元）	合价（元）
一	直接费				65964.45
1	基本直接费				61793.40
(1)	人工费				4552.40
	高级熟练工	工时	92.00	10.26	943.92
	熟练工	工时	183.00	7.61	1392.63
	半熟练工	工时	183.00	5.95	1088.85
	普工	工时	230.00	4.90	1127.00
(2)	材料费				37937.96
	水泥 42.5	t	54.27	440.00	23878.80
	砂	m^3	72.72	70.00	5090.40
	小石	m^3	75.95	40.85	3102.56
	综合水价	m^3	55.00	2.84	156.20
	速凝剂	t	1.60	3000.00	4800.00
	其他材料费	元	910.00	1.00	910.00
(3)	机械使用费				17303.84
	混凝土搅拌车 3m^3	台时	29.83	164.31	4901.37
	混凝土湿喷机 A90/C	台时	29.83	406.05	12112.47
	其他机械使用费	元	290.00	1.00	290.00
(4)	混凝土拌制上水库混凝土系统	m^3	120.00	16.66	1999.20
2	其他直接费	%	6.75		4171.05
二	间接费	%	21.46		14155.97
三	利润	%	7.00		5608.43
四	价差	元			3400.02
五	税金	%	9.00		8021.60
	合计				97150.48

91. 露天喷混凝土 10cm

建筑工程单价表

项目：露天喷混凝土 10cm

定额编号：50798×1　　定额单位：100m³

施工方法：机械湿喷，地面护坡，有钢筋网。

单价：909.32 元　　单位：m³

编号	名称及规格	单位	数量	单价（元）	合价（元）
一	直接费				61668.70
1	基本直接费				57769.27
(1)	人工费				3988.86
	高级熟练工	工时	80.00	10.26	820.80
	熟练工	工时	161.00	7.61	1225.21
	半熟练工	工时	161.00	5.95	957.95
	普工	工时	201.00	4.90	984.90
(2)	材料费				36728.64
	水泥 42.5	t	52.32	440.00	23020.80
	砂	m³	70.10	70.00	4907.00
	小石	m³	73.22	40.85	2991.04
	综合水价	m³	95.00	2.84	269.80
	速凝剂	t	1.55	3000.00	4650.00
	其他材料费	元	890.00	1.00	890.00
(3)	机械使用费				15119.21
	混凝土搅拌车 3m³	台时	26.14	164.31	4295.06
	混凝土湿喷机 A90/C	台时	26.14	406.05	10614.15
	其他机械使用费	元	210.00	1.00	210.00
(4)	混凝土拌制上水库混凝土系统	m³	116.00	16.66	1932.56
2	其他直接费	%	6.75		3899.43
二	间接费	%	21.46		13234.10
三	利润	%	7.00		5243.20
四	价差	元			3277.85
五	税金	%	9.00		7508.15
	合计				90931.99

92. 洞内喷钢纤维混凝土 70kg

建筑工程单价表

项目：洞内喷钢纤维混凝土 70kg

定额编号：50810×1　　定额单位：100m³

施工方法：机械湿喷，平洞支护，钢纤维掺量 70kg/m³。

单价：1553.91 元　　单位：m³

编号	名称及规格	单位	数量	单价（元）	合价（元）
一	直接费				107077.36
1	基本直接费				100306.66
(1)	人工费				3724.70
	高级熟练工	工时	75.00	10.26	769.50
	熟练工	工时	150.00	7.61	1141.50
	半熟练工	工时	150.00	5.95	892.50
	普工	工时	188.00	4.90	921.20
(2)	材料费				79937.96
	水泥 42.5	t	54.27	440.00	23878.80
	砂	m³	72.72	70.00	5090.40
	小石	m³	75.95	40.85	3102.56
	综合水价	m³	55.00	2.84	156.20
	钢纤维	kg	7000.00	6.00	42000.00
	速凝剂	t	1.60	3000.00	4800.00
	其他材料费	元	910.00	1.00	910.00
(3)	机械使用费				14229.60
	混凝土搅拌车 3m³	台时	24.44	164.31	4015.74
	混凝土湿喷机 A90/C	台时	24.44	406.05	9923.86
	其他机械使用费	元	290.00	1.00	290.00
(4)	混凝土拌制下水库混凝土系统	m³	120.00	20.12	2414.40
2	其他直接费	%	6.75		6770.70
二	间接费	%	21.46		22978.80
三	利润	%	7.00		9103.93
四	价差	元			3400.02
五	税金	%	9.00		12830.41
	合计				155390.52

93. 洞内喷混凝土厚 15cm

建筑工程单价表

项目：洞内喷混凝土厚 15cm

定额编号：50809×1　　定额单位：100m³

施工方法：机械湿喷，平洞支护，有钢筋网。

单价：942.50 元　　单位：m³

编号	名称及规格	单位	数量	单价（元）	合价（元）
一	直接费				63917.04
1	基本直接费				59875.45
(1)	人工费				4140.20
	高级熟练工	工时	83.00	10.26	851.58
	熟练工	工时	167.00	7.61	1270.87
	半熟练工	工时	167.00	5.95	993.65
	普工	工时	209.00	4.90	1024.10
(2)	材料费				37937.96
	水泥 42.5	t	54.27	440.00	23878.80
	砂	m³	72.72	70.00	5090.40
	小石	m³	75.95	40.85	3102.56
	综合水价	m³	55.00	2.84	156.20
	速凝剂	t	1.60	3000.00	4800.00
	其他材料费	元	910.00	1.00	910.00
(3)	机械使用费				15798.09
	混凝土搅拌车 3m³	台时	27.19	164.31	4467.59
	混凝土湿喷机 A90/C	台时	27.19	406.05	11040.50
	其他机械使用费	元	290.00	1.00	290.00
(4)	混凝土拌制上水库混凝土系统	m³	120.00	16.66	1999.20
2	其他直接费	%	6.75		4041.59
二	间接费	%	21.46		13716.60
三	利润	%	7.00		5434.35
四	价差	元			3400.02
五	税金	%	9.00		7782.12
	合计				94250.14

94. 喷素混凝土

建筑工程单价表

项目：喷素混凝土

定额编号：50813×1　　定额单位：100m³

施工方法：机械湿喷，平洞支护，无钢筋网。

单价：959.32 元　　单位：m³

编号	名称及规格	单位	数量	单价（元）	合价（元）
一	直接费				65155.28
1	基本直接费				61035.39
(1)	人工费				4466.70
	高级熟练工	工时	90.00	10.26	923.40
	熟练工	工时	180.00	7.61	1369.80
	半熟练工	工时	180.00	5.95	1071.00
	普工	工时	225.00	4.90	1102.50
(2)	材料费				37227.21
	水泥 42.5	t	53.22	440.00	23416.80
	砂	m³	71.31	70.00	4991.70
	小石	m³	74.48	40.85	3042.51
	综合水价	m³	55.00	2.84	156.20
	速凝剂	t	1.57	3000.00	4710.00
	其他材料费	元	910.00	1.00	910.00
(3)	机械使用费				16967.32
	混凝土搅拌车 3m³	台时	29.24	164.31	4804.42
	混凝土湿喷机 A90/C	台时	29.24	406.05	11872.90
	其他机械使用费	元	290.00	1.00	290.00
(4)	混凝土拌制下水库混凝土系统	m³	118.00	20.12	2374.16
2	其他直接费	%	6.75		4119.89
二	间接费	%	21.46		13982.32
三	利润	%	7.00		5539.63
四	价差	元			3334.23
五	税金	%	9.00		7921.03
	合计				95932.50

95. 露天锚杆 $\phi 32$ $L=9m$（潜孔钻）

建筑工程单价表

项目：露天锚杆 $\phi 32$ $L=9m$（潜孔钻）

定额编号：50042×0.33，50046×0.67　　定额单位：100 根

施工方法：钻孔、清孔、拌制水泥砂浆、锚杆制作安装、灌浆、封孔。

单价：1072.16 元　　单位：根

编号	名称及规格	单位	数量	单价（元）	合价（元）
一	直接费				75432.90
1	基本直接费				70663.14
(1)	人工费				11167.33
	高级熟练工	工时	160.54	10.26	1647.14
	熟练工	工时	514.04	7.61	3911.84
	半熟练工	工时	431.34	5.95	2566.47
	普工	工时	620.79	4.90	3041.87
(2)	材料费				35395.04
	定位钢筋	kg	273.36	3.40	929.42
	钻杆	kg	29.65	13.77	408.27
	锚杆 $\phi 32$	kg	6035.96	4.06	24506.00
	冲击器	套	1.66	1712.00	2839.35
	电焊条	kg	58.20	7.50	436.47
	接缝砂浆 C30	m^3	4.32	344.35	1489.24
	钻头 80 型	个	13.23	230.00	3043.98
	其他材料费	元	1742.30	1.00	1742.30
(3)	机械使用费				24100.77
	潜孔钻低风压 QZJ-100B	台时	271.80	71.53	19442.03
	灌浆泵中低压砂浆	台时	23.04	38.31	882.68
	灰浆搅拌机	台时	23.04	24.86	572.78
	风水枪耗风量 2～6m^3/min	台时	7.85	39.12	307.04
	载重汽车 5t	台时	5.15	140.45	722.71
	电焊机交流 50kVA	台时	63.31	28.48	1803.02
	其他机械使用费	元	370.50	1.00	370.50
2	其他直接费	%	6.75		4769.76
二	间接费	%	21.46		16187.90
三	利润	%	7.00		6413.46
四	价差	元			329.13
五	税金	%	9.00		8852.71
	合计				107216.09

96. 露天锚杆 $\phi 22$ $L=4m$（风钻）

建筑工程单价表

项目：露天锚杆 $\phi 22$ $L=4m$（风钻）

定额编号：50007×0，50006×1　　定额单位：100 根

施工方法：风钻钻孔。

单价：151.56 元　　单位：根

编号	名称及规格	单位	数量	单价（元）	合价（元）
一	直接费				10686.22
1	基本直接费				10010.51
(1)	人工费				2074.51
	高级熟练工	工时	9.00	10.26	92.34
	熟练工	工时	57.00	7.61	433.77
	半熟练工	工时	112.00	5.95	666.40
	普工	工时	180.00	4.90	882.00
(2)	材料费				6100.30
	合金钻头	个	10.83	50.00	541.50
	风钻钻杆	kg	4.98	7.00	34.86
	锚杆 $\phi 22$	kg	1283.00	4.06	5208.98
	接缝砂浆 C30	m^3	0.45	344.35	154.96
	其他材料费	元	160.00	1.00	160.00
(3)	机械使用费				1835.70
	风钻手持式	台时	66.76	25.40	1695.70
	其他机械使用费	元	140.00	1.00	140.00
2	其他直接费	%	6.75		675.71
二	间接费	%	21.46		2293.26
三	利润	%	7.00		908.56
四	价差	元			16.88
五	税金	%	9.00		1251.44
	合计				15156.37

97. 露天锚杆 $\phi25$ L=4.5m（风钻）

建筑工程单价表

项目：露天锚杆 $\phi25$ L=4.5m（风钻）

定额编号：50007×0，50011×0，50006×0.75，50010×0.25　定额单位：100 根

施工方法：风钻钻孔。

单价：198.98 元　单位：根

编号	名称及规格	单位	数量	单价（元）	合价（元）
一	直接费				14031.74
1	基本直接费				13144.49
(1)	人工费				2393.90
	高级熟练工	工时	9.75	10.26	100.04
	熟练工	工时	64.75	7.61	492.75
	半熟练工	工时	127.50	5.95	758.63
	普工	工时	212.75	4.90	1042.48
(2)	材料费				8534.17
	合金钻头	个	11.95	50.00	597.38
	风钻钻杆	kg	5.50	7.00	38.47
	锚杆 $\phi25$	kg	1859.25	4.06	7548.56
	接缝砂浆 C30	m^3	0.51	344.35	174.76
	其他材料费	元	175.00	1.00	175.00
(3)	机械使用费				2216.42
	风钻手持式	台时	80.58	25.40	2046.67
	其他机械使用费	元	169.75	1.00	169.75
2	其他直接费	%	6.75		887.25
二	间接费	%	21.46		3011.21
三	利润	%	7.00		1193.01
四	价差	元			19.13
五	税金	%	9.00		1642.96
	合计				19898.05

98. 露天锚杆 $\phi25$ L=6m（风钻）

建筑工程单价表

项目：露天锚杆 $\phi25$ L=6m（风钻）

定额编号：50011×0，50010×1　定额单位：100 根

施工方法：风钻钻孔。

单价：272.34 元　单位：根

编号	名称及规格	单位	数量	单价（元）	合价（元）
一	直接费				19205.35
1	基本直接费				17990.96
(1)	人工费				3352.00
	高级熟练工	工时	12.00	10.26	123.12
	熟练工	工时	88.00	7.61	669.68
	半熟练工	工时	174.00	5.95	1035.30
	普工	工时	311.00	4.90	1523.90
(2)	材料费				11280.40
	合金钻头	个	15.30	50.00	765.00
	风钻钻杆	kg	7.04	7.00	49.28
	锚杆 $\phi25$	kg	2466.00	4.06	10011.96
	接缝砂浆 C30	m^3	0.68	344.35	234.16
	其他材料费	元	220.00	1.00	220.00
(3)	机械使用费				3358.56
	风钻手持式	台时	122.03	25.40	3099.56
	其他机械使用费	元	259.00	1.00	259.00
2	其他直接费	%	6.75		1214.39
二	间接费	%	21.46		4121.47
三	利润	%	7.00		1632.88
四	价差	元			25.50
五	税金	%	9.00		2248.67
	合计				27233.86

99. 洞内锚杆 ϕ20 L=4m（风钻）

建筑工程单价表

项目：洞内锚杆 ϕ20 L=4m（风钻）

定额编号：50159×1　　定额单位：100 根

施工方法：风钻钻孔。

单价：179.29 元　　单位：根

编号	名称及规格	单位	数量	单价（元）	合价（元）
一	直接费				12643.13
1	基本直接费				11843.68
(1)	人工费				2613.48
	高级熟练工	工时	9.00	10.26	92.34
	熟练工	工时	69.00	7.61	525.09
	半熟练工	工时	137.00	5.95	815.15
	普工	工时	241.00	4.90	1180.90
(2)	材料费				5655.93
	合金钻头	个	13.10	50.00	655.00
	风钻钻杆	kg	7.17	7.00	50.19
	锚杆 ϕ20	kg	1063.00	4.06	4315.78
	接缝砂浆 C30	m^3	0.45	344.35	154.96
	其他材料费	元	480.00	1.00	480.00
(3)	机械使用费				3574.27
	风钻气腿式	台时	93.92	36.14	3394.27
	其他机械使用费	元	180.00	1.00	180.00
2	其他直接费	%	6.75		799.45
二	间接费	%	21.46		2713.22
三	利润	%	7.00		1074.94
四	价差	元			16.88
五	税金	%	9.00		1480.34
	合计				17928.50

100. 洞内锚杆 ϕ22 L=4m（风钻）

建筑工程单价表

项目：洞内锚杆 ϕ22 L=4m（风钻）

定额编号：50159×1　　定额单位：100 根

施工方法：气腿钻钻孔。

单价：192.79 元　　单位：根

编号	名称及规格	单位	数量	单价（元）	合价（元）
一	直接费				13596.62
1	基本直接费				12736.88
(1)	人工费				2613.48
	高级熟练工	工时	9.00	10.26	92.34
	熟练工	工时	69.00	7.61	525.09
	半熟练工	工时	137.00	5.95	815.15
	普工	工时	241.00	4.90	1180.90
(2)	材料费				6549.13
	合金钻头	个	13.10	50.00	655.00
	风钻钻杆	kg	7.17	7.00	50.19
	锚杆 ϕ22	kg	1283.00	4.06	5208.98
	接缝砂浆 C30	m^3	0.45	344.35	154.96
	其他材料费	元	480.00	1.00	480.00
(3)	机械使用费				3574.27
	风钻气腿式	台时	93.92	36.14	3394.27
	其他机械使用费	元	180.00	1.00	180.00
2	其他直接费	%	6.75		859.74
二	间接费	%	21.46		2917.83
三	利润	%	7.00		1156.01
四	价差	元			16.88
五	税金	%	9.00		1591.86
	合计				19279.21

101. 露天预应力锚杆 ϕ28 L=9m

建 筑 工 程 单 价 表

项目：露天预应力锚杆 ϕ28 L=9m

定额编号：50354×1　　定额单位：根

施工方法：包括选孔位、清孔面、钻孔、清孔，锚杆制作，运输，安装，浇筑混凝土垫墩，安装钢垫板，安装工作锚具及限位板，张拉，拌制水泥砂浆，灌浆，封孔，孔位，转移等。

单价：4268.87 元　　单位：根

编号	名称及规格	单位	数量	单价（元）	合价（元）
一	直接费				2998.66
1	基本直接费				2809.05
(1)	人工费				535.20
	高级熟练工	工时	5.00	10.26	51.30
	熟练工	工时	25.00	7.61	190.25
	半熟练工	工时	37.00	5.95	220.15
	普工	工时	15.00	4.90	73.50
(2)	材料费				1392.02
	钢筋	kg	17.00	3.40	57.80
	钻杆 ϕ50	kg	0.36	9.00	3.24
	锚杆 ϕ28	kg	92.00	4.06	373.52
	工作锚具	套	1.05	700.00	735.00
	冲击器	套	0.02	1712.00	34.24
	电焊条	kg	1.44	7.50	10.80
	C30 SN42.5 级配 2	m^3	0.22	220.80	48.58
	接缝砂浆 C30	m^3	0.10	344.35	34.44
	钻头 80 型	个	0.18	230.00	41.40
	其他材料费	元	53.00	1.00	53.00
(3)	机械使用费				881.83
	风镐铲手持式	台时	0.39	9.80	3.82
	潜孔钻低风压 QZJ-100B	台时	6.15	71.53	439.91

续表

编号	名称及规格	单位	数量	单价（元）	合价（元）
	灌浆泵中低压砂浆	台时	1.04	41.76	43.43
	灰浆搅拌机	台时	1.04	24.86	25.85
	风水枪耗风量 2～6m^3/min	台时	0.15	39.12	5.87
	载重汽车 5t	台时	1.03	140.45	144.66
	汽车起重机柴油型 8t	台时	1.03	117.38	120.90
	链式起重机电动　1t	台时	0.53	3.00	1.59
	张拉千斤顶 YCQ-100	台时	0.62	0.62	0.38
	电动油泵型号 ZB4-500	台时	0.62	34.10	21.14
	电焊机交流 50kVA	台时	1.59	28.48	45.28
	其他机械使用费	元	29.00	1.00	29.00
2	其他直接费	%	6.75		189.61
二	间接费	%	21.46		643.51
三	利润	%	7.00		254.95
四	价差	元			19.27
五	税金	%	9.00		352.48
	合计				4268.87

102. 露天锚杆 ϕ28 L=8（潜孔钻）

建 筑 工 程 单 价 表

项目：露天锚杆 ϕ28 L=8（潜孔钻）

定额编号：50042×0.67，50046×0.33　　定额单位：100 根

施工方法：钻孔、清孔、拌制水泥砂浆、锚杆制作安装、灌浆、封孔。

单价：850.65 元　　单位：根

编号	名称及规格	单位	数量	单价（元）	合价（元）
一	直接费				59875.58
1	基本直接费				56089.54
(1)	人工费				9599.03
	高级熟练工	工时	139.46	10.26	1430.86
	熟练工	工时	441.96	7.61	3363.32
	半熟练工	工时	362.66	5.95	2157.83

续表

编号	名称及规格	单位	数量	单价（元）	合价（元）
	普工	工时	540.21	4.90	2647.03
(2)	材料费				25739.36
	定位钢筋	kg	134.64	3.40	457.78
	钻杆	kg	26.29	13.77	362.02
	锚杆 ϕ28	kg	4102.93	4.06	16657.90
	冲击器	套	1.47	1712.00	2519.21
	电焊条	kg	28.66	7.50	214.98
	接缝砂浆 C30	m^3	3.84	344.35	1320.65
	钻头 80 型	个	11.74	230.00	2699.12
	其他材料费	元	1507.70	1.00	1507.70
(3)	机械使用费				20751.15
	潜孔钻低风压 QZJ-100B	台时	241.64	71.53	17284.34
	灌浆泵中低压砂浆	台时	21.30	38.31	815.99
	灰浆搅拌机	台时	21.30	24.86	529.51
	风水枪耗风量 2～6m^3/min	台时	6.97	39.12	272.72
	载重汽车 5t	台时	4.56	140.45	641.06
	电焊机交流 50kVA	台时	31.18	28.48	888.05
	其他机械使用费	元	319.50	1.00	319.50
2	其他直接费	%	6.75		3786.04
二	间接费	%	21.46		12849.30
三	利润	%	7.00		5090.74
四	价差	元			225.76
五	税金	%	9.00		7023.72
	合计				85065.11

103. 洞内锚杆 ϕ22 L=3m（风钻）

建筑工程单价表

项目：洞内锚杆 ϕ22 L=3m（风钻）

定额编号：50155×0.5，50159×0.5　　定额单位：100 根

施工方法：气腿钻钻孔。

单价：144.56 元　　单位：根

编号	名称及规格	单位	数量	单价（元）	合价（元）
一	直接费				10194.52
1	基本直接费				9549.90
(1)	人工费				2008.89
	高级熟练工	工时	8.50	10.26	87.21
	熟练工	工时	54.50	7.61	414.75
	半熟练工	工时	107.50	5.95	639.63
	普工	工时	177.00	4.90	867.30
(2)	材料费				5012.55
	合金钻头	个	9.89	50.00	494.50
	风钻钻杆	kg	5.40	7.00	37.77
	锚杆 ϕ22	kg	970.00	4.06	3938.20
	接缝砂浆 C30	m^3	0.34	344.35	117.08
	其他材料费	元	425.00	1.00	425.00
(3)	机械使用费				2528.46
	风钻气腿式	台时	66.44	36.14	2400.96
	其他机械使用费	元	127.50	1.00	127.50
2	其他直接费	%	6.75		644.62
二	间接费	%	21.46		2187.74
三	利润	%	7.00		866.76
四	价差	元			13.13
五	税金	%	9.00		1193.59
	合计				14455.74

104. 洞内锚杆 $\phi22$ $L=2$m（风钻）

建筑工程单价表

项目：洞内锚杆 $\phi22$ $L=2$m（风钻）

定额编号：50155×1　　定额单位：100 根

施工方法：气腿钻钻孔。

单价：96.31 元　　单位：根

编号	名称及规格	单位	数量	单价（元）	合价（元）
一	直接费				6792.39
1	基本直接费				6362.89
（1）	人工费				1404.28
	高级熟练工	工时	8.00	10.26	82.08
	熟练工	工时	40.00	7.61	304.40
	半熟练工	工时	78.00	5.95	464.10
	普工	工时	113.00	4.90	553.70
（2）	材料费				3475.96
	合金钻头	个	6.68	50.00	334.00
	风钻钻杆	kg	3.62	7.00	25.34
	锚杆 $\phi22$	kg	657.00	4.06	2667.42
	接缝砂浆 C30	m^3	0.23	344.35	79.20
	其他材料费	元	370.00	1.00	370.00
（3）	机械使用费				1482.65
	风钻气腿式	台时	38.95	36.14	1407.65
	其他机械使用费	元	75.00	1.00	75.00
2	其他直接费	%	6.75		429.50
二	间接费	%	21.46		1457.65
三	利润	%	7.00		577.50
四	价差	元			8.63
五	税金	%	9.00		795.25
	合计				9631.42

105. 洞内锚杆 $\phi25$ $L=4$m（风钻）

建筑工程单价表

项目：洞内锚杆 $\phi25$ $L=4$m（风钻）

定额编号：50159×1　　定额单位：100 根

施工方法：气腿钻钻孔。

单价：215.75 元　　单位：根

编号	名称及规格	单位	数量	单价（元）	合价（元）
一	直接费				15217.55
1	基本直接费				14255.32
（1）	人工费				2613.48
	高级熟练工	工时	9.00	10.26	92.34
	熟练工	工时	69.00	7.61	525.09
	半熟练工	工时	137.00	5.95	815.15
	普工	工时	241.00	4.90	1180.90
（2）	材料费				8067.57
	合金钻头	个	13.10	50.00	655.00
	风钻钻杆	kg	7.17	7.00	50.19
	锚杆 $\phi25$	kg	1657.00	4.06	6727.42
	接缝砂浆 C30	m^3	0.45	344.35	154.96
	其他材料费	元	480.00	1.00	480.00
（3）	机械使用费				3574.27
	风钻气腿式	台时	93.92	36.14	3394.27
	其他机械使用费	元	180.00	1.00	180.00
2	其他直接费	%	6.75		962.23
二	间接费	%	21.46		3265.69
三	利润	%	7.00		1293.83
四	价差	元			16.88
五	税金	%	9.00		1781.46
	合计				21575.40

106. 洞内锚杆 $\phi 25$ L=5m（风钻）

建筑工程单价表

项目：洞内锚杆 $\phi 25$ L=5m（风钻）

定额编号：50159×0.5，50163×0.5　　定额单位：100 根

施工方法：气腿钻钻孔。

单价：279.04 元　　单位：根

编号	名称及规格	单位	数量	单价（元）	合价（元）
一	直接费				19681.28
1	基本直接费				18436.80
(1)	人工费				3466.86
	高级熟练工	工时	10.50	10.26	107.73
	熟练工	工时	89.50	7.61	681.10
	半熟练工	工时	177.50	5.95	1056.13
	普工	工时	331.00	4.90	1621.90
(2)	材料费				9930.31
	合金钻头	个	15.81	50.00	790.50
	风钻钻杆	kg	8.65	7.00	60.55
	锚杆 $\phi 25$	kg	2061.50	4.06	8369.69
	接缝砂浆 C30	m^3	0.57	344.35	194.56
	其他材料费	元	515.00	1.00	515.00
(3)	机械使用费				5039.63
	风钻气腿式	台时	132.53	36.14	4789.63
	其他机械使用费	元	250.00	1.00	250.00
2	其他直接费	%	6.75		1244.48
二	间接费	%	21.46		4223.60
三	利润	%	7.00		1673.34
四	价差	元			21.38
五	税金	%	9.00		2303.96
	合计				27903.57

107. 洞内锚杆 $\phi 32$ L=9.5m（潜孔钻）

建筑工程单价表

项目：洞内锚杆 $\phi 32$ L=9.5m（潜孔钻）

定额编号：50239×0.17，50243×0.83　　定额单位：100 根

施工方法：钻孔、清孔、拌制水泥砂浆、锚杆制作安装、灌浆、封孔。

单价：1431.72 元　　单位：根

编号	名称及规格	单位	数量	单价（元）	合价（元）
一	直接费				100777.86
1	基本直接费				94405.49
(1)	人工费				14536.45
	高级熟练工	工时	210.25	10.26	2157.17
	熟练工	工时	670.16	7.61	5099.92
	半熟练工	工时	551.39	5.95	3280.77
	普工	工时	816.04	4.90	3998.60
(2)	材料费				48315.97
	定位钢筋	kg	338.64	3.40	1151.38
	潜孔钻钻头 80 型	个	17.20	220.00	3782.94
	钻杆	kg	34.20	13.77	470.97
	锚杆 $\phi 32$	kg	7736.05	4.06	31408.36
	锚杆 $\phi 36$	kg	1012.69	3.62	3665.94
	冲击器	套	2.15	1712.00	3685.42
	电焊条	kg	72.21	7.50	541.58
	接缝砂浆 C30	m^3	4.56	344.35	1568.58
	其他材料费	元	2040.80	1.00	2040.80
(3)	机械使用费				31553.07
	潜孔钻低风压 QZJ-100B	台时	363.17	71.53	25977.74
	灌浆泵中低压砂浆	台时	25.53	38.31	977.99
	灰浆搅拌机	台时	25.53	24.86	634.64
	风水枪耗风量 2～6m^3/min	台时	8.84	39.12	345.85
	载重汽车 5t	台时	5.80	140.45	814.22
	电焊机交流 50kVA	台时	83.91	28.48	2389.84
	其他机械使用费	元	412.80	1.00	412.80
2	其他直接费	%	6.75		6372.37
二	间接费	%	21.46		21626.93
三	利润	%	7.00		8568.34
四	价差	元			377.20
五	税金	%	9.00		11821.53
	合计				143171.85

108. 洞内锚杆 $\phi25$ $L=7$m（潜孔钻）

建筑工程单价表

项目：洞内锚杆 $\phi25$ $L=7$m（潜孔钻）

定额编号：50239×1　　　　定额单位：100 根

施工方法：潜孔钻钻孔。

单价：785.03 元　　　　单位：根

编号	名称及规格	单位	数量	单价（元）	合价（元）
一	直接费				55319.77
1	基本直接费				51821.80
(1)	人工费				9984.09
	高级熟练工	工时	148.00	10.26	1518.48
	熟练工	工时	461.00	7.61	3508.21
	半熟练工	工时	358.00	5.95	2130.10
	普工	工时	577.00	4.90	2827.30
(2)	材料费				20061.20
	潜孔钻钻头 80 型	个	12.68	220.00	2789.60
	钻杆	kg	25.23	13.77	347.42
	锚杆 $\phi25$	kg	2870.00	4.06	11652.20
	冲击器	套	1.58	1712.00	2704.96
	接缝砂浆 C30	m^3	3.36	344.35	1157.02
	其他材料费	元	1410.00	1.00	1410.00
(3)	机械使用费				21776.51
	潜孔钻低风压 QZJ-100B	台时	270.03	71.53	19315.25
	灌浆泵中低压砂浆	台时	20.98	38.31	803.74
	灰浆搅拌机	台时	20.98	24.86	521.56
	风水枪耗风量 2～6m^3/min	台时	6.55	39.12	256.24
	载重汽车 5t	台时	4.27	140.45	599.72
	其他机械使用费	元	280.00	1.00	280.00
2	其他直接费	%	6.75		3497.97
二	间接费	%	21.46		11871.62
三	利润	%	7.00		4703.40
四	价差	元			126.00
五	税金	%	9.00		6481.87
	合计				78502.66

109. 洞内锚杆 $\phi25$ $L=6$m（风钻）

建筑工程单价表

项目：洞内锚杆 $\phi25$ $L=6$m（风钻）

定额编号：50163×1　　　　定额单位：100 根

施工方法：气腿钻钻孔。

单价：342.31 元　　　　单位：根

编号	名称及规格	单位	数量	单价（元）	合价（元）
一	直接费				24144.98
1	基本直接费				22618.25
(1)	人工费				4320.22
	高级熟练工	工时	12.00	10.26	123.12
	熟练工	工时	110.00	7.61	837.10
	半熟练工	工时	218.00	5.95	1297.10
	普工	工时	421.00	4.90	2062.90
(2)	材料费				11793.03
	合金钻头	个	18.52	50.00	926.00
	风钻钻杆	kg	10.13	7.00	70.91
	锚杆 $\phi25$	kg	2466.00	4.06	10011.96
	接缝砂浆 C30	m^3	0.68	344.35	234.16
	其他材料费	元	550.00	1.00	550.00
(3)	机械使用费				6505.00
	风钻气腿式	台时	171.14	36.14	6185.00
	其他机械使用费	元	320.00	1.00	320.00
2	其他直接费	%	6.75		1526.73
二	间接费	%	21.46		5181.51
三	利润	%	7.00		2052.85
四	价差	元			25.50
五	税金	%	9.00		2826.44
	合计				34231.29

110. 洞内锚杆 $\phi28$ $L=8$m（潜孔钻）

建筑工程单价表

项目：洞内锚杆 $\phi28$ $L=8$m（潜孔钻）

定额编号：50243×0.33，50239×0.67　　定额单位：100 根

施工方法：潜孔钻钻孔。

单价：977.02 元　　单位：根

编号	名称及规格	单位	数量	单价（元）	合价（元）
一	直接费				68796.07
1	基本直接费				64445.97
(1)	人工费				11794.07
	高级熟练工	工时	172.75	10.26	1772.42
	熟练工	工时	544.16	7.61	4141.06
	半熟练工	工时	434.89	5.95	2587.60
	普工	工时	672.04	4.90	3293.00
(2)	材料费				26988.32
	定位钢筋	kg	134.64	3.40	457.78
	潜孔钻钻头 80 型	个	14.48	220.00	3184.54
	钻杆	kg	28.80	13.77	396.54
	锚杆 $\phi28$	kg	4102.93	4.06	16657.90
	冲击器	套	1.81	1712.00	3094.78
	电焊条	kg	28.71	7.50	215.33
	接缝砂浆 C30	m^3	3.84	344.35	1320.65
	其他材料费	元	1660.80	1.00	1660.80
(3)	机械使用费				25663.58
	潜孔钻低风压 QZJ-100B	台时	307.06	71.53	21964.19
	灌浆泵中低压砂浆	台时	22.79	38.31	873.02
	灰浆搅拌机	台时	22.79	24.86	566.52
	风水枪耗风量 2～6m^3/min	台时	7.46	39.12	291.87
	载重汽车 5t	台时	4.88	140.45	685.00
	电焊机交流 50kVA	台时	33.36	28.48	950.18
	其他机械使用费	元	332.80	1.00	332.80
2	其他直接费	%	6.75		4350.10
二	间接费	%	21.46		14763.64
三	利润	%	7.00		5849.18
四	价差	元			225.76
五	税金	%	9.00		8067.12
	合计				97701.77

111. 洞内锚杆 $\phi32$ $L=9$m（潜孔钻）

建筑工程单价表

项目：洞内锚杆 $\phi32$ $L=9$m（潜孔钻）

定额编号：50239×0.33，50243×0.67　　定额单位：100 根

施工方法：潜孔钻钻孔。

单价：1215.52 元　　单位：根

编号	名称及规格	单位	数量	单价（元）	合价（元）
一	直接费				85553.10
1	基本直接费				80143.42
(1)	人工费				13658.89
	高级熟练工	工时	198.25	10.26	2034.05
	熟练工	工时	629.84	7.61	4793.08
	半熟练工	工时	514.11	5.95	3058.95
	普工	工时	769.96	4.90	3772.80
(2)	材料费				36816.08
	定位钢筋	kg	273.36	3.40	929.42
	潜孔钻钻头 80 型	个	16.32	220.00	3591.46
	钻杆	kg	32.47	13.77	447.15
	锚杆 $\phi32$	kg	6035.96	4.06	24506.00
	冲击器	套	2.04	1712.00	3496.42
	电焊条	kg	58.29	7.50	437.18
	接缝砂浆 C30	m^3	4.32	344.35	1489.24
	其他材料费	元	1919.20	1.00	1919.20
(3)	机械使用费				29668.45
	潜孔钻低风压 QZJ-100B	台时	345.22	71.53	24693.40
	灌浆泵中低压砂浆	台时	24.65	38.31	944.40
	灰浆搅拌机	台时	24.65	24.86	612.84
	风水枪耗风量 2～6m^3/min	台时	8.40	39.12	328.58
	载重汽车 5t	台时	5.50	140.45	772.87
	电焊机交流 50kVA	台时	67.74	28.48	1929.15
	其他机械使用费	元	387.20	1.00	387.20
2	其他直接费	%	6.75		5409.68
二	间接费	%	21.46		18359.70
三	利润	%	7.00		7273.90
四	价差	元			329.13
五	税金	%	9.00		10036.42
	合计				121552.25

112. 洞内锚杆 $\phi20$ $L=4.0$（风钻）

建筑工程单价表

项目：洞内锚杆 $\phi20$ $L=4.0$（风钻）

定额编号：50159×1　　定额单位：100 根

施工方法：气腿钻钻孔。

单价：179.29 元　　单位：根

编号	名称及规格	单位	数量	单价（元）	合价（元）
一	直接费				12643.13
1	基本直接费				11843.68
（1）	人工费				2613.48
	高级熟练工	工时	9.00	10.26	92.34
	熟练工	工时	69.00	7.61	525.09
	半熟练工	工时	137.00	5.95	815.15
	普工	工时	241.00	4.90	1180.90
（2）	材料费				5655.93
	合金钻头	个	13.10	50.00	655.00
	风钻钻杆	kg	7.17	7.00	50.19
	锚杆 $\phi20$	kg	1063.00	4.06	4315.78
	接缝砂浆 C30	m^3	0.45	344.35	154.96
	其他材料费	元	480.00	1.00	480.00
（3）	机械使用费				3574.27
	风钻气腿式	台时	93.92	36.14	3394.27
	其他机械使用费	元	180.00	1.00	180.00
2	其他直接费	%	6.75		799.45
二	间接费	%	21.46		2713.22
三	利润	%	7.00		1074.94
四	价差	元			16.88
五	税金	%	9.00		1480.34
	合计				17928.50

113. 洞内锚杆 $\phi25$ $L=4.5$（风钻）

建筑工程单价表

项目：洞内锚杆 $\phi25$ $L=4.5$（风钻）

定额编号：50159×0.75，50163×0.25　　定额单位：100 根

施工方法：气腿钻钻孔。

单价：247.40 元　　单位：根

编号	名称及规格	单位	数量	单价（元）	合价（元）
一	直接费				17449.44
1	基本直接费				16346.08
（1）	人工费				3040.19
	高级熟练工	工时	9.75	10.26	100.04
	熟练工	工时	79.25	7.61	603.09
	半熟练工	工时	157.25	5.95	935.64
	普工	工时	286.00	4.90	1401.40
（2）	材料费				8998.94
	合金钻头	个	14.46	50.00	722.75
	风钻钻杆	kg	7.91	7.00	55.37
	锚杆 $\phi25$	kg	1859.25	4.06	7548.56
	接缝砂浆 C30	m^3	0.51	344.35	174.76
	其他材料费	元	497.50	1.00	497.50
（3）	机械使用费				4306.95
	风钻气腿式	台时	113.23	36.14	4091.95
	其他机械使用费	元	215.00	1.00	215.00
2	其他直接费	%	6.75		1103.36
二	间接费	%	21.46		3744.65
三	利润	%	7.00		1483.59
四	价差	元			19.13
五	税金	%	9.00		2042.71
	合计				24739.52

114. 洞内锚杆 $\phi25$ $L=6m$（风钻）

建筑工程单价表

项目：洞内锚杆 $\phi25$ $L=6m$（风钻）

定额编号：50163×1　　　　定额单位：100 根

施工方法：气腿钻钻孔。

单价：342.31 元　　　　单位：根

编号	名称及规格	单位	数量	单价（元）	合价（元）
一	直接费				24144.98
1	基本直接费				22618.25
(1)	人工费				4320.22
	高级熟练工	工时	12.00	10.26	123.12
	熟练工	工时	110.00	7.61	837.10
	半熟练工	工时	218.00	5.95	1297.10
	普工	工时	421.00	4.90	2062.90
(2)	材料费				11793.03
	合金钻头	个	18.52	50.00	926.00
	风钻钻杆	kg	10.13	7.00	70.91
	锚杆 $\phi25$	kg	2466.00	4.06	10011.96
	接缝砂浆 C30	m^3	0.68	344.35	234.16
	其他材料费	元	550.00	1.00	550.00
(3)	机械使用费				6505.00
	风钻气腿式	台时	171.14	36.14	6185.00
	其他机械使用费	元	320.00	1.00	320.00
2	其他直接费	%	6.75		1526.73
二	间接费	%	21.46		5181.51
三	利润	%	7.00		2052.85
四	价差	元			25.50
五	税金	%	9.00		2826.44
	合计				34231.29

115. 露天锚索 2000kN $L=40m$（地质钻机）

建筑工程单价表

项目：露天锚索 2000kN $L=40m$（地质钻机）

定额编号：50537×1　　　　定额单位：束

施工方法：无黏结式岩石预应力锚索，地质钻钻孔。

单价：46940.67 元　　　　单位：束

编号	名称及规格	单位	数量	单价（元）	合价（元）
一	直接费				33082.64
1	基本直接费				30990.76
(1)	人工费				4984.06
	高级熟练工	工时	46.00	10.26	471.96
	熟练工	工时	145.00	7.61	1103.45
	半熟练工	工时	311.00	5.95	1850.45
	普工	工时	318.00	4.90	1558.20
(2)	材料费				17116.34
	水泥浆 1：0.32	m^3	1.22	608.00	741.76
	钢筋	kg	45.00	3.40	153.00
	预埋钢管 1.5″	m	1.10	40.00	44.00
	定向钢套管 $\phi180\times5$	m	1.10	180.00	198.00
	金刚石钻头 $\phi168$	个	2.16	1450.00	3132.00
	岩芯管	m	3.25	70.00	227.50
	地质钻机钻杆 $\phi50$	m	2.66	84.00	223.44
	钻杆接头	个	2.56	70.00	179.20
	锚具 OVM15～12	套	1.00	853.00	853.00
	扩孔器 $\phi168$	个	0.76	560.00	425.60
	综合水价	m^3	436.00	2.84	1238.24
	导向帽	个	1.00	30.00	30.00
	混凝土墩钢垫板	kg	12.00	8.50	102.00
	灌浆管聚氯乙烯 3/4″	m	88.00	8.00	704.00
	内外支架	个	58.00	15.00	870.00

续表

编号	名称及规格	单位	数量	单价（元）	合价（元）
	工具锚夹片摊销	付	1.20	60.00	72.00
	无黏结钢绞线	kg	668.00	9.50	6346.00
	C30 SN42.5 级配 2	m^3	2.00	220.80	441.60
	其他材料费	元	1135.00	1.00	1135.00
(3)	机械使用费				8890.36
	地质钻机 300 型	台时	98.40	49.01	4822.58
	灌浆泵中低压泥浆	台时	4.40	39.14	172.22
	灰浆搅拌机	台时	4.40	24.86	109.38
	载重汽车 5t	台时	9.21	140.45	1293.54
	汽车起重机柴油型 8t	台时	15.49	117.38	1818.22
	张拉千斤顶 YKD-18	台时	0.84	0.17	0.14
	张拉千斤顶 YCW-250	台时	5.93	4.69	27.81
	电动油泵型号 ZB4-500	台时	6.76	34.10	230.52
	电焊机直流 30kVA	台时	0.54	25.83	13.95
	其他机械使用费	元	402.00	1.00	402.00
2	其他直接费	%	6.75		2091.88
二	间接费	%	21.46		7099.53
三	利润	%	7.00		2812.75
四	价差	元			69.91
五	税金	%	9.00		3875.83
	合计				46940.67

116. 露天锚索 2000kN L=25m（地质钻机）

建筑工程单价表

项目：露天锚索 2000kN L=25m（地质钻机）

定额编号：50535×1　　定额单位：束

施工方法：无黏结式岩石预应力锚索，地质钻钻孔。

单价：31526.36 元　　单位：根

编号	名称及规格	单位	数量	单价（元）	合价（元）
一	直接费				22201.35
1	基本直接费				20797.52
(1)	人工费				3258.87
	高级熟练工	工时	28.00	10.26	287.28
	熟练工	工时	104.00	7.61	791.44
	半熟练工	工时	205.00	5.95	1219.75
	普工	工时	196.00	4.90	960.40
(2)	材料费				11617.74
	水泥浆 1：0.32	m^3	0.76	608.00	462.08
	钢筋	kg	45.00	3.40	153.00
	预埋钢管 1.5″	m	1.10	40.00	44.00
	定向钢套管 ϕ180×5	m	1.10	180.00	198.00
	金刚石钻头 ϕ168	个	1.35	1450.00	1957.50
	岩芯管	m	2.03	70.00	142.10
	地质钻机钻杆 ϕ50	m	1.66	84.00	139.44
	钻杆接头	个	1.60	70.00	112.00
	锚具 OVM15～12	套	1.00	853.00	853.00
	扩孔器 ϕ168	个	0.47	560.00	263.20
	综合水价	m^3	273.00	2.84	775.32
	导向帽	个	1.00	30.00	30.00
	混凝土墩钢垫板	kg	12.00	8.50	102.00
	灌浆管聚氯乙烯 3/4″	m	57.00	8.00	456.00
	内外支架	个	37.00	15.00	555.00
	工具锚夹片摊销	付	1.20	60.00	72.00
	无黏结钢绞线	kg	429.00	9.50	4075.50
	C30 SN42.5 级配 2	m^3	2.00	220.80	441.60

续表

编号	名称及规格	单位	数量	单价（元）	合价（元）
	其他材料费	元	786.00	1.00	786.00
（3）	机械使用费				5920.91
	地质钻机 300 型	台时	61.50	49.01	3014.12
	灌浆泵中低压泥浆	台时	2.75	39.14	107.64
	灰浆搅拌机	台时	2.75	24.86	68.37
	载重汽车 5t	台时	7.10	140.45	997.20
	汽车起重机柴油型 8t	台时	10.21	117.38	1198.45
	张拉千斤顶　YKD-18	台时	0.77	0.17	0.13
	张拉千斤顶 YCW-250	台时	5.40	4.69	25.33
	电动油泵型号 ZB4-500	台时	6.15	34.10	209.72
	电焊机直流 30kVA	台时	0.54	25.83	13.95
	其他机械使用费	元	286.00	1.00	286.00
2	其他直接费	%	6.75		1403.83
二	间接费	%	21.46		4764.41
三	利润	%	7.00		1887.60
四	价差	元			69.91
五	税金	%	9.00		2603.09
	合计				31526.37

117. 露天锚索 1000kN L=20m（地质钻机）

建筑工程单价表

项目：露天锚索 1000kN L=20m（地质钻机）

定额编号：50520×1　　定额单位：束

施工方法：无黏结式岩石预应力锚索，地质钻钻孔。

单价：19063.67 元　　单位：根

编号	名称及规格	单位	数量	单价（元）	合价（元）
一	直接费				13403.66
1	基本直接费				12556.12
（1）	人工费				2070.19
	高级熟练工	工时	17.00	10.26	174.42
	熟练工	工时	72.00	7.61	547.92
	半熟练工	工时	131.00	5.95	779.45
	普工	工时	116.00	4.90	568.40
（2）	材料费				6858.20
	水泥浆 1∶0.32	m^3	0.40	608.00	243.20
	钢筋	kg	45.00	3.40	153.00
	预埋钢管 1.5″	m	1.10	40.00	44.00
	定向钢套管 ϕ121×4	m	1.10	170.00	187.00
	金刚石钻头 ϕ130	个	1.08	1045.00	1128.60
	岩芯管	m	1.63	70.00	114.10
	地质钻机钻杆 ϕ50	m	1.33	84.00	111.72
	钻杆接头	个	1.28	70.00	89.60
	锚具 OVM15～7	套	1.00	306.00	306.00
	扩孔器 ϕ130	个	0.38	545.00	207.10
	综合水价	m^3	167.00	2.84	474.28
	导向帽	个	1.00	30.00	30.00
	混凝土墩钢垫板	kg	12.00	8.50	102.00
	灌浆管聚氯乙烯 3/4″	m	45.00	8.00	360.00
	内外支架	个	30.00	15.00	450.00
	工具锚夹片摊销	付	0.70	60.00	42.00
	无黏结钢绞线	kg	204.00	9.50	1938.00
	C30 SN42.5 级配 2	m^3	2.00	220.80	441.60

续表

编号	名称及规格	单位	数量	单价（元）	合价（元）
	其他材料费	元	436.00	1.00	436.00
（3）	机械使用费				3627.73
	地质钻机 300 型	台时	37.69	49.01	1847.19
	灌浆泵中低压泥浆	台时	1.25	39.14	48.93
	灰浆搅拌机	台时	1.25	24.86	31.08
	载重汽车 5t	台时	5.10	140.45	716.30
	汽车起重机柴油型 8t	台时	5.23	117.38	613.90
	张拉千斤顶 YKD-18	台时	0.57	0.17	0.10
	张拉千斤顶 YCW-150	台时	3.97	3.73	14.81
	电动油泵型号 ZB4-500	台时	4.53	34.10	154.47
	电焊机直流 30kVA	台时	0.54	25.83	13.95
	其他机械使用费	元	187.00	1.00	187.00
2	其他直接费	%	6.75		847.54
二	间接费	%	21.46		2876.43
三	利润	%	7.00		1139.61
四	价差	元			69.91
五	税金	%	9.00		1574.06
	合计				19063.66

118. 洞内锚索 2000kN $L=40$m（地质钻机）

建筑工程单价表

项目：洞内锚索 2000kN $L=40$m（地质钻机）

定额编号：50537×1　　定额单位：束

施工方法：无黏结式岩石预应力锚索，地质钻钻孔。

单价：47046.42 元　　单位：束

编号	名称及规格	单位	数量	单价（元）	合价（元）
一	直接费				33157.29
1	基本直接费				31060.69
（1）	人工费				5033.89
	高级熟练工	工时	46.46	10.26	476.68
	熟练工	工时	146.45	7.61	1114.48
	半熟练工	工时	314.11	5.95	1868.95
	普工	工时	321.18	4.90	1573.78
（2）	材料费				17116.34
	水泥浆 1∶0.32	m^3	1.22	608.00	741.76
	钢筋	kg	45.00	3.40	153.00
	预埋钢管 1.5″	m	1.10	40.00	44.00
	定向钢套管 ϕ180×5	m	1.10	180.00	198.00
	金刚石钻头 ϕ168	个	2.16	1450.00	3132.00
	岩芯管	m	3.25	70.00	227.50
	地质钻机钻杆 ϕ50	m	2.66	84.00	223.44
	钻杆接头	个	2.56	70.00	179.20
	锚具 OVM15～12	套	1.00	853.00	853.00
	扩孔器 ϕ168	个	0.76	560.00	425.60
	综合水价	m^3	436.00	2.84	1238.24
	导向帽	个	1.00	30.00	30.00
	混凝土墩钢垫板	kg	12.00	8.50	102.00
	灌浆管聚氯乙烯 3/4″	m	88.00	8.00	704.00
	内外支架	个	58.00	15.00	870.00
	工具锚夹片摊销	付	1.20	60.00	72.00
	无黏结钢绞线	kg	668.00	9.50	6346.00
	C30 SN42.5 级配 2	m^3	2.00	220.80	441.60

续表

编号	名称及规格	单位	数量	单价（元）	合价（元）
	其他材料费	元	1135.00	1.00	1135.00
(3)	机械使用费				8910.46
	地质钻机 300 型	台时	98.40	49.01	4822.58
	灌浆泵中低压泥浆	台时	4.40	39.14	172.22
	灰浆搅拌机	台时	4.40	24.86	109.38
	载重汽车 5t	台时	9.21	140.45	1293.54
	汽车起重机柴油型 8t	台时	15.49	117.38	1818.22
	张拉千斤顶 YKD-18	台时	0.84	0.17	0.14
	张拉千斤顶 YCW-250	台时	5.93	4.69	27.81
	电动油泵型号 ZB4-500	台时	6.76	34.10	230.52
	电焊机直流 30kVA	台时	0.54	25.83	13.95
	其他机械使用费	元	422.10	1.00	422.10
2	其他直接费	%	6.75		2096.60
二	间接费	%	21.46		7115.55
三	利润	%	7.00		2819.10
四	价差	元			69.91
五	税金	%	9.00		3884.57
	合计				47046.42

119. 露天锚索 1000kN $L=30$m（地质钻机）

建筑工程单价表

项目：露天锚索 1000kN $L=30$m（地质钻机）

定额编号：50522×1　　　　定额单位：束

施工方法：包括选孔位、清孔面、钻孔、清孔，编索，运索，装索，浇筑混凝土垫墩，内外锚头制作，锚固灌浆，安装钢垫板，安装工作锚具及限位板，张拉，锁定，孔位转移等。

单价：26166.10 元　　　　单位：束

编号	名称及规格	单位	数量	单价（元）	合价（元）
一	直接费				18417.42
1	基本直接费				17252.85
(1)	人工费				2762.43
	高级熟练工	工时	24.00	10.26	246.24
	熟练工	工时	89.00	7.61	677.29
	半熟练工	工时	174.00	5.95	1035.30
	普工	工时	164.00	4.90	803.60
(2)	材料费				9477.65
	水泥浆 1∶0.32	m^3	0.60	608.00	364.80
	钢筋	kg	45.00	3.40	153.00
	预埋钢管 1.5″	m	1.10	40.00	44.00
	定向钢套管 ϕ121×4	m	1.10	170.00	187.00
	金刚石钻头 ϕ130	个	1.62	1045.00	1692.90
	岩芯管	m	2.44	70.00	170.80
	地质钻机钻杆 ϕ50	m	2.00	84.00	168.00
	钻杆接头	个	1.92	70.00	134.40
	锚具 OVM15～7	套	1.00	306.00	306.00
	扩孔器 ϕ130	个	0.57	545.00	310.65
	综合水价	m^3	250.00	2.84	710.00
	导向帽	个	1.00	30.00	30.00
	混凝土墩钢垫板	kg	12.00	8.50	102.00
	灌浆管聚氯乙烯 3/4″	m	67.00	8.00	536.00
	内外支架	个	44.00	15.00	660.00
	工具锚夹片摊销	付	0.70	60.00	42.00

续表

编号	名称及规格	单位	数量	单价（元）	合价（元）
	无黏结钢绞线	kg	297.00	9.50	2821.50
	C30 SN42.5 级配 2	m^3	2.00	220.80	441.60
	其他材料费	元	603.00	1.00	603.00
（3）	机械使用费				5012.77
	地质钻机 300 型	台时	56.53	49.01	2770.54
	灌浆泵中低压泥浆	台时	1.87	39.14	73.19
	灰浆搅拌机	台时	1.87	24.86	46.49
	载重汽车 5t	台时	5.92	140.45	831.46
	汽车起重机柴油型 8t	台时	7.28	117.38	854.53
	张拉千斤顶　YKD-18	台时	0.61	0.17	0.10
	张拉千斤顶 YCW-150	台时	4.31	3.73	16.08
	电动油泵型号 ZB4-500	台时	4.91	34.10	167.43
	电焊机直流 30kVA	台时	0.54	25.83	13.95
	其他机械使用费	元	239.00	1.00	239.00
2	其他直接费	%	6.75		1164.57
二	间接费	%	21.46		3952.38
三	利润	%	7.00		1565.89
四	价差	元			69.91
五	税金	%	9.00		2160.50
	合计				26166.09

120. 露天锚杆 $\phi 32$ $L=8$m（潜孔钻）

建筑工程单价表

项目：露天锚杆 $\phi 32$ $L=8$m（潜孔钻）

定额编号：50042×0.67，50046×0.33　　定额单位：100 根

施工方法：钻孔、清孔、拌制水泥砂浆、锚杆制作安装、灌浆、封孔。

单价：888.22 元　　单位：根

编号	名称及规格	单位	数量	单价（元）	合价（元）
一	直接费				62527.63
1	基本直接费				58573.89
（1）	人工费				9599.03
	高级熟练工	工时	139.46	10.26	1430.86
	熟练工	工时	441.96	7.61	3363.32
	半熟练工	工时	362.66	5.95	2157.83
	普工	工时	540.21	4.90	2647.03
（2）	材料费				28223.71
	定位钢筋	kg	134.64	3.40	457.78
	钻杆	kg	26.29	13.77	362.02
	锚杆 $\phi 32$	kg	4714.84	4.06	19142.25
	冲击器	套	1.47	1712.00	2519.21
	电焊条	kg	28.66	7.50	214.98
	接缝砂浆 C30	m^3	3.84	344.35	1320.65
	钻头 80 型	个	11.74	230.00	2699.12
	其他材料费	元	1507.70	1.00	1507.70
（3）	机械使用费				20751.15
	潜孔钻低风压 QZJ-100B	台时	241.64	71.53	17284.34
	灌浆泵中低压砂浆	台时	21.30	38.31	815.99
	灰浆搅拌机	台时	21.30	24.86	529.51
	风水枪耗风量 2～6m^3/min	台时	6.97	39.12	272.72
	载重汽车 5t	台时	4.56	140.45	641.06
	电焊机交流 50kVA	台时	31.18	28.48	888.05
	其他机械使用费	元	319.50	1.00	319.50
2	其他直接费	%	6.75		3953.74
二	间接费	%	21.46		13418.43
三	利润	%	7.00		5316.22
四	价差	元			225.76
五	税金	%	9.00		7333.92
	合计				88821.96

121. 露天锚杆 $\phi 25$ $L=5m$（风钻）

建筑工程单价表

项目：露天锚杆 $\phi 25$ $L=5m$（风钻）

定额编号：50006×0.5，50010×0.5　　定额单位：100 根

施工方法：风钻钻孔。

单价：223.43 元　　单位：根

编号	名称及规格	单位	数量	单价（元）	合价（元）
一	直接费				15756.26
1	基本直接费				14759.96
(1)	人工费				2713.26
	高级熟练工	工时	10.50	10.26	107.73
	熟练工	工时	72.50	7.61	551.73
	半熟练工	工时	143.00	5.95	850.85
	普工	工时	245.50	4.90	1202.95
(2)	材料费				9449.57
	合金钻头	个	13.07	50.00	653.25
	风钻钻杆	kg	6.01	7.00	42.07
	锚杆 $\phi 25$	kg	2061.50	4.06	8369.69
	接缝砂浆 C30	m^3	0.57	344.35	194.56
	其他材料费	元	190.00	1.00	190.00
(3)	机械使用费				2597.13
	风钻手持式	台时	94.40	25.40	2397.63
	其他机械使用费	元	199.50	1.00	199.50
2	其他直接费	%	6.75		996.30
二	间接费	%	21.46		3381.29
三	利润	%	7.00		1339.63
四	价差	元			21.38
五	税金	%	9.00		1844.87
	合计				22343.43

122. 露天锚杆 $\phi 25$ $L=4m$（风钻）

建筑工程单价表

项目：露天锚杆 $\phi 25$ $L=4m$（风钻）

定额编号：50006×1　　定额单位：100 根

施工方法：风钻钻孔。

单价：174.53 元　　单位：根

编号	名称及规格	单位	数量	单价（元）	合价（元）
一	直接费				12307.15
1	基本直接费				11528.95
(1)	人工费				2074.51
	高级熟练工	工时	9.00	10.26	92.34
	熟练工	工时	57.00	7.61	433.77
	半熟练工	工时	112.00	5.95	666.40
	普工	工时	180.00	4.90	882.00
(2)	材料费				7618.74
	合金钻头	个	10.83	50.00	541.50
	风钻钻杆	kg	4.98	7.00	34.86
	锚杆 $\phi 25$	kg	1657.00	4.06	6727.42
	接缝砂浆 C30	m^3	0.45	344.35	154.96
	其他材料费	元	160.00	1.00	160.00
(3)	机械使用费				1835.70
	风钻手持式	台时	66.76	25.40	1695.70
	其他机械使用费	元	140.00	1.00	140.00
2	其他直接费	%	6.75		778.20
二	间接费	%	21.46		2641.12
三	利润	%	7.00		1046.38
四	价差	元			16.88
五	税金	%	9.00		1441.04
	合计				17452.57

123. 洞内锚杆 $\phi 20$ $L=2.6$m（风钻）

建筑工程单价表

项目：洞内锚杆 $\phi 20$ $L=2.6$m（风钻）

定额编号：50155×0.7，50159×0.3　　　　定额单位：100 根

施工方法：风钻钻孔。

单价：116.39 元　　　　单位：根

编号	名称及规格	单位	数量	单价（元）	合价（元）
一	直接费				8207.84
1	基本直接费				7688.84
(1)	人工费				1767.05
	高级熟练工	工时	8.30	10.26	85.16
	熟练工	工时	48.70	7.61	370.61
	半熟练工	工时	95.70	5.95	569.42
	普工	工时	151.40	4.90	741.86
(2)	材料费				3811.65
	合金钻头	个	8.61	50.00	430.30
	风钻钻杆	kg	4.69	7.00	32.80
	锚杆 $\phi 20$	kg	700.40	4.06	2843.62
	接缝砂浆 C30	m^3	0.30	344.35	101.93
	其他材料费	元	403.00	1.00	403.00
(3)	机械使用费				2110.14
	风钻气腿式	台时	55.44	36.14	2003.64
	其他机械使用费	元	106.50	1.00	106.50
2	其他直接费	%	6.75		519.00
二	间接费	%	21.46		1761.40
三	利润	%	7.00		697.85
四	价差	元			11.25
五	税金	%	9.00		961.05
	合计				11639.39

124. 洞内锚杆 $\phi 28$ $L=7.5$m（潜孔钻）

建筑工程单价表

项目：洞内锚杆 $\phi 28$ $L=7.5$m（潜孔钻）

定额编号：50239×0.83，50243×0.17　　　　定额单位：100 根

施工方法：钻孔、清孔、拌制水泥砂浆、锚杆制作安装、灌浆、封孔。

单价：1176.36 元　　　　单位：根

编号	名称及规格	单位	数量	单价（元）	合价（元）
一	直接费				82904.78
1	基本直接费				77662.56
(1)	人工费				10916.51
	高级熟练工	工时	160.75	10.26	1649.30
	熟练工	工时	503.84	7.61	3834.22
	半熟练工	工时	397.61	5.95	2365.78
	普工	工时	625.96	4.90	3067.20
(2)	材料费				42967.08
	定位钢筋	kg	69.36	3.40	235.82
	潜孔钻钻头 80 型	个	13.60	220.00	2993.06
	钻杆	kg	27.07	13.77	372.72
	锚杆 $\phi 28$	kg	3859.57	4.06	15669.85
	锚杆 $\phi 36$	kg	4944.31	3.62	17898.40
	冲击器	套	1.70	1712.00	2905.78
	电焊条	kg	14.79	7.50	110.93
	接缝砂浆 C30	m^3	3.60	344.35	1241.31
	其他材料费	元	1539.20	1.00	1539.20
(3)	机械使用费				23778.97
	潜孔钻低风压 QZJ-100B	台时	289.11	71.53	20679.85
	灌浆泵中低压砂浆	台时	21.91	38.31	839.43
	灰浆搅拌机	台时	21.91	24.86	544.72
	风水枪耗风量 2～6m^3/min	台时	7.02	39.12	274.59
	载重汽车 5t	台时	4.58	140.45	643.65
	电焊机交流 50kVA	台时	17.19	28.48	489.49
	其他机械使用费	元	307.20	1.00	307.20
2	其他直接费	%	6.75		5242.22
二	间接费	%	21.46		17791.37
三	利润	%	7.00		7048.73
四	价差	元			177.69
五	税金	%	9.00		9713.03
	合计				117635.60

125. 洞内预应力锚杆 $\phi32$ $L=9$m

建筑工程单价表

项目：洞内预应力锚杆 $\phi32$ $L=9$m

定额编号：50354×1　　定额单位：根

施工方法：潜孔钻钻孔。

单价：3355.31 元　　单位：根

编号	名称及规格	单位	数量	单价（元）	合价（元）
一	直接费				2353.76
1	基本直接费				2204.93
(1)	人工费				561.97
	高级熟练工	工时	5.25	10.26	53.87
	熟练工	工时	26.25	7.61	199.76
	半熟练工	工时	38.85	5.95	231.16
	普工	工时	15.75	4.90	77.18
(2)	材料费				737.22
	钢筋	kg	17.00	3.40	57.80
	钻杆 $\phi50$	kg	0.36	9.00	3.24
	锚杆 $\phi32$	kg	72.96	4.06	296.22
	单根钢筋锚具	套	1.05	150.00	157.50
	冲击器	套	0.02	1712.00	34.24
	电焊条	kg	1.44	7.50	10.80
	C30 SN42.5 级配 2	m^3	0.22	220.80	48.58
	接缝砂浆 C30	m^3	0.10	344.35	34.44
	钻头 80 型	个	0.18	230.00	41.40
	其他材料费	元	53.00	1.00	53.00
(3)	机械使用费				905.74
	风镐铲手持式	台时	0.41	9.80	4.02
	潜孔钻低风压 QZJ-100B	台时	6.46	71.53	462.08
	灌浆泵中低压砂浆	台时	1.04	41.76	43.43
	灰浆搅拌机	台时	1.04	24.86	25.85
	风水枪耗风量 2～6m^3/min	台时	0.15	39.12	5.87
	载重汽车 5t	台时	1.03	140.45	144.66
	汽车起重机柴油型 8t	台时	1.03	117.38	120.90
	链式起重机电动 1t	台时	0.56	3.00	1.68
	张拉千斤顶 YCQ-100	台时	0.62	0.62	0.38
	电动油泵型号 ZB4-500	台时	0.62	34.10	21.14
	电焊机交流 50kVA	台时	1.59	28.48	45.28
	其他机械使用费	元	30.45	1.00	30.45
2	其他直接费	%	6.75		148.83
二	间接费	%	21.46		505.12
三	利润	%	7.00		200.12
四	价差	元			19.27
五	税金	%	9.00		277.04
	合计				3355.32

126. 帷幕灌浆钻孔（洞内）

建筑工程单价表

项目：帷幕灌浆钻孔（洞内）

定额编号：70031×0，70027×1　　定额单位：100m

施工方法：地质钻钻岩石孔，孔深 50～100m。

单价：328.59 元　　单位：m

编号	名称及规格	单位	数量	单价（元）	合价（元）
一	直接费				23667.68
1	基本直接费				22171.13
(1)	人工费				3039.77
	高级熟练工	工时	20.52	10.26	210.54
	熟练工	工时	76.68	7.61	583.53
	半熟练工	工时	208.44	5.95	1240.22
	普工	工时	205.20	4.90	1005.48

续表

编号	名称及规格	单位	数量	单价（元）	合价（元）
(2)	材料费				10926.88
	金刚石钻头	个	5.50	1200.00	6600.00
	金刚石钻头 ϕ91	个		578.00	
	岩芯管	m	9.14	70.00	639.80
	地质钻机钻杆 ϕ50	m		84.00	
	钻杆	m	6.77	60.00	406.20
	钻杆接头	个	6.50	70.00	455.00
	扩孔器	个	2.03	500.00	1015.00
	扩孔器 ϕ91	个		483.00	
	综合水价	m^3	507.00	2.84	1439.88
	岩芯箱	个	2.04	50.00	102.00
	其他材料费	元	269.00	1.00	269.00
(3)	机械使用费				8204.48
	地质钻机 150 型	台时	159.02	42.40	6742.45
	地质钻机 300 型	台时		49.01	
	载重汽车 5t	台时	7.95	140.45	1116.58
	其他机械使用费	元	345.45	1.00	345.45
2	其他直接费	%	6.75		1496.55
二	间接费	%	19.04		4506.33
三	利润	%	7.00		1972.18
四	价差	元			
五	税金	%	9.00		2713.16
	合计				32859.35

127. 帷幕灌浆

建筑工程单价表

项目：帷幕灌浆

定额编号：70121×1　　定额单位：t

施工方法：帷幕灌浆自下而上，水泥单位注入量 50kg/m，洞内工作高度≤5m。

单价：6058.75 元　　单位：t

编号	名称及规格	单位	数量	单价（元）	合价（元）
一	直接费				4302.47
1	基本直接费				4030.42
(1)	人工费				506.06
	高级熟练工	工时	4.00	10.26	41.04
	熟练工	工时	17.00	7.61	129.37
	半熟练工	工时	21.00	5.95	124.95
	普工	工时	43.00	4.90	210.70
(2)	材料费				1136.08
	水泥 42.5	t	1.25	440.00	550.00
	综合水价	m^3	162.00	2.84	460.08
	其他材料费	元	126.00	1.00	126.00
(3)	机械使用费				2388.28
	地质钻机 300 型	台时	10.00	49.01	490.10
	灌浆泵中低压泥浆	台时	26.19	39.14	1025.08
	灰浆搅拌机 1000L	台时	3.91	21.80	85.24
	灰浆搅拌机 200L	台时	15.64	16.93	264.79
	灌浆自动记录仪	台时	13.30	11.05	146.97
	载重汽车 5t	台时	0.67	140.45	94.10
	其他机械使用费	元	282.00	1.00	282.00
2	其他直接费	%	6.75		272.05
二	间接费	%	19.04		819.19
三	利润	%	7.00		358.52
四	价差	元			78.31
五	税金	%	9.00		500.26
	合计				6058.75

128. 洞内固结灌浆钻孔（风钻）

建筑工程单价表

项目：洞内固结灌浆钻孔（风钻）

定额编号：70007×1　　定额单位：100m

施工方法：潜孔钻钻岩石孔，孔深12m以内。

单价：28.07元　　单位：m

编号	名称及规格	单位	数量	单价（元）	合价（元）
一	直接费				2021.83
1	基本直接费				1893.99
(1)	人工费				674.13
	熟练工	工时	23.00	7.61	175.03
	半熟练工	工时	46.00	5.95	273.70
	普工	工时	46.00	4.90	225.40
(2)	材料费				238.92
	合金钻头	个	3.44	50.00	172.00
	风钻钻杆	kg	1.54	7.00	10.78
	综合水价	m^3	12.00	2.84	34.08
	其他材料费	元	22.06	1.00	22.06
(3)	机械使用费				980.94
	风钻气腿式	台时	25.87	36.14	934.94
	其他机械使用费	元	46.00	1.00	46.00
2	其他直接费	%	6.75		127.84
二	间接费	%	19.04		384.96
三	利润	%	7.00		168.48
四	价差	元			
五	税金	%	9.00		231.77
	合计				2807.04

129. 隧洞固结灌浆（40kg/m）

建筑工程单价表

项目：隧洞固结灌浆（40kg/m）

定额编号：70106×0.5，70107×0.5　　定额单位：t

施工方法：洞内岩石固结灌浆，自下而上，水泥单位注入量40kg/m。

单价：4338.42元　　单位：t

编号	名称及规格	单位	数量	单价（元）	合价（元）
一	直接费				3064.34
1	基本直接费				2870.58
(1)	人工费				455.69
	高级熟练工	工时	4.50	10.26	46.17
	熟练工	工时	15.50	7.61	117.96
	半熟练工	工时	21.00	5.95	124.95
	普工	工时	34.00	4.90	166.60
(2)	材料费				1000.38
	水泥42.5	t	1.23	440.00	539.00
	综合水价	m^3	119.50	2.84	339.38
	其他材料费	元	122.00	1.00	122.00
(3)	机械使用费				1414.51
	地质钻机300型	台时	0.41	49.01	20.09
	灌浆泵中低压泥浆	台时	17.57	39.14	687.49
	灰浆搅拌机200L	台时	16.87	16.93	285.52
	灌浆自动记录仪	台时	14.34	11.05	158.40
	载重汽车5t	台时	0.84	140.45	117.98
	其他机械使用费	元	145.00	1.00	145.00
2	其他直接费	%	6.75		193.76
二	间接费	%	19.04		583.45
三	利润	%	7.00		255.35
四	价差	元			77.06
五	税金	%	9.00		358.22
	合计				4338.42

130. 隧洞回填灌浆

建筑工程单价表

项目：隧洞回填灌浆

定额编号：70117×1　　定额单位：100m²

施工方法：风钻钻孔，灌浆泵灌浆。

单价：106.37 元　　单位：m²

编号	名称及规格	单位	数量	单价（元）	合价（元）
一	直接费				7321.89
1	基本直接费				6858.91
(1)	人工费				989.57
	高级熟练工	工时	7.00	10.26	71.82
	熟练工	工时	50.00	7.61	380.50
	半熟练工	工时	45.00	5.95	267.75
	普工	工时	55.00	4.90	269.50
(2)	材料费				3772.00
	水泥 42.5	t	6.90	440.00	3036.00
	综合水价	m³	50.00	2.84	142.00
	灌浆管　25～38mm	m	14.40	15.00	216.00
	其他材料费	元	378.00	1.00	378.00
(3)	机械使用费				2097.34
	风钻手持式	台时	15.67	25.40	398.02
	灌浆泵中低压泥浆	台时	26.83	39.14	1050.13
	灰浆搅拌机 200L	台时	26.83	16.93	454.23
	载重汽车 5t	台时	0.79	140.45	110.96
	其他机械使用费	元	84.00	1.00	84.00
2	其他直接费	%	6.75		462.98
二	间接费	%	19.04		1394.09
三	利润	%	7.00		610.12
四	价差	元			432.29
五	税金	%	9.00		878.25
	合计				10636.64

131. 露天排水孔

建筑工程单价表

项目：露天排水孔

定额编号：70057×1　　定额单位：100m

施工方法：手风钻钻孔，孔深 5m 以内。

单价：19.86 元　　单位：m

编号	名称及规格	单位	数量	单价（元）	合价（元）
一	直接费				1430.14
1	基本直接费				1339.71
(1)	人工费				538.43
	熟练工	工时	18.00	7.61	136.98
	半熟练工	工时	37.00	5.95	220.15
	普工	工时	37.00	4.90	181.30
(2)	材料费				229.37
	合金钻头	个	3.28	50.00	164.00
	风钻钻杆	kg	1.47	7.00	10.29
	综合水价	m³	12.00	2.84	34.08
	其他材料费	元	21.00	1.00	21.00
(3)	机械使用费				571.91
	风钻手持式	台时	21.02	25.40	533.91
	其他机械使用费	元	38.00	1.00	38.00
2	其他直接费	%	6.75		90.43
二	间接费	%	19.04		272.30
三	利润	%	7.00		119.17
四	价差	元			
五	税金	%	9.00		163.94
	合计				1985.55

132. 洞内排水孔 5m 以内

建筑工程单价表

项目：洞内排水孔 5m 以内

定额编号：70069×0，70061×1　　　　定额单位：100m

施工方法：手风钻钻孔，孔深 5m 以内。

单价：26.81 元　　　　单位：m

编号	名称及规格	单位	数量	单价（元）	合价（元）
一	直接费				1930.77
1	基本直接费				1808.68
(1)	人工费				644.82
	高级熟练工	工时		10.26	
	熟练工	工时	22.00	7.61	167.42
	半熟练工	工时	44.00	5.95	261.80
	普工	工时	44.00	4.90	215.60
(2)	材料费				229.37
	合金钻头	个	3.28	50.00	164.00
	潜孔钻钻头 80 型	个		220.00	
	钻杆	kg		14.00	
	风钻钻杆	kg	1.47	7.00	10.29
	冲击器	套		1712.00	
	综合水价	m^3	12.00	2.84	34.08
	其他材料费	元	21.00	1.00	21.00
(3)	机械使用费				934.49
	风钻气腿式	台时	24.64	36.14	890.49
	潜孔钻高风压 QZJ-100B	台时		71.53	
	其他机械使用费	元	44.00	1.00	44.00
2	其他直接费	%	6.75		122.09
二	间接费	%	19.04		367.62
三	利润	%	7.00		160.89
四	价差	元			
五	税金	%	9.00		221.33
	合计				2680.60

133. 接触灌浆

建筑工程单价表

项目：接触灌浆

定额编号：70152×1　　　　定额单位：100m^2

施工方法：风钻钻孔，灌浆泵灌浆。

单价：110.88 元　　　　单位：m^2

编号	名称及规格	单位	数量	单价（元）	合价（元）
一	直接费				7912.57
1	基本直接费				7412.24
(1)	人工费				929.05
	高级熟练工	工时	7.00	10.26	71.82
	熟练工	工时	38.00	7.61	289.18
	半熟练工	工时	65.00	5.95	386.75
	普工	工时	37.00	4.90	181.30
(2)	材料费				5678.77
	水泥 42.5	t	1.50	440.00	660.00
	镀锌钢管 ϕ40	m	147.00	20.00	2940.00
	灌浆盒	个	21.00	10.50	220.50
	金刚石钻头 ϕ91	个	0.09	578.00	52.02
	岩芯管	m	0.14	70.00	9.80
	地质钻机钻杆 ϕ50	m	0.11	84.00	9.24
	钻杆接头	个	0.10	70.00	7.00
	扩孔器 ϕ91	个	0.05	483.00	24.15
	管件	个	58.00	6.00	348.00
	综合水价	m^3	209.00	2.84	593.56
	岩芯箱	个	0.41	50.00	20.50
	其他材料费	元	794.00	1.00	794.00
(3)	机械使用费				804.42
	地质钻机 300 型	台时	3.27	49.01	160.26
	灌浆泵中低压泥浆	台时	14.00	39.14	547.96
	灰浆搅拌机 200L	台时	1.52	16.93	25.73
	载重汽车 5t	台时	0.16	140.45	22.47
	其他机械使用费	元	48.00	1.00	48.00
2	其他直接费	%	6.75		500.33
二	间接费	%	19.04		1506.55
三	利润	%	7.00		659.34
四	价差	元			93.98
五	税金	%	9.00		915.52
	合计				11087.96

134. 排水廊道洞内排水孔-50m

建 筑 工 程 单 价 表

项目：排水廊道洞内排水孔-50m

定额编号：70077×1　　　　定额单位：100m

施工方法：地质钻钻孔，孔深 50m。

单价：240.25 元　　　　单位：m

编号	名称及规格	单位	数量	单价（元）	合价（元）
一	直接费				17304.59
1	基本直接费				16210.39
(1)	人工费				2574.23
	高级熟练工	工时	18.00	10.26	184.68
	熟练工	工时	65.00	7.61	494.65
	半熟练工	工时	176.00	5.95	1047.20
	普工	工时	173.00	4.90	847.70
(2)	材料费				6748.50
	金刚石钻头 ϕ91	个	5.15	578.00	2976.70
	岩芯管	m	8.21	70.00	574.70
	地质钻机钻杆 ϕ42	m	6.06	71.00	430.26
	钻杆接头	个	5.82	70.00	407.40
	扩孔器 ϕ91	个	1.72	483.00	830.76
	综合水价	m^3	452.00	2.84	1283.68
	合金块	kg		180.00	
	其他材料费	元	245.00	1.00	245.00
(3)	机械使用费				6887.66
	地质钻机 150 型	台时	133.19	42.40	5647.26
	载重汽车 5t	台时	6.66	140.45	935.40
	其他机械使用费	元	305.00	1.00	305.00
2	其他直接费	%	6.75		1094.20
二	间接费	%	19.04		3294.79
三	利润	%	7.00		1441.96
四	价差	元			
五	税金	%	9.00		1983.72
	合计				24025.06

135. 洞内超细水泥灌浆

建 筑 工 程 单 价 表

项目：洞内超细水泥灌浆

定额编号：70150×1　　　　定额单位：t

施工方法：超细水泥灌浆单位注入量 10～30 kg/m。

单价：11744.86 元　　　　单位：t

编号	名称及规格	单位	数量	单价（元）	合价（元）
一	直接费				8459.50
1	基本直接费				7924.59
(1)	人工费				470.44
	高级熟练工	工时	4.00	10.26	41.04
	熟练工	工时	20.00	7.61	152.20
	半熟练工	工时	26.00	5.95	154.70
	普工	工时	25.00	4.90	122.50
(2)	材料费				3480.95
	钻杆	m	3.43	60.00	205.80
	综合水价	m^3	186.00	2.84	528.24
	超细水泥	t	1.33	1807.45	2403.91
	其他材料费	元	343.00	1.00	343.00
(3)	机械使用费				3973.20
	地质钻机 300 型	台时	14.42	49.01	706.72
	灌浆泵中低压泥浆	台时	13.27	39.14	519.39
	灌浆泵高压泥浆	台时	17.39	51.64	898.02
	灰浆搅拌机 1000L	台时	4.35	21.80	94.83
	灰浆搅拌机 200L	台时	17.39	16.93	294.41
	灌浆自动记录仪	台时	14.78	11.05	163.32
	载重汽车 5t	台时	0.68	140.45	95.51
	其他机械使用费	元	1201.00	1.00	1201.00
2	其他直接费	%	6.75		534.91
二	间接费	%	19.04		1610.69
三	利润	%	7.00		704.91
四	价差	元			
五	税金	%	9.00		969.76
	合计				11744.86

136. 柔性砂浆防渗垫层

建筑工程单价表

项目：柔性砂浆防渗垫层

定额编号：40015×0.2　　　　定额单位：$100m^2$

施工方法：砂浆拌制，$6m^3$混凝土搅拌运输车运输 1km，溜槽运送，振动碾压实。

单价：145.61 元　　　　单位：m^2

编号	名称及规格	单位	数量	单价（元）	合价（元）
一	直接费				10487.55
1	基本直接费				9824.40
(1)	人工费				1693.48
	高级熟练工	工时	11.00	10.26	112.86
	熟练工	工时	33.20	7.61	252.65
	半熟练工	工时	132.60	5.95	788.97
	普工	工时	110.00	4.90	539.00
(2)	材料费				7274.46
	聚合物砂浆	m^3	20.60	350.00	7210.00
	综合水价	m^3	18.40	2.84	52.26
	其他材料费	元	12.20	1.00	12.20
(3)	机械使用费				165.86
	振动碾斜坡重量 10t	台时	1.38	95.31	131.53
	卷扬机　5t	台时	1.38	22.70	31.33
	其他机械使用费	元	3.00	1.00	3.00
(4)	混凝土运　$6m^3$搅拌车 1.5km 溜槽	m^3	20.00	22.28	445.60
	砂浆拌制	m^3	20.00	12.25	245.00
2	其他直接费	%	6.75		663.15
二	间接费	%	19.04		1996.83
三	利润	%	7.00		873.91
四	价差	元			
五	税金	%	9.00		1202.25
	合计				14560.53